概率论与数理统计

主　编　程慧燕

副主编　王继禹　贾秀玲　赵艳伟
　　　　李　娜　孙海燕

北京理工大学出版社
BEIJING INSTITUTE OF TECHNOLOGY PRESS

内 容 简 介

本书介绍了概率论与数理统计的基本概念、基本理论和基本方法，根据教育部高等学校数学与统计学指导委员会制定的《理工类、经济管理类本科数学基础课程教学基本要求》和最新《全国硕士研究生入学统一考试数学考试大纲》的内容和要求编写而成.

全书共分为八章，内容包括概率论和数理统计两部分，其中第一章至第五章为概率论部分，第六章至第八章为数理统计部分. 每章配有习题，书后附有习题参考答案，习题中有往届研究生考试试题，既便于教学，也利于学生考研复习.

本书既可以作为高等学校工科、理科（非数学类专业）、经济管理类本科各专业的教材和研究生入学考试参考书，也可以供有关专业技术人员、科技工作者工作参考.

图书在版编目(CIP)数据

概率论与数理统计/程慧燕主编. —北京：北京理工大学出版社，2018. 8(2021. 12 重印)

ISBN 978－7－5682－6198－2

Ⅰ. ①概…　Ⅱ. ①程…　Ⅲ. ①概率论－高等学校－教材②数理统计－高等学校－教材　Ⅳ. ①O21

中国版本图书馆 CIP 数据核字(2018)第 192000 号

出版发行 / 北京理工大学出版社有限责任公司
社　　址 / 北京市海淀区中关村南大街 5 号
邮　　编 / 100081
电　　话 / (010)68914775(总编室)
　　　　　(010)82562903(教材售后服务热线)
　　　　　(010)68944723(其他图书服务热线)
网　　址 / http://www.bitpress.com.cn
经　　销 / 全国各地新华书店
印　　刷 / 三河市华骏印务包装有限公司
开　　本 / 787 毫米×1092 毫米　1/16
印　　张 / 12
字　　数 / 283 千字
版　　次 / 2018 年 8 月第 1 版　2021 年 12 月第 5 次印刷
定　　价 / 39.80 元

责任编辑 / 王美丽
文案编辑 / 孟祥雪
责任校对 / 周瑞红
责任印制 / 李志强

序

德是育人的灵魂统帅，是一个国家道德文明发展的显现. 坚持“育人为本、德育为先”的育人理念，把“立德树人”作为教育的根本任务，为郑州工商学院校本教材建设指引方向.

立德树人，德育为先. 教材编写应着眼于促进学生全面发展，创新德育形式，丰富德育内容，将德育工作渗透至教学各个环节，提高学生的实践创新能力和综合素质，以培养具有健全的人格、历史使命感和社会责任心，富有创新精神和实践能力的创新型、应用型人才为目标.

立德为先，树人为本. 要培养学生的创新创业能力，强化其创新创业教育. 要以培养学生创新精神、创业意识与创业能力为核心，以培养学生的首创与冒险精神、创业能力和独立开展工作的能力为教育指向，改革教育内容和教学方法，突出学生的主体地位，注重学生个性化发展，强化创新创业教育与素质教育的充分融合，把创新创业作为重要元素融入素质教育.

郑州工商学院校本教材注重引导学生积极参与教学活动过程，突破教材建设过程中过分强调知识系统性的思路，力求把握好教材内容的知识点、能力点和学生毕业后的岗位特点. 编写以必需和够用为度，适应学生的知识基础和认知规律，深入浅出，理论联系实际，注重结合基础知识、基本训练以及实验实训等实践活动，培养学生分析、解决实际问题的能力和提高实践技能，突出技能培养目标.

前 言

概率论与数理统计是研究和揭示随机现象统计规律的数学学科，是高等学校理工类、经济管理类本科各专业的一门重要的基础理论课. 随着现代科学技术的发展，概率论与数理统计在自然科学、社会学、工程技术、工农业生产等领域中得到越来越广泛的应用. 因此，在我国高等学校绝大多数专业的教学计划中，概率论与数理统计均列为必修课或限定选修课.

本教材着重介绍概率论与数理统计的基本概念、基本原理和基本方法，强调直观性和应用背景，注重可读性，突出数学基本思想和基本方法，以期对后续课程的学习和进一步深造有所裨益.

本教材在编写过程中，广泛征集读者建议和同行专家的意见，结合学院培养应用型人才的目标和内涵式发展的实际，有如下特点：

1. 针对性强. 本教材在内容的编排上贴近学生学习实际，契合部分学生考研的需求，同时结合考研数学大纲的要求，只编写概率统计最实用、常用的部分，既不对学生学习造成过多的心理压力，又能满足学生后续课程学习和继续深造的需要.

2. 系统规范. 本教材编者在编写过程中尽可能让教材逻辑更顺畅，思路更清晰，内容更具可读性，概念符号更规范科学.

3. 注重小结. 很多学生不会学习、学不好的关键在于不会有效地总结，本教材针对学生的这个特点和实际，着重对本章主要内容以及重难点进行小结.

4. 精选例题、习题. 本教材根据编者多年的授课经验并结合工作实际，精选例题和习题，既可满足普通学生平时学习和巩固所学知识的需要，又能满足有深造意愿的学生考研辅导的需求，可取可舍.

本教材是郑州工商学院集体智慧的结晶，由学院教务处牵头，公共基础教学部杜明银主任主审，程慧燕主编，王继禹、贾秀玲、赵艳伟、李娜、孙海燕参与了教材的编写工作. 具体分工如下：第一章由王继禹编写，第二章和第五章由贾秀玲编写，第三章和附录由赵艳伟编写，第四章和第六章由李娜编写，第七章和第八章由程慧燕编写，全书由程慧燕、孙海燕统稿.

在教材的编写过程中，郑州工商学院数学教研室的教授们提出了许多宝贵的意见和建议，在此表示衷心的感谢！

由于时间仓促和水平有限，书中不当和疏漏之处在所难免，恳请读者批评指正.

编 者

目 录

第一章　概率论的基本概念 …… (1)

第一节　样本空间、随机事件 …… (2)

第二节　概率、古典概型 …… (5)

第三节　条件概率、全概率公式 …… (13)

第四节　独立性 …… (17)

小结 …… (21)

习题一 …… (22)

第二章　随机变量及其分布 …… (26)

第一节　随机变量 …… (26)

第二节　离散型随机变量及其分布 …… (28)

第三节　随机变量的分布函数 …… (31)

第四节　连续型随机变量及其分布 …… (34)

第五节　随机变量函数的分布 …… (40)

小结 …… (44)

习题二 …… (45)

第三章　多维随机变量及其分布 …… (49)

第一节　二维随机变量及其分布 …… (49)

第二节　边缘分布 …… (54)

第三节　条件分布 …… (56)

第四节　随机变量的独立性 …… (60)

第五节　两个随机变量函数的分布 …… (63)

小结 …… (67)

习题三 …… (68)

第四章　随机变量的数字特征 …… (73)

第一节　数学期望 …… (73)

第二节　方差 …… (83)
第三节　协方差及相关系数 …… (88)
第四节　矩、协方差矩阵 …… (92)
小结 …… (94)
习题四 …… (94)

第五章　大数定律与中心极限定理 …… (100)

第一节　大数定律 …… (100)
第二节　中心极限定理 …… (103)
小结 …… (106)
习题五 …… (106)

第六章　数理统计的基本概念 …… (108)

第一节　随机样本 …… (108)
第二节　抽样分布 …… (112)
小结 …… (117)
习题六 …… (117)

第七章　参数估计 …… (119)

第一节　点估计 …… (119)
第二节　估计量的评价标准 …… (123)
第三节　区间估计 …… (125)
小结 …… (132)
习题七 …… (133)

第八章　假设检验 …… (137)

第一节　假设检验的基本概念 …… (137)
第二节　单个正态总体参数的假设检验 …… (140)
第三节　两个正态总体参数的假设检验 …… (143)
第四节　非参数假设检验 …… (146)
小结 …… (149)
习题八 …… (149)

附　录 …… (152)

习题参考答案 …… (169)

参考文献 …… (178)

第一章

概率论的基本概念

学习目标

(1) 了解样本空间、随机试验、随机事件等概念.

(2) 理解概率、条件概率、独立性的概念及独立重复试验的概念.

(3) 掌握事件的关系及运算；掌握概率的基本性质，会计算较简单的古典概率、几何概率；掌握概率的五个基本公式：加法公式、减法公式、乘法公式、全概率公式与贝叶斯公式；掌握独立事件的性质，会利用其进行相关计算；掌握伯努利概型中概率的计算方法.

现实世界中发生的现象千姿百态，概括起来无非是两类现象：确定性现象和不确定性现象. 例如，水在标准大气压下温度达到100 ℃时必然沸腾、在温度为0 ℃时必然结冰、同性电荷相互排斥、异性电荷相互吸引等. 这类现象称为确定性现象. 另外有一类现象，在一定条件下，试验有多种可能的结果，但事先又不能预测是哪一种结果，此类现象称为不确定性现象. 例如，测量一个物体的长度，其测量误差的大小；从一批电视机中随便取一台，电视机的寿命长短等都是不确定性现象. 不确定性现象中有一类现象，在个别试验中结果呈现不确定性，在大量重复试验中其结果又具有统计规律性，这类现象称为随机现象. 概率论与数理统计就是研究和揭示随机现象统计规律性的一门基础学科.

这里我们注意到，随机现象是与一定的条件密切联系的. 例如，在城市交通的某一路口，指定的1小时内，汽车的流量多少就是一个随机现象，而"指定的1小时内"就是条件，若换成2小时内、5小时内，流量就会不同. 如将汽车的流量换成自行车流量，差别就会更大，故随机现象与一定的条件是有密切联系的.

概率论与数理统计的应用是很广泛的，几乎渗透所有科学技术领域，如工业、农业、国防与国民经济的各个部门. 例如，工业生产中，可以应用概率统计方法进行质量控制、工业试验设计、产品的抽样检查等. 还可使用概率统计方法进行气象预报、水文预报和地震预报等. 另外，概率统计的理论与方法正在向各基础学科、工程学科、经济学科渗透，产生了各种边缘性的应用学科，如排队论、计量经济学、信息论、控制论、时间序列分析等.

第一节　样本空间、随机事件

一、随机试验

人们是通过试验去研究随机现象的，为对客观现象加以研究所进行的观察或实验，称为试验. 若一个试验具有下列三个特点：

(1) 可以在相同的条件下重复地进行；

(2) 每次试验的可能结果不止一个，并且事先可以明确试验所有可能出现的结果；

(3) 进行一次试验之前不能确定哪一个结果会出现.

则称这一试验为**随机试验**，简称试验，记为 E.

下面举一些随机试验的例子.

E_1：抛一枚硬币，观察正面 H 和反面 T 出现的情况.

E_2：掷两颗有区别的骰子，观察出现的点数.

E_3：在一批电视机中任意抽取一台，测试它的寿命.

E_4：城市某一交通路口，指定某一小时内的汽车流量.

E_5：记录某一地区一昼夜的最高温度和最低温度.

二、样本空间与随机事件

在一个试验中，不论可能的结果有多少，总可以从中找出一组基本结果，满足：

(1) 每进行一次试验，必然出现且只能出现这组结果中的一个结果；

(2) 任何结果，都是由其中的一些基本结果所组成，而这组结果中的每个结果却不能由其他任何结果构成.

随机试验 E 的所有可能发生的基本结果组成的集合称为样本空间，记为 Ω. E 的每个基本结果，称为**样本点**.

下面写出前面提到的试验 $E_k(k=1,2,3,4,5)$ 的样本空间 Ω_k：

$\Omega_1:\{H,T\}$；

$\Omega_2:\{(i,j)\mid i,j=1,2,3,4,5,6\}$；

$\Omega_3:\{t\mid t\geqslant 0\}$；

$\Omega_4:\{0,1,2,\cdots\}$；

$\Omega_5:\{(x,y)\mid T_0\leqslant x\leqslant y\leqslant T_1\}$，这里 x 表示最低温度，y 表示最高温度，并设这一地区温度不会小于 T_0 也不会大于 T_1.

随机试验 E 的样本空间 Ω 的子集称为 E 的**随机事件**，简称**事件**，通常用大写字母 A，B，C，…表示. 在每次试验中，当且仅当这一子集中的一个样本点出现时，称这一事件发生. 例如，在掷骰子的试验中，可以用 A 表示“出现点数为偶数”这个事件，若试验结果是“出现 6 点”，就称事件 A 发生.

特别地，由一个样本点组成的事件称为基本事件. 例如，试验 E_1 有两个基本事件

{H}、{T}；试验 E_2 有 36 个基本事件{(1,1)},{(1,2)},…,{(6,6)}.

每次试验中都必然发生的事件，称为**必然事件**. 样本空间 Ω 包含所有的样本点，它是 Ω 自身的子集，每次试验中都必然发生，故它就是一个必然事件. 因而必然事件也用 Ω 表示. 在每次试验中不可能发生的事件称为**不可能事件**，即它不包含任何样本点，因此不可能事件用 $\varnothing$ 表示.

三、事件之间的关系及其运算

由上述可知，事件之间的关系与事件的运算可以用集合之间的关系与集合的运算来处理. 下面我们讨论事件之间的关系及运算.

(1) 如果事件 A 发生必然导致事件 B 发生，则称事件 A 包含于事件 B 中（或称事件 B 包含事件 A），记作 $A\subset B$.

$A\subset B$ 的一个等价说法是，如果事件 B 不发生，则事件 A 必然不发生.

若 $A\subset B$ 且 $B\subset A$，则称事件 A 与事件 B 相等（或等价），记作 $A=B$.

为了方便起见，规定对于任一事件 A，有 $\varnothing\subset A$. 显然，对于任一事件 A，有 $A\subset\Omega$.

(2)“事件 A 与事件 B 中至少有一个发生”的事件称为事件 A 与事件 B 的和事件，记作 $A\cup B$.

由事件并的定义，立即得到：

对任一事件 A，有

$$A\cup\Omega=\Omega;\ A\cup\varnothing=A.$$

$A=\bigcup\limits_{i=1}^{n}A_i$ 表示“A_1，A_2，…，A_n 中至少有一个事件发生”这一事件.

$A=\bigcup\limits_{i=1}^{\infty}A_i$ 表示“可列无穷多个事件 A_i 中至少有一个发生”这一事件.

(3)“事件 A 和事件 B 同时发生”的事件称为事件 A 与事件 B 的积事件，记作 $A\cap B$（或 AB）.

由事件交的定义，立即得到：

对任一事件 A，有

$$A\cap\Omega=A;\ A\cap\varnothing=\varnothing.$$

$B=\bigcap\limits_{i=1}^{n}B_i$ 表示“B_1，B_2，…，B_n 同时发生”这一事件.

$B=\bigcap\limits_{i=1}^{\infty}B_i$ 表示“可列无穷多个事件 B_i 同时发生”这一事件.

(4)“事件 A 发生而事件 B 不发生”的事件称为事件 A 与事件 B 的差，记作 $A-B$.

由事件差的定义，立即得到：

对任一事件 A，有

$$A-A=\varnothing;\ A-\varnothing=A;\ A-\Omega=\varnothing.$$

(5) 如果两个事件 A 与事件 B 不可能同时发生，即 $AB=\varnothing$，则称事件 A 与事件 B 为**互不相容事件（互斥事件）**.

(6) 若 $A\cup B=\Omega$ 且 $AB=\varnothing$，则称事件 A 与事件 B 为**互逆事件（对立事件）**. A 的对立事件记为 $\bar{A}$，$\bar{A}$ 是由所有不属于 A 的样本点组成的事件，它表示“A 不发生”这样一个事件. 显然 $\overline{A}=\Omega-A$.

对立事件必为互不相容事件，反之，互不相容事件未必为对立事件.

以上事件之间的关系及运算可以用维恩（Venn）图来直观地描述. 若用平面上一个矩形表示样本空间 Ω，矩形内的点表示样本点，圆 A 与圆 B 分别表示事件 A 与事件 B，则事件 A 与事件 B 的各种关系及运算如图 1.1 ~ 图 1.6 所示.

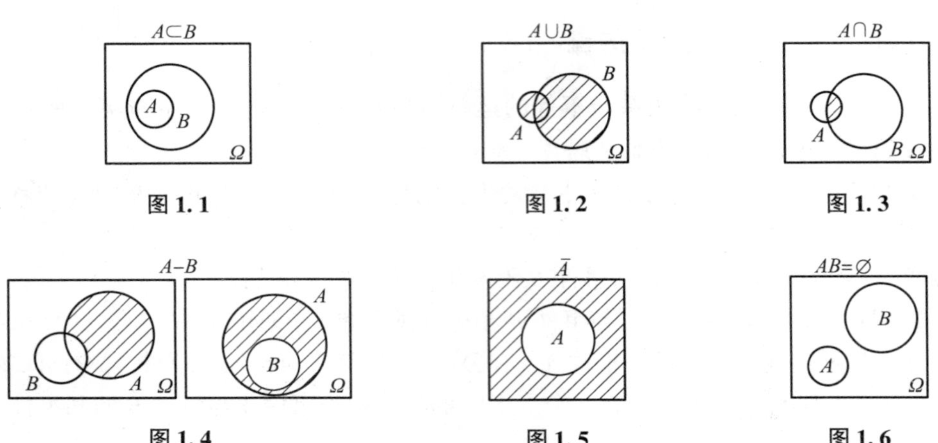

图 1.1 图 1.2 图 1.3

图 1.4 图 1.5 图 1.6

可以验证一般事件的运算满足如下运算律：

（1）交换律. $A\cup B=B\cup A$，$AB=BA$.

（2）结合律. $(A\cup B)\cup C=A\cup(B\cup C),(AB)C=A(BC)$.

（3）分配律. $A(B\cup C)=(AB)\cup(AC),A\cup(BC)=(A\cup B)(A\cup C)$.

分配律可以推广到有穷或可列无穷的情形，即

$$A\cap\bigcup_{i=1}^{n}A_i=\bigcup_{i=1}^{n}(A\cap A_i),\qquad A\cup\bigcap_{i=1}^{n}A_i=\bigcap_{i=1}^{n}(A\cup A_i),$$
$$A\cap\bigcup_{i=1}^{\infty}A_i=\bigcup_{i=1}^{\infty}(A\cap A_i),\qquad A\cup\bigcap_{i=1}^{\infty}A_i=\bigcap_{i=1}^{\infty}(A\cup A_i).$$

（4）$A-B=A\overline{B}=A-AB$.

（5）对偶律. 对有穷个或可列无穷个 A_i，恒有

$$\overline{\bigcup_{i=1}^{n}A_i}=\bigcap_{i=1}^{n}\overline{A_i},\qquad \overline{\bigcap_{i=1}^{n}A_i}=\bigcup_{i=1}^{n}\overline{A_i},$$
$$\overline{\bigcup_{i=1}^{\infty}A_i}=\bigcap_{i=1}^{\infty}\overline{A_i},\qquad \overline{\bigcap_{i=1}^{\infty}A_i}=\bigcup_{i=1}^{\infty}\overline{A_i}.$$

【例 1-1】 设 A，B，C 为三个事件，用 A，B，C 的运算式表示下列事件：

（1）A 发生而 B 与 C 都不发生：$A\overline{B}\,\overline{C}$ 或 $A-B-C$.

（2）A，B 都发生而 C 不发生：$AB\overline{C}$ 或 $AB-C$.

（3）A，B，C 至少有一个事件发生：$A\cup B\cup C$.

（4）A，B，C 至少有两个事件发生：$(AB)\cup(AC)\cup(BC)$.

（5）A，B，C 恰好有两个事件发生：$(AB\overline{C})\cup(A\overline{B}C)\cup(\overline{A}BC)$.

（6）A，B，C 恰好有一个事件发生：$(A\overline{B}\,\overline{C})\cup(\overline{A}B\overline{C})\cup(\overline{A}\,\overline{B}C)$.

（7）A，B 至少有一个发生而 C 不发生：$(A\cup B)\overline{C}$.

（8）A，B，C 都不发生：$\overline{A\cup B\cup C}$或$\overline{A}\,\overline{B}\,\overline{C}$.

【例 1-2】　甲、乙、丙三人射击同一目标，令 A_1 表示事件“甲击中目标”，A_2 表示事件“乙击中目标”，A_3 表示事件“丙击中目标”．用 A_1，A_2，A_3 的运算表示下列事件：

（1）三人都击中目标；

（2）只有甲击中目标；

（3）恰有一人击中目标；

（4）至少有一人击中目标；

（5）最多有一人击中目标.

解　用 A，B，C，D，F 分别表示上述（1）～（5）中的事件.

（1）三人都击中目标，即事件 A_1，A_2，A_3 同时发生，所以

$$A=A_1A_2A_3.$$

（2）只有甲击中目标，即事件 A_1 发生，而事件 A_2 和 A_3 都不发生，所以

$$B=A_1\overline{A}_2\overline{A}_3.$$

（3）只有一人击中目标，即事件 A_1，A_2，A_3 中有一个发生，而另外两个不发生，所以

$$C=(A_1\overline{A}_2\overline{A}_3)\cup(\overline{A}_1A_2\overline{A}_3)\cup(\overline{A}_1\overline{A}_2A_3).$$

（4）至少有一人击中目标，即事件 A_1，A_2，A_3 中至少有一个发生，所以

$$D=A_1\cup A_2\cup A_3.$$

“至少有一人击中目标”也就是恰有一人击中目标，或者恰有两人击中目标，或者三人都击中目标，所以事件 D 也可以表示成

$$D=[(A_1\overline{A}_2\overline{A}_3)\cup(\overline{A}_1A_2\overline{A}_3)\cup(\overline{A}_1\overline{A}_2A_3)]\cup[(\overline{A}_1A_2A_3)\cup(A_1\overline{A}_2A_3)\cup(A_1A_2\overline{A}_3)]\cup(A_1A_2A_3).$$

（5）最多有一人击中目标，即事件 A_1，A_2，A_3 或者都不发生，或者只有一个发生，所以

$$F=(\overline{A}_1\overline{A}_2\overline{A}_3)\cup[(A_1\overline{A}_2\overline{A}_3)\cup(\overline{A}_1A_2\overline{A}_3)\cup(\overline{A}_1\overline{A}_2A_3)].$$

“最多有一人击中目标”也可以理解成“至少有两人没击中目标”，即事件 $\overline{A}_1$，$\overline{A}_2$，$\overline{A}_3$ 中至少有两个发生，所以

$$F=(\overline{A}_1\overline{A}_2)\cup(\overline{A}_2\overline{A}_3)\cup(\overline{A}_1\overline{A}_3).$$

第二节　概率、古典概型

除必然事件与不可能事件外，任一随机事件在一次试验中都有可能发生，也有可能不发生．人们常常希望了解某些事件在一次试验中发生的可能性的大小．为此，我们首先引入频率的概念，它描述了事件发生的频繁程度，进而引出表示事件在一次试验中发生的可能性大小的数——概率.

一、频率

定义 1.1　设在相同的条件下进行了 n 次试验，若随机事件 A 在 n 次试验中发生了 k 次，则比值$\dfrac{k}{n}$称为事件 A 在这 n 次试验中发生的**频率**，记为 $f_n(A)=\dfrac{k}{n}$.

由定义 1.1 容易推知，频率具有以下性质：

(1) 对任一事件 A，有 $0\leqslant f_n(A)\leqslant 1$；

(2) 对于必然事件 Ω，有 $f_n(\Omega)=1$；

(3) 若事件 A，B 互不相容，则

$$f_n(A\cup B)=f_n(A)+f_n(B).$$

一般地，若事件 A_1，A_2，…，A_m 两两互不相容，则

$$f_n\left(\bigcup_{i=1}^{m}A_i\right)=\sum_{i=1}^{m}f_n(A_i).$$

事件 A 发生的频率 $f_n(A)$ 表示 A 发生的频繁程度，频率大，事件 A 发生的就频繁，在一次试验中，A 发生的可能性也就大．反之亦然．因而，直观的想法是用 $f_n(A)$ 表示 A 在一次试验中发生可能性的大小．但是，由于试验的随机性，即使同样是进行 n 次试验，$f_n(A)$ 的值也不一定相同．但大量试验证实，随着重复试验次数 n 的增加，频率 $f_n(A)$ 会逐渐稳定于某个常数附近，而偏离的可能性很小．频率具有"稳定性"这一事实，说明了刻画事件 A 发生可能性大小的数——概率具有一定的客观存在性．（严格来说，这是一个理想的模型，因为实际上并不能绝对保证在每次试验时条件都保持完全一样，这只是一个理想的假设.）

历史上有一些著名的试验，德・摩根（De Morgan）、蒲丰（Buffon）和皮尔逊（Pearson）都曾进行过大量掷硬币试验，所得结果如表 1.1 所示．

表 1.1

试验者	掷硬币次数	出现正面次数	出现正面的频率
德・摩根	2 048	1 061	0.518 1
蒲丰	4 040	2 048	0.506 9
皮尔逊	12 000	6 019	0.501 6
皮尔逊	24 000	12 012	0.500 5
维尼	30 000	14 994	0.499 8

可见出现正面的频率总在 0.5 附近摆动，随着试验次数的增加，它逐渐稳定于 0.5．这个 0.5 就反映了正面出现的可能性的大小．

每个事件都存在一个这样的常数与之对应，因而可将频率 $f_n(A)$ 在 n 无限增大时逐渐趋向稳定的这个常数定义为事件 A 发生的概率．这就是概率的统计学定义．

定义 1.2 设事件 A 在 n 次重复试验中发生的次数为 k，当 n 很大时，频率 $\frac{k}{n}$ 在某一数值 p 的附近摆动，而随着试验次数 n 的增加，发生较大摆动的可能性越来越小，则称数 p 为事件 A 发生的概率，记为 $P(A)=p$.

要注意的是，上述定义并没有提供确切的计算概率的方法，因为我们永远不可能依据它确切地定出任何一个事件的概率．在实际中，不可能对每一个事件都做大量的试验，而且不知道 n 取多大才行；如果 n 取很大，则不一定能保证每次试验的条件都完全相同．而且没有理由认为，取试验次数为 $n+1$ 来计算频率，总会比取试验次数为 n 来计算频率会更准确、更逼近所求的概率．

为了理论研究的需要，我们从频率的稳定性和频率的性质得到启发，给出概率的公理化定义.

二、概率的公理化定义

定义 1.3　设Ω为样本空间，对于每一个事件A赋予一个实数，记作$P(A)$，如果$P(A)$满足以下条件：

(1) 非负性：$P(A)\geqslant 0$；

(2) 规范性：$P(\Omega)=1$；

(3) 可列可加性：对于两两互不相容的可列无穷多个事件A_1，A_2，…，A_n，…有

$$P\left(\bigcup_{n=1}^{\infty} A_n\right)=\sum_{n=1}^{\infty} P(A_n),$$

则称实数$P(A)$为事件A发生的概率.

在第五章中将证明，当$n\to\infty$时，频率$f_n(A)$在一定意义下接近于概率$P(A)$. 基于这一事实，我们就有理由用概率$P(A)$来表示事件A在一次试验中发生的可能性的大小.

由概率公理化定义，可以推出概率的一些性质.

性质 1　$P(\varnothing)=0$.

证　令$A_i=\varnothing(i=1,2,\cdots)$，$\bigcup_{n=1}^{\infty} A_n=\varnothing$，

则

$$\bigcup_{n=1}^{\infty} A_n=\varnothing，且\ A_iA_j=\varnothing\ (i\neq j，i，j=1,2,\cdots).$$

由概率的可列可加性得

$$P(\varnothing)=P\left(\bigcup_{n=1}^{\infty} A_n\right)=\sum_{n=1}^{\infty} P(A_n)=\sum_{n=1}^{\infty} P(\varnothing),$$

而由$P(\varnothing)\geqslant 0$及上式知$P(\varnothing)=0$.

这个性质说明：不可能事件的概率为 0. 但逆命题不一定成立，我们将在第二章加以说明.

性质 2（有限可加性）　若A_1，A_2，…，A_n为两两互不相容事件，则有

$$P\left(\bigcup_{k=1}^{n} A_k\right)=\sum_{k=1}^{n} P(A_k).$$

证　令$A_i=\varnothing(i=n+1,n+2,\cdots)$，则由可列可加性及性质 1，得

$$P\left(\bigcup_{k=1}^{n} A_k\right)=P\left(\bigcup_{k=1}^{\infty} A_k\right)=\sum_{k=1}^{\infty} P(A_k)=\sum_{k=1}^{n} P(A_k)$$

性质 3　设A，B是两个事件，则$P(B-A)=P(B)-P(AB)$.

特别地，若$A\subset B$，则有$P(A)\leqslant P(B)$，且$P(B-A)=P(B)-P(A)$.

证　对于任意两个事件A与B，由于$B-A=B-AB$，且$AB=A$，$P(AB)=P(A)$可得

$$P(B-A)=P(B-AB)=P(B)-P(AB).$$

因为$AB\subset B$，所以$B=(AB)\cup(B-A)$且$(AB)\cap(B-A)=\varnothing$，

再由概率的有限可加性得

$$P(B)=P[AB\cup(B-A)]=P(AB)+P(B-A)$$

即

$$P(B-A)=P(B)-P(AB);$$

若$A\subset B$，则$AB=A$，$P(AB)=P(A)$，所以

$$P(B-A)=P(B)-P(A).$$

又由$P(B-A)\geqslant 0$，得$P(A)\leqslant P(B)$

上式称为概率的**减法公式**.

性质4 对任一事件A，有$P(A)\leqslant 1$.

证 因为$A\subset \Omega$，由性质3和概率的规范性，可得 $P(A)\leqslant P(\Omega)$

$$P(A)\leqslant 1.$$

性质5 对于任一事件A，有

$$P(\overline{A})=1-P(A).$$

证 因为$A\cup\overline{A}=\Omega, A\overline{A}=\varnothing$,由概率的规范性和性质2，有

$$P(A)+P(\overline{A})=1,$$

于是

$$P(\overline{A})=1-P(A).$$

性质6（加法公式） 对于任意两个事件A与B，有

$$P(A\cup B)=P(A)+P(B)-P(AB).$$

证 因为$A\cup B=A\cup(B-AB)$，且$A(B-AB)=\varnothing$，$AB\subset B$，由性质2和性质3，可得

$$P(A\cup B)=P(A)+P(B-AB)=P(A)+P(B)-P(AB).$$

还可推广到三个事件的情形. 例如，设A_1，A_2，A_3为任意三个事件，则有

$$P(A_1\cup A_2\cup A_3)=P(A_1)+P(A_2)+P(A_3)-P(A_1A_2)-P(A_1A_3)-P(A_2A_3)+P(A_1A_2A_3).$$

一般地，设A_1，A_2，…，A_n为任意n个事件，可由归纳法证得

$$P(A_1\cup A_2\cup\cdots\cup A_n)=\sum_{i=1}^{n}P(A_i)-\sum_{1\leqslant i<j\leqslant n}P(A_iA_j)+\sum_{1\leqslant i<j<k\leqslant n}P(A_iA_jA_k)-\cdots+(-1)^{n-1}P(A_1A_2\cdots A_n).$$

【例1-3】 设A，B为两事件，$P(A)=0.5, P(B)=0.3, P(AB)=0.1$，求：

（1）A发生但B不发生的概率；

（2）A不发生但B发生的概率；

（3）至少有一个事件发生的概率；

（4）A，B都不发生的概率；

（5）至少有一个事件不发生的概率.

解 （1）$P(A\overline{B})=P(A-B)=P(A-AB)=P(A)-P(AB)=0.4$；

（2）$P(\overline{A}B)=P(B-AB)=P(B)-P(AB)=0.2$；

（3）$P(A\cup B)=P(A)+P(B)-P(AB)=0.7$；

（4）$P(\overline{A}\,\overline{B})=P(\overline{A\cup B})=1-P(A\cup B)=1-0.7=0.3$；

（5）$P(\overline{A}\cup\overline{B})=P(\overline{AB})=1-P(AB)=1-0.1=0.9$.

【例1-4】 已知$P(\overline{A})=0.5$，$P(\overline{A}B)=0.2, P(B)=0.4$，求：

（1）$P(AB)$；

（2）$P(\overline{A}\,\overline{B})$.

解　(1) 由题意，$P(\overline{A}B)=P(B-A)=P(B)-P(AB)=0.2,P(B)=0.4$，所以

$$P(AB)=0.4-0.2=0.2.$$

(2) 由于 $P(A)=1-0.5=0.5,P(AB)=0.2$,所以

$$P(A\cup B)=P(A)+P(B)-P(AB)=0.5+0.4-0.2=0.7,$$

再由对偶律，有

$$P(\overline{A}\,\overline{B})=P(\overline{A\cup B})=1-P(A\cup B)=1-0.7=0.3.$$

三、古典概型

定义 1.4　如果随机试验 E 满足下列两个条件:

(1) 有限性. 试验 E 的基本事件总数是有限个.

(2) 等可能性. 每一个基本事件发生的可能性相同.

则称试验 E 为**古典概型**（或**等可能概型**).

下面我们讨论古典概型中事件概率的计算公式.

设试验 E 的样本空间为 $\Omega=\{\omega_1, \omega_2, \cdots, \omega_n\}$. 显然基本事件 $\{\omega_1\}$，$\{\omega_2\}$，…，$\{\omega_n\}$ 是两两互不相容的，且

$$\Omega=\{\omega_1\}\cup\{\omega_2\}\cup\cdots\cup\{\omega_n\}$$

由于 $P(\Omega)=1$ 及 $P\{\omega_1\}=P\{\omega_2\}=\cdots=P\{\omega_n\}$，根据概率的性质，有

$$1=P\{\omega_1\}+P\{\omega_2\}+\cdots+P\{\omega_n\}=nP\{\omega_i\}\,(i=1,2,\cdots,n).$$

即

$$P\{\omega_1\}=P\{\omega_2\}=\cdots=P\{\omega_n\}=\frac{1}{n}.$$

如果事件 A 包含 k 个基本事件，即 $A=\{\omega_{i_1}\}\cup\{\omega_{i_2}\}\cup\cdots\cup\{\omega_{i_k}\}$，其中 i_1，i_2，…，i_k 是 1，2，…，n 中的某 k 个数，则有

$$P(A)=P\{\omega_{i_1}\}+P\{\omega_{i_2}\}+\cdots+P\{\omega_{i_k}\}=\frac{k}{n}.$$

即

$$P(A)=\frac{A\text{包含的基本事件数}}{\Omega\text{包含的基本事件的总数}}. \tag{1-1}$$

一般地，要计算古典概型中事件 A 的概率，只需计算样本空间 Ω 所包含的基本事件总数 n 以及事件 A 所包含的基本事件个数 k. 这时常常要用到加法原理、乘法原理和排列组合公式.

【例 1-5】　将一枚硬币抛掷三次，求:

(1) 恰有一次出现正面的概率;

(2) 至少有一次出现正面的概率.

解　将一枚硬币抛掷三次的样本空间为

$$\Omega=\{\mathrm{HHH},\mathrm{HHT},\mathrm{HTH},\mathrm{THH},\mathrm{HTT},\mathrm{THT},\mathrm{TTH},\mathrm{TTT}\},$$

Ω 中包含有限个元素，且由对称性知每个基本事件发生的可能性相同.

(1) 设 A 表示"恰有一次出现正面"，则

$$A=\{\mathrm{HTT},\mathrm{THT},\mathrm{TTH}\},$$

故有
$$P(A)=\frac{3}{8}.$$

（2）设 B 表示“至少有一次出现正面”，由 $\overline{B}=\{\mathrm{TTT}\}$，得 $P(B)=1-P(\overline{B})=\frac{7}{8}$.

当样本空间的元素较多时，一般不再将 Ω 中的样本点一一列出，而只需分别求出 Ω 中与 A 中包含的元素的个数（即基本事件的个数），再由式（1-1）求出 A 的概率.

【例 1-6】 一口袋装有 6 个相同的球，其中 4 个白球，2 个红球. 从袋中取球两次，每次随机地取一个. 考虑两种取球方式：

（a）第一次取一个球，观察其颜色后放回袋中，搅匀后再任取一个球. 这种取球方式叫作**有放回抽取**.

（b）第一次取一个球后不放回袋中，第二次从剩余的球中再取一个球. 这种取球方式叫作**不放回抽取**.

试分别就上面两种情形求：

（1）取到的两个球都是白球的概率；

（2）取到的两个球颜色相同的概率；

（3）取到的两个球中至少有一个是白球的概率.

解 （a）有放回抽取的情形：

设 A 表示事件“取到的两个球都是白球”，B 表示事件“取到的两个球都是红球”，C 表示事件“取到的两个球中至少有一个是白球”，则 $A\cup B$ 表示事件“取到的两个球颜色相同”，而$C=\overline{B}$.

在袋中依次取两个球，每一种取法为一个基本事件，显然此时样本空间中仅包含有限个元素，且由对称性知每个基本事件发生的可能性相同，因而可利用式（1-1）来计算事件的概率.

第一次从袋中取球有 6 个球可供抽取，第二次也有 6 个球可供抽取. 由乘法原理知共有 6×6 种取法，即基本事件总数为 36. 对于事件 A 而言，由于第一次有 4 个白球可供抽取，第二次也有 4 个白球可供抽取，由乘法原理知共有 4×4 种取法，即 A 中包含 4×4 个元素. 同理，B 中包含 2×2 个元素，于是

$$P(A)=\frac{4\times4}{6\times6}=\frac{4}{9},\quad P(B)=\frac{2\times2}{6\times6}=\frac{1}{9}.$$

由于 $AB=\varnothing$，故

$$P(A\cup B)=P(A)+P(B)=\frac{5}{9},$$

$$P(C)=P(\overline{B})=1-P(B)=\frac{8}{9}.$$

（b）不放回抽取的情形：

第一次从 6 个球中抽取，第二次只能从剩下的 5 个球中抽取，故共有 6×5 种取法，即样本点总数为6×5. 对于事件 A 而言，第一次从 4 个白球中抽取，第二次从剩下的 3 个白球中抽取，故共有 4×3 种取法，即 A 中包含 4×3 个元素，同理 B 中包含 2×1 个元素，于是

$$P(A)=\frac{4\times3}{6\times5}=\frac{2}{5},\quad P(B)=\frac{2\times1}{6\times5}=\frac{1}{15}.$$

由于 $AB=\varnothing$，故

$$P(A\cup B)=P(A)+P(B)=\frac{7}{15},\quad P(C)=1-P(B)=\frac{14}{15}.$$

【例 1-7】　一只箱子中装有 10 个同型号的电子元件，其中 3 个次品，7 个合格品.

（1）从箱子中任取 1 个元件，求取到次品的概率；

（2）从箱子中任取 2 个元件，求取到 1 个次品、1 个合格品的概率.

解　（1）从 10 个元件中任取 1 个，共有 $n=\mathrm{C}_{10}^{1}$ 种不同的取法，每一种取法所得到的结果是一个基本事件，所以 $n=\mathrm{C}_{10}^{1}$. 又 10 个元件中有 3 个次品，所以取到次品有 C_{3}^{1} 种不同的取法，即 $k=\mathrm{C}_{3}^{1}$. 于是取到次品的概率为

$$P_1=\frac{\mathrm{C}_{3}^{1}}{\mathrm{C}_{10}^{1}}=\frac{3}{10}.$$

（2）从 10 个元件中任取 2 个，共有 C_{10}^{2} 种不同的取法，所以 $n=\mathrm{C}_{10}^{2}$. 而恰好取到 1 个次品、1 个合格品的取法有 $\mathrm{C}_{3}^{1}\mathrm{C}_{7}^{1}$ 种，即 $k=\mathrm{C}_{3}^{1}\mathrm{C}_{7}^{1}$，于是取到 1 个次品、1 个合格品的概率为

$$P_2=\frac{\mathrm{C}_{3}^{1}\mathrm{C}_{7}^{1}}{\mathrm{C}_{10}^{2}}=\frac{21}{45}=\frac{7}{15}.$$

一般地，在 N 件产品中有 M 件次品，从中任取 $n(n\leqslant N)$ 件，则其中恰有 $k(k\leqslant \min\{n,M\})$ 件次品的概率为

$$P=\frac{\mathrm{C}_{M}^{k}\mathrm{C}_{N-M}^{n-k}}{\mathrm{C}_{N}^{n}}.$$

【例 1-8】　有 n 个人，每个人都以同样的概率 $\frac{1}{N}$ 被分配在 $N(n<N)$ 间房的任一间中，求恰好有 n 个房间，其中各住一人的概率.

解　每个人都有 N 种分法，这是可重复排列问题，n 个人共有 N^n 种不同分法. 因为没有指定是哪几间房，所以首先选出 n 间房，有 C_{N}^{n} 种选法. 对于其中每一种选法，每间房各住一人共有 $n!$ 种分法，故所求概率为

$$P=\frac{\mathrm{C}_{N}^{n}n!}{N^n}.$$

许多直观背景很不相同的实际问题，都和本例具有相同的数学模型. 比如生日问题：假设每人的生日在一年 365 天中的任一天是等可能的，那么随机选取 $n(n\leqslant 365)$ 个人，他们的生日各不相同的概率为

$$P=\frac{\mathrm{C}_{365}^{n}n!}{365^n}.$$

例如，某班级有 50 名学生，一年按 365 天计算，则这 50 名学生生日各不相同的概率为

$$P=\frac{\mathrm{C}_{365}^{50}\cdot 50!}{365^{50}}=0.03.$$

需要指出的是，人们在长期的实践活动中总结出这样的事实：**概率很小的事件**在一次试验中几乎不可能发生. 这一事实通常被称作**实际推断原理**. 由于上述 50 名学生生日各不相

同的概率仅为0.03，因此可以预测这50名学生中至少有2名学生生日相同.

四、几何概型

上述古典概型的计算，只适用于具有等可能性的有限样本空间，若试验结果无穷多，它显然已不适合. 为了克服有限的局限性，可将古典概型的计算加以推广.

定义1.5 设试验具有以下特点：

(1) 样本空间Ω是一个几何区域，这个区域大小可以度量（如长度、面积、体积等），并把Ω的度量记作$m(\Omega)$；

(2) 向区域Ω内任意投掷一个点，落在区域内任一个点处都是"等可能的"或者设落在Ω中的区域A内的可能性与A的度量$m(A)$成正比，与A的位置和形状无关.

则此试验模型称为**几何概型**.

不妨也用A表示"掷点落在区域A内"的事件，那么事件A的概率可用下列公式计算：

$$P(A)=\frac{m(A)}{m(\Omega)},$$

称它为几何概率.

【例1-9】 在区间(0，1)内任取两个数，求这两个数的乘积小于$\frac{1}{4}$的概率.

解 设在(0，1)内任取两个数为x，y，则

$$0<x<1,\ 0<y<1,$$

即样本空间是由点(x，y)构成的边长为1的正方形Ω，其面积为1.

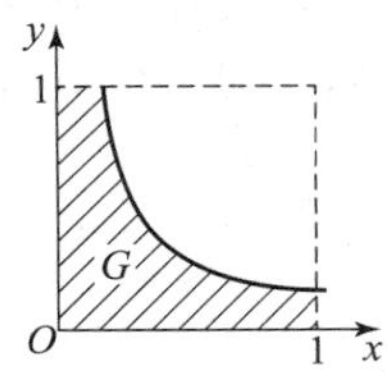

图1.7

令A表示"两个数乘积小于$\frac{1}{4}$"，则

$$A=\{(x,y)\mid 0<xy<1,0<x<1,0<y<1\}.$$

事件A所围成的区域如图1.7所示，则所求概率

$$P(A)=\frac{1-\int_{1/4}^{1}\mathrm{d}x\int_{1/(4x)}^{1}\mathrm{d}y}{1}=\frac{1-\int_{1/4}^{1}\left(1-\frac{1}{4x}\right)\mathrm{d}x}{1}=1-\frac{3}{4}+\int_{1/4}^{1}\frac{1}{4x}\mathrm{d}x=\frac{1}{4}+\frac{1}{2}\ln 2.$$

【例1-10】 甲、乙两船在某码头的同一泊位停靠卸货，每只船都可能在早晨七点至八点间的任一时刻到达，并且卸货时间都是20分钟，求两只船使用泊位时发生冲突的概率.

解 因为甲、乙两船都在七点至八点间的60分钟内任一时刻到达，所以甲到达的时刻x和乙到达的时刻y满足

$$0<x<60,\ 0<y<60,$$

即(x，y)为平面区域$\Omega=\{(x,y)\mid 0<x<60,0<y<60\}$内的任意一点，这是一个平面上的几何概型问题. 设$A$表示事件"两只船使用泊位时发生冲突"，则

$A=\{(x,y)\mid (x,y)\in\Omega,|x-y|<20\}$，如图1.8所示，所以

$$P(A)=\frac{60^2-\frac{1}{2}\times 40\times 40\times 2}{60^2}=\frac{5}{9}.$$

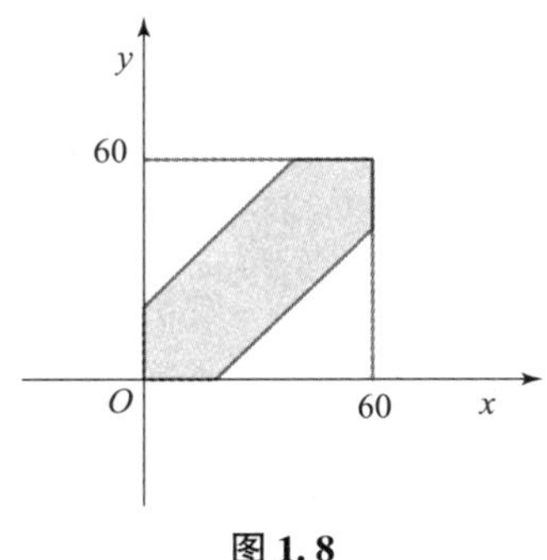

图 1.8

第三节　条件概率、全概率公式

一、条件概率

定义 1.6　设 A，B 为两个事件，且 $P(B)>0$，则称$\frac{P(AB)}{P(B)}$为事件 B 已发生的条件下事件 A 发生的**条件概率**，记为 $P(A|B)$，即

$$P(A|B)=\frac{P(AB)}{P(B)}.$$

易验证，$P(A|B)$符合概率定义的三条公理，即：

(1) 对于任一事件 A，有 $P(A|B)\geqslant 0$；

(2) $P(\Omega|B)=1$；

(3) $P\left(\bigcup_{i=1}^{\infty}A_i|B\right)=\sum_{i=1}^{\infty}P(A_i|B)$.

其中 A_1，A_2，…，A_n，…为两两互不相容事件.

这说明条件概率符合定义 1.3 中概率应满足的三个条件，故对概率已证明的结果都适用于条件概率. 例如，对于任意事件 A_1，A_2，有

$$P(A_1\cup A_2|B)=P(A_1|B)+P(A_2|B)-P(A_1A_2|B).$$

又如，对于任意事件 A，有

$$P(\overline{A}|B)=1-P(A|B).$$

【例 1-11】　某电子元件厂有职工 180 人，男职工有 100 人，女职工有 80 人，男女职工中非熟练工人分别有 20 人与 5 人. 现从该厂中任选一名职工，求：

(1) 该职工为非熟练工人的概率是多少？

(2) 如果已知被选出的是女职工，那么她是非熟练工人的概率又是多少？

解　题 (1) 的求解我们已很熟悉，设 A 表示“任选一名职工为非熟练工人”的事件，则

$$P(A)=\frac{25}{180}=\frac{5}{36}.$$

而题 (2) 的条件有所不同，它增加了一个附加的条件，已知被选出的是女职工，记

"选出女职工"为事件 B，则题（2）就是要求出"在已知 B 事件发生的条件下 A 事件发生的概率"，这就要用到条件概率公式，有

$$P(A|B)=\frac{P(AB)}{P(B)}=\frac{\frac{5}{180}}{\frac{80}{180}}=\frac{1}{16}.$$

此题也可考虑用缩小样本空间的方法来做，既然已知选出的是女职工，那么男职工就可排除考虑范围，因此"B 已发生条件下的事件 A"就相当于在全部女职工中任选一人，并选出了非熟练工人. 从而 Ω_B 样本点总数不是原样本空间 Ω 的 180 人，而是全体女职工人数 80 人，而上述事件中包含的样本点总数就是女职工中的非熟练工人数 5 人，因此所求概率为

$$P(A|B)=\frac{5}{80}=\frac{1}{16}.$$

【例 1－12】 某科动物出生之后活到 20 岁的概率为 0.7，活到 25 岁的概率为 0.56，求现年为 20 岁的该科动物活到 25 岁的概率.

解 设 A 表示"活到 20 岁以上"的事件，B 表示"活到 25 岁以上"的事件，则有

$$P(A)=0.7, P(B)=0.56 \text{ 且 } B\subset A,$$

得

$$P(B|A)=\frac{P(AB)}{P(A)}=\frac{P(B)}{P(A)}=\frac{0.56}{0.7}=0.8.$$

二、乘法定理

由条件概率定义 $P(B|A)=\dfrac{P(AB)}{P(A)}, P(A)>0$，两边同乘以 $P(A)$ 可得 $P(AB)=P(A)\cdot P(B|A)$，由此可得：

定理 1.1（乘法定理） 对于任意两个事件 A 和 B，如果 $P(A)>0$，则有

$$P(AB)=P(A)P(B|A).$$

对称地，如果 $P(B)>0$，由 $P(A|B)=\dfrac{P(AB)}{P(B)}$ 有

$$P(AB)=P(B)P(A|B).$$

对于有限个事件 A_1，A_2，…，A_n，当 $P(A_1A_2\cdots A_{n-1})\neq 0$ 时，有

$$P(A_1A_2\cdots A_n)=P(A_1)P(A_2|A_1)P(A_3|A_1A_2)\cdots P(A_n|A_1A_2\cdots A_{n-1}).$$

【例 1－13】 某人忘记了所要拨打的电话号码的最后一位数字，因而只能随意拨码. 求他（她）拨码不超过 3 次接通电话的概率.

解 设 A 表示事件"不超过 3 次接通"，A_i 表示事件"第 i 次接通"（$i=1, 2, 3$），则 $A=A_1\cup\overline{A}_1A_2\cup\overline{A}_1\overline{A}_2A_3$. 显然 A_1，$\overline{A}_1A_2$，$\overline{A}_1\overline{A}_2A_3$ 两两互不相容，所以

$$\begin{aligned}P(A)&=P(A_1)+P(\overline{A}_1A_2)+P(\overline{A}_1\overline{A}_2A_3)\\&=P(A_1)+P(\overline{A}_1)P(A_2|\overline{A}_1)+P(\overline{A}_1)P(\overline{A}_2|\overline{A}_1)P(A_3|\overline{A}_1\overline{A}_2)\\&=\frac{1}{10}+\frac{9}{10}\times\frac{1}{9}+\frac{9}{10}\times\frac{8}{9}\times\frac{1}{8}\\&=\frac{3}{10}.\end{aligned}$$

【例 1-14】 设盒中有 m 个红球，n 个白球，每次从盒中任取一个球，看后放回，再放入 k 个与所取颜色相同的球．若在盒中连取四次，试求第一次、第二次取到红球，第三次、第四次取到白球的概率．

解 设 $R_i(i=1,2,3,4)$ 表示第 i 次取到红球的事件，$\overline{R_i}(i=1,2,3,4)$ 表示第 i 次取到白球的事件，则有

$$\begin{aligned}P(R_1R_2\overline{R_3}\,\overline{R_4})&=P(R_1)P(R_2|R_1)P(\overline{R_3}|R_1R_2)P(\overline{R_4}|R_1R_2\overline{R_3})\\&=\frac{m}{m+n}\cdot\frac{m+k}{m+n+k}\cdot\frac{n}{m+n+2k}\cdot\frac{n+k}{m+n+3k}.\end{aligned}$$

三、全概率公式和贝叶斯公式

为建立两个用来计算概率的重要公式，我们先引入样本空间 Ω 划分的定义．

定义 1.7 设试验 E 的样本空间为 Ω，事件 A_1，A_2，…，A_n 两两互不相容，并且 $\bigcup\limits_{i=1}^{n}A_i=\Omega$，则称 A_1，A_2，…，A_n 为试验 E 的**完备事件组**（或样本空间 Ω 的一个**划分**）．

例如：A，$\overline{A}$ 就是 Ω 的一个划分．

若 A_1，A_2，…，A_n 是 Ω 的一个划分，那么对每次试验，事件 A_1，A_2，…，A_n 中必有一个且仅有一个发生．

定理 1.2（全概率公式） 设 B 为样本空间 Ω 中的任一事件，A_1，A_2，…，A_n 为 Ω 的一个划分，且 $P(A_i)>0(i=1,2,\cdots,n)$，则有

$$P(B)=P(A_1)P(B|A_1)+P(A_2)P(B|A_2)+\cdots+P(A_n)P(B|A_n)=\sum_{i=1}^{n}P(A_i)P(B|A_i).$$

称上述公式为全概率公式．

全概率公式表明，在许多实际问题中事件 B 的概率不易直接求得，如果容易找到 Ω 的一个划分 A_1，A_2，…，A_n，且 $P(A_i)$ 和 $P(B|A_i)$ 为已知，或容易求得，就可以根据全概率公式求出 $P(B)$．

【例 1-15】 市场供应的某种商品中，甲厂生产的产品占 50%，乙厂生产的产品占 30%，丙厂生产的产品占 20%．已知甲、乙、丙厂产品的合格率分别为 90%、85%、95%，求顾客买到的这种产品为合格品的概率．

解 设 A_1，A_2，A_3 分别表示事件"买到的产品是甲厂生产的""买到的产品是乙厂生产的""买到的产品是丙厂生产的"，B 表示事件"买到的产品是合格品"，则 A_1，A_2，A_3 是一个完备事件组，且

$$\begin{aligned}&P(A_1)=50\%=0.5,\qquad P(A_2)=30\%=0.3,\\&P(A_3)=20\%=0.2,\qquad P(B|A_1)=90\%=0.9,\\&P(B|A_2)=85\%=0.85,\ P(B|A_3)=95\%=0.95.\end{aligned}$$

于是由全概率公式，有

$$\begin{aligned}P(B)&=P(A_1)P(B|A_1)+P(A_2)P(B|A_2)+P(A_3)P(B|A_3)\\&=0.5\times0.9+0.3\times0.85+0.2\times0.95\\&=0.895.\end{aligned}$$

【例 1-16】 人们为了解一只股票未来一段时间内价格的变化，往往会分析影响股票

价格的因素，如利率的变化. 假设利率下调的概率为60%，利率不变的概率为40%. 根据经验，在利率下调的情况下，该股票价格上涨的概率为80%；在利率不变的情况下，其价格上涨的概率为40%. 求该股票价格上涨的概率.

解 设A表示事件“利率下调”，$\overline{A}$表示事件“利率不变”，B表示事件“股票价格上涨”. 根据题意

$$P(A)=60\%=0.6,\quad P(\overline{A})=40\%=0.4,$$
$$P(B|A)=80\%=0.8,\quad P(B|\overline{A})=40\%=0.4,$$

由全概率公式

$$\begin{aligned}P(B)&=P(A)P(B|A)+P(\overline{A})P(B|\overline{A})\\&=0.6\times0.8+0.4\times0.4\\&=0.64.\end{aligned}$$

定理1.3（贝叶斯公式） 设随机试验E的样本空间为Ω，B为Ω中的事件，A_1，A_2，…，A_n为Ω的一个划分，且$P(B)>0$，$P(A_i)>0(i=1,2,\cdots,n)$，则有

$$P(A_i|B)=\frac{P(B|A_i)P(A_i)}{\sum_{j=1}^{n}P(B|A_j)P(A_j)},$$

称上式为贝叶斯公式，也称为**逆概率公式**.

证 由条件概率公式有

$$P(A_i|B)=\frac{P(A_iB)}{P(B)}=\frac{P(A_i)P(B|A_i)}{\sum_{j=1}^{n}P(B|A_j)P(A_j)},i=1,2,\cdots,n.$$

【例1-17】 设某工厂有甲、乙、丙三个车间生产同一种产品，产量依次占全厂的45%，35%，20%，且各车间的次品率分别为4%，2%，5%，现在从一批产品中检查出1个次品，问：该次品是由哪个车间生产的可能性最大？

解 设A_1，A_2，A_3表示产品来自甲、乙、丙三个车间的事件，B表示产品为“次品”的事件，易知A_1，A_2，A_3是样本空间Ω的一个划分，且有

$$P(A_1)=0.45,\quad P(A_2)=0.35,\quad P(A_3)=0.2,$$
$$P(B|A_1)=0.04,\quad P(B|A_2)=0.02,\quad P(B|A_3)=0.05.$$

由全概率公式得 $$\begin{aligned}P(B)&=P(A_1)P(B|A_1)+P(A_2)P(B|A_2)+P(A_3)P(B|A_3)\\&=0.45\times0.04+0.35\times0.02+0.2\times0.05\\&=0.035.\end{aligned}$$

$$P(A_1|B)=\frac{0.45\times0.04}{0.035}=0.514,$$

$$P(A_2|B)=\frac{0.35\times0.02}{0.035}=0.200,$$

$$P(A_3|B)=\frac{0.2\times0.05}{0.035}=0.286.$$

由此可见，该次品由甲车间生产的可能性最大.

【例1-18】 由以往的临床记录，某种诊断癌症的试验具有如下效果：被诊断者有癌

症，试验反应为阳性的概率为 0.95；被诊断者没有癌症，试验反应为阴性的概率为 0.95. 现对自然人群进行普查，设被试验的人群中患有癌症的概率为 0.005，问：已知试验反应为阳性，该被诊断者确有癌症的概率为多少？

解　设 A 表示事件“患有癌症”，$\bar{A}$ 表示事件“没有癌症”，B 表示事件“试验反应为阳性”，则由条件得

$$P(A)=0.005, \qquad P(\bar{A})=0.995,$$
$$P(B|A)=0.95, \qquad P(\bar{B}|\bar{A})=0.95,$$

由此

$$P(B|\bar{A})=1-0.95=0.05.$$

由贝叶斯公式得

$$P(A|B)=\frac{P(A)P(B|A)}{P(A)P(B|A)+P(\bar{A})P(B|\bar{A})}=0.087.$$

这就是说，根据以往的数据分析可以得到，患有癌症的被诊断者，试验反应为阳性的概率为 95%；没有患癌症的被诊断者，试验反应为阴性的概率为 95%，都叫作先验概率. 而在得到试验反应结果为阳性，该被诊断者确有癌症重新加以修正的概率 0.087 叫作后验概率. 此项试验也表明，用它作为普查，正确性诊断只有 8.7%（即 1 000 人具有阳性反应的人中大约有 87 人的确患有癌症）. 由此可看出，若把 $P(B|A)$ 和 $P(A|B)$ 搞混淆，就会造成误诊的不良后果.

乘法公式、全概率公式、贝叶斯公式是概率的三个重要公式，它们在解决某些概率问题中起到十分重要的作用.

第四节　独 立 性

一、事件的独立性

独立性是概率统计中的一个重要概念，在讲独立性的概念之前先介绍一个例题.

【例 1－19】　盒子中有 5 个白色乒乓球和 4 个黄色乒乓球，从中抽取两次，每次随机地抽取 1 个.

（1）第一次任取 1 球，观察其颜色后不放回袋中，再从剩余的球中任取 1 球；

（2）第一次任取 1 球，观察其颜色后放回袋中，再从中任取 1 球.

设 A 表示事件“第一次取到白球”，B 表示事件“第二次取到白球”，分别就上述两种方式求 $P(B)$ 和 $P(B|A)$.

解　（1）不放回抽样：

$$P(B|A)=\frac{4}{8}=\frac{1}{2},$$

$$P(B)=P(A)P(B|A)+P(\bar{A})P(B|\bar{A})=\frac{5}{9}\times\frac{4}{8}+\frac{4}{9}\times\frac{5}{8}=\frac{5}{9}.$$

（2）放回抽样：

$$P(B|A)=\frac{5}{9},$$

$$P(B)=P(A)P(B|A)+P(\overline{A})P(B|\overline{A})=\frac{5}{9}\times\frac{5}{9}+\frac{4}{9}\times\frac{5}{9}=\frac{5}{9}.$$

从上例可以看出，在不放回抽样中，事件 A 的发生肯定要影响到事件 B 发生的概率，即 $P(B)\neq P(B|A)$．而在有放回抽样中，事件 A 的发生不会影响到事件 B 发生的概率，即 $P(B)=P(B|A)$，进而由乘法公式有 $P(AB)=P(A)P(B)$，此时，我们称事件 A 与事件 B 相互独立.

一般地，我们有下面的定义.

定义 1.8 设 A 和 B 是同一试验 E 的两个事件，如果

$$P(AB)=P(A)P(B),$$

则称事件 A 与事件 B 相互独立.

容易知道，若 $P(A)>0$，$P(B)>0$，则如果 A，B 相互独立，就有 $P(AB)=P(A)P(B)>0$，故 $AB\neq\varnothing$，即 A，B 相容．反之，如果 A，B 互不相容，即 $AB=\varnothing$，则 $P(AB)=0$，而 $P(A)P(B)>0$，所以 $P(AB)\neq P(A)P(B)$，此即 A，B 不独立．这就是说，当 $P(A)>0$ 且 $P(B)>0$ 时，A，B 相互独立与 A，B 互不相容不能同时成立.

由定义可以进一步得出下列结论：

(1) 若 $P(A)>0$，则 A 与 B 相互独立的充分必要条件为 $P(B|A)=P(B)$；若 $P(B)>0$，则 A 与 B 相互独立的充分必要条件为 $P(A|B)=P(A)$.

(2) 若 A 与 B 相互独立，则 $\overline{A}$ 与 B，A 与 $\overline{B}$，$\overline{A}$ 与 $\overline{B}$ 也相互独立.

【例 1－20】 投掷一枚均匀的骰子，设 A 表示事件“出现的点数小于 5”，B 表示事件“出现的点数小于 4”，C 表示事件“出现的点数为奇数”．讨论 A 与 C，B 与 C 的独立性.

解 由于 $P(A)=\frac{4}{6}=\frac{2}{3}$，　$P(B)=\frac{3}{6}=\frac{1}{2}$，　$P(C)=\frac{3}{6}=\frac{1}{2}$，

所以

$$P(A)P(C)=\frac{2}{3}\times\frac{1}{2}=\frac{1}{3},\quad P(B)P(C)=\frac{1}{2}\times\frac{1}{2}=\frac{1}{4}.$$

又

$$P(AC)=\frac{2}{6}=\frac{1}{3},\quad P(BC)=\frac{2}{6}=\frac{1}{3},$$

所以有

$$P(AC)=P(A)P(C),\quad P(BC)\neq P(B)P(C),$$

故 A 与 C 相互独立，而 B 与 C 不相互独立.

定义 1.9 设 A，B，C 是同一试验 E 中的三个事件，如果 A，B，C 满足

(1) $P(AB)=P(A)P(B),P(BC)=P(B)P(C),P(AC)=P(A)P(C)$；

(2) $P(ABC)=P(A)P(B)P(C)$.

则称事件 A，B，C 相互独立.

一般地，设 A_1，A_2，…，$A_n(n\geqslant 2)$ 是 n 个事件，如果对于其中任意 2 个，任意 3 个，…，任意 n 个事件的积事件的概率都等于各事件概率之积，则称事件 A_1，A_2，…，A_n 相互独立.

【例 1－21】 设有 4 张相同的卡片，1 张涂上红色，1 张涂上黄色，1 张涂上绿色，1 张涂上红、黄、绿三种颜色．从这 4 张卡片中任取 1 张，用 A，B，C 分别表示事件“取出的卡片上涂有红色”“取出的卡片上涂有黄色”“取出的卡片上涂有绿色”，讨论事件 A，B，

C 是否相互独立.

解　显然

$$P(A)=P(B)=P(C)=\frac{2}{4}=\frac{1}{2},$$

$$P(AB)=P(AC)=P(BC)=\frac{1}{4},$$

所以有

$$P(AB)=P(A)P(B),$$
$$P(AC)=P(A)P(C),$$
$$P(BC)=P(B)P(C).$$

但

$$P(ABC)=\frac{1}{4}\neq P(A)P(B)P(C),$$

所以事件 A，B，C 不相互独立.

【例 1-22】　甲、乙、丙三人独立射击同一目标，已知三人击中目标的概率分别为 0.5，0.6，0.8，求下列事件的概率：

(1) 恰有 1 人击中目标；

(2) 至少有 1 人击中目标.

解　设 A_1，A_2，A_3 分别表示事件"甲击中目标""乙击中目标""丙击中目标"，则由题意，A_1，A_2，A_3 相互独立，进而 A_1、$\overline{A}_2$、$\overline{A}_3$，$\overline{A}_1$、A_2、$\overline{A}_3$，$\overline{A}_1$、$\overline{A}_2$、A_3，$\overline{A}_1$、$\overline{A}_2$、$\overline{A}_3$ 都相互独立，且

$$P(A_1)=0.5,\quad P(A_2)=0.6,\quad P(A_3)=0.8.$$

(1)
$$\begin{aligned}&P(A_1\overline{A}_2\overline{A}_3\cup\overline{A}_1A_2\overline{A}_3\cup\overline{A}_1\overline{A}_2A_3)\\&=P(A_1\overline{A}_2\overline{A}_3)+P(\overline{A}_1A_2\overline{A}_3)+P(\overline{A}_1\overline{A}_2A_3)\\&=P(A_1)P(\overline{A}_2)P(\overline{A}_3)+P(\overline{A}_1)P(A_2)P(\overline{A}_3)+P(\overline{A}_1)P(\overline{A}_2)P(A_3)\\&=0.5\times(1-0.6)\times(1-0.8)+(1-0.5)\times0.6\times(1-0.8)+\\&\quad(1-0.5)\times(1-0.6)\times0.8\\&=0.26;\end{aligned}$$

(2)
$$\begin{aligned}&P(A_1\cup A_2\cup A_3)=1-P(\overline{A_1\cup A_2\cup A_3})=1-P(\overline{A}_1\overline{A}_2\overline{A}_3)\\&=1-P(\overline{A}_1)P(\overline{A}_2)P(\overline{A}_3)\\&=1-(1-0.5)\times(1-0.6)\times(1-0.8)\\&=0.96.\end{aligned}$$

【例 1-23】　一个电子元件（或由电子元件构成的系统）正常工作的概率称为元件（或系统）的可靠性. 现有 4 个独立工作的同种元件，可靠性都是 $r(0<r<1)$，按先串联后并联的方式连接（见图 1.9）. 求这个系统的可靠性.

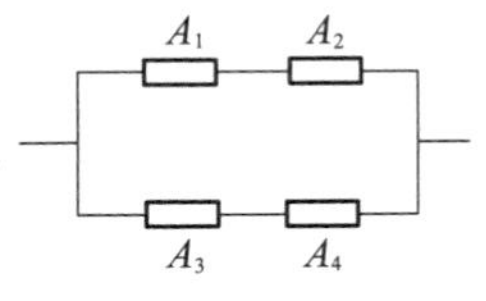

图 1.9

解　设 $A_i(i=1,2,3,4)$ 表示事件"第 i 个元件正常工作"，A 表示事件"系统正常工作". 由题意，A_1，A_2，A_3，A_4 相互独立，且

$$P(A_1)=P(A_2)=P(A_3)=P(A_4)=r,$$
$$A=A_1A_2\cup A_3A_4.$$

由概率的加法公式和事件的独立性，有

$$\begin{aligned}P(A)&=P(A_1A_2\cup A_3A_4)=P(A_1A_2)+P(A_3A_4)-P(A_1A_2A_3A_4)\\&=P(A_1)P(A_2)+P(A_3)P(A_4)-P(A_1)P(A_2)P(A_3)P(A_4)\\&=r^2+r^2-r^4\\&=2r^2-r^4.\end{aligned}$$

二、伯努利试验

将同一试验重复进行 n 次，如果每次试验中各结果发生的概率不受其他各次试验结果的影响，则称这 n 次试验是**独立试验**（或**相互独立**的）.

如果试验 E 只有两个结果 A 和 $\overline{A}$，则称该试验为**伯努利试验**. 例如，抛掷一枚硬币观察出现正面还是反面，抽取一件产品观测是合格品还是次品.

需要指出的是，有些试验的结果虽然不止两个，但我们感兴趣的是某事件 A 发生与否，因而也可以视为伯努利试验. 例如，任取一只灯泡观察其寿命，结果可以是不小于 0 的任何实数. 根据需要，如果把寿命大于等于1 000 小时的灯泡认定为合格品，而把寿命小于1 000 小时的灯泡认定为次品，那么试验只有两个结果——合格品和次品，因此是伯努利试验.

将一个伯努利试验 E 独立地重复进行 n 次，称这 n 次试验为 ***n* 重伯努利概型**（或 ***n* 重伯努利试验**），简称为**伯努利概型**.

设 $P(A)=p(0<p<1)$，$P(\overline{A})=1-p$. 下面我们讨论在 n 重伯努利概型中，事件 A 恰好发生 k 次的概率 $P_n(k)$.

用 $A_i(i=1,2,\cdots,n)$ 表示事件“第 i 次试验中 A 发生”，那么“n 次试验中前 k 次 A 发生，后 $n-k$ 次 A 不发生”的概率为

$$\begin{aligned}P(A_1A_2\cdots A_k\overline{A}_{k+1}\cdots\overline{A}_n)&=P(A_1)P(A_2)\cdots P(A_k)P(\overline{A}_{k+1})\cdots P(\overline{A}_n)\\&=p^k(1-p)^{n-k}.\end{aligned}$$

类似地，A 在指定的 k 个试验序号上发生，在其余的 $n-k$ 个试验序号上不发生的概率都是 $p^k(1-p)^{n-k}$，而在试验序号 1，2，…，n 中指定 k 个序号的不同方式共有 C_n^k 种，所以在 n 重伯努利概型中，事件 A 恰好发生 k 次的概率为

$$P_n(k)=C_n^kp^k(1-p)^{n-k}\quad(k=0,1,2,\cdots,n).$$

【例 1-24】 箱子中有 10 个同型号的电子元件，其中 3 个次品，7 个合格品. 每次从中随机抽取一个，检测后放回.

（1）共抽取 10 次，求 10 次中“恰有 3 次取到次品”和“能取到次品”的概率；

（2）如果没取到次品就一直取下去，直到取到次品为止，求“恰好取 3 次”和“至少取 3 次”的概率.

解 设 $A_i(i=1,2,\cdots)$ 表示事件“第 i 次取到次品”，则 $P(A_i)=\dfrac{3}{10}(i=1,2,\cdots)$.

（1）设 A 表示事件“恰有 3 次取到次品”，B 表示事件“能取到次品”，则有

$$P(A)=P_{10}(3)=C_{10}^3\left(\frac{3}{10}\right)^3\left(1-\frac{3}{10}\right)^{10-3}\approx0.266\ 8,$$

$$P(B)=1-P(\overline{B})=1-P_{10}(0)=1-C_{10}^{0}\left(\frac{3}{10}\right)^{0}\left(1-\frac{3}{10}\right)^{10}\approx 0.9712;$$

（2）设 C 表示事件“恰好取 3 次”，D 表示事件“至少取 3 次”，则有

$$P(C)=P(\overline{A}_1\overline{A}_2A_3)=P(\overline{A}_1)P(\overline{A}_2)P(A_3)=\left(1-\frac{3}{10}\right)^{2}\left(\frac{3}{10}\right)=0.147,$$

$$P(D)=P(\overline{A}_1\overline{A}_2)=P(\overline{A}_1)P(\overline{A}_2)=\left(1-\frac{3}{10}\right)^{2}=0.49.$$

【例 1－25】　某车间有 5 台同类型的机床，每台机床配备的电动机功率为 10 千瓦. 已知每台机床工作时，平均每小时实际开动 12 分钟，且各台机床开动与否相互独立. 如果为这 5 台机床提供 30 千瓦的电力，求这 5 台机床能正常工作的概率.

解　由于 30 千瓦的电力可以同时供给 3 台机床开动，因此在 5 台机床中，同时开动的台数不超过 3 台时能正常工作，而有 4 台或 5 台同时开动时则不能正常工作. 因为事件“每台机床开动”的概率为$\frac{12}{60}=\frac{1}{5}$，所以 5 台机床能正常工作的概率为

$$1-C_5^4\left(\frac{1}{5}\right)^4\left(\frac{4}{5}\right)-C_5^5\left(\frac{1}{5}\right)^5\approx 0.993.$$

在上例中，这 5 台机床不能正常工作的概率大约为 0.007，根据实际推断原理，在一次试验中几乎不可能发生，因此，可以认为提供 30 千瓦的电力基本上能够保证 5 台机床正常工作.

小　结

由所有基本结果组成的集合称为样本空间. 样本空间的子集称为随机事件. 由于事件是一个集合，所以事件之间的关系和运算可以用集合间的关系和运算来处理. 集合间的关系和运算读者是熟悉的，重要的是要知道它们在概率论中的含义.

我们不仅要明确一个试验中可能会发生哪些事件，而且要知道某些事件在一次试验中发生的可能性的大小. 事件发生的频率的稳定性表明刻画事件发生可能性大小的数——概率是客观存在的. 我们从频率的稳定性和频率的性质得到启发，给出了概率的公理化定义，并由此推出了概率的一些基本性质.

古典概型是满足只有有限个基本事件且每个基本事件发生的可能性相等的概率模型. 计算古典概型中事件 A 的概率，关键是弄清试验的基本事件的具体含义. 计算基本事件总数和事件 A 中包含的基本事件数的方法灵活多样，没有固定模式，一般可利用排列、组合及乘法原理、加法原理的知识计算. 将古典概型中只有有限个基本事件推广到有无穷个基本事件的情形，并保留等可能性的条件，就得到几何概型.

条件概率定义为

$$P(A|B)=\frac{P(AB)}{P(B)},P(B)>0.$$

可以证明，条件概率 $P(A|B)$ 满足概率的公理化定义中的三个条件，因而条件概率是一种概率. 概率具有的性质，条件概率同样具有. 计算条件概率 $P(A|B)$ 通常有两种方法：一

是按定义，先算出 $P(B)$ 和 $P(AB)$，再求出 $P(A|B)$；二是在缩减样本空间 Ω_B 中计算事件 A 的概率，即得到 $P(A|B)$.

由条件概率定义变形即得到乘法公式

$$P(AB)=P(B)P(A|B),P(B)>0.$$

在解题中要注意 $P(A|B)$ 和 $P(AB)$ 间的联系和区别.

全概率公式

$$P(B)=\sum_{i=1}^{n}P(A_i)P(B|A_i)$$

是概率论中最重要的公式之一. 由全概率公式和条件概率定义很容易得到贝叶斯公式

$$P(A_i|B)=\frac{P(B|A_i)P(A_i)}{\sum_{j=1}^{n}P(B|A_j)P(A_j)},\quad i=1,2,\cdots,n.$$

若把全概率公式中的 B 视作“果”，而把 Ω 的每一划分 A_i 视作“因”，则全概率公式反映“由因求果”的概率问题，$P(A_i)$ 是根据以往信息和经验得到的，所以被称为先验概率. 而贝叶斯公式则是“执果溯因”的概率问题，即在“结果” B 已发生的条件下，寻找 B 发生的“原因”，公式中 $P(A_i|B)$ 是得到“结果” B 后求出的，称为后验概率.

独立性是概率论中一个非常重要的概念，概率论与数理统计中很多内容都是在独立性的前提下讨论的. 就解题而言，独立性有助于简化概率计算. 如计算相互独立事件的积事件的概率，可简化为

$$P(A_1A_2\cdots A_k)=P(A_1)P(A_2)\cdots P(A_k).$$

计算相互独立事件的并事件的概率，可简化为

$$P(A_1\cup A_2\cup\cdots\cup A_n)=1-P(\bar{A}_1)P(\bar{A}_2)\cdots P(\bar{A}_n).$$

n 重伯努利试验是一类很重要的概型. 解题前，首先要确认试验是不是多重独立重复试验及每次试验结果是否只有两个（若有多个结果，可分成 A 及 $\bar{A}$），再确定重数 n 及一次试验中 A 发生的概率 p，以求出事件 A 在 n 重伯努利试验中发生 k 次的概率.

习题一

1. 用三个事件 A，B，C 的运算表示下列事件：

（1）A，B，C 中至少有一个发生；

（2）A，B，C 中只有 A 发生；

（3）A，B，C 中恰好有两个发生；

（4）A，B，C 中至少有两个发生；

（5）A，B，C 中至少有一个不发生；

（6）A，B，C 中不多于一个发生.

2. 在区间［0，2］上任取一数 x，记 $A=\left\{x\,\middle|\,\frac{1}{2}<x\leqslant 1\right\},B=\left\{x\,\middle|\,\frac{1}{4}\leqslant x\leqslant\frac{3}{2}\right\}$，求下列事件的表达式：

（1）$\bar{A}B$；

(2) $A\overline{B}$;

(3) $A\cup\overline{B}$.

3. 已知设 A, B 为随机事件，且 $P(A)=0.7$, $P(A-B)=0.3$, 求 $P(\overline{AB})$.

4. 已知 $P(A)=0.4, P(B)=0.25, P(A-B)=0.25$, 求 $P(B-A)$ 与 $P(\overline{A}\overline{B})$.

5. 将 13 个分别写有 A, A, A, C, E, H, I, I, M, M, N, T, T 的卡片随意地排成一行，求恰好排成单词“MATHEMATICIAN”的概率.

6. 从一批由 45 件正品、5 件次品组成的产品中任取 3 件产品，求其中恰好有 1 件次品的概率.

7. 对一个 5 人学习小组考虑生日问题：

(1) 求 5 个人的生日都在星期日的概率；

(2) 求 5 个人的生日都不在星期日的概率；

(3) 求 5 个人的生日不都在星期日的概率.

8. 在 100 件产品中有 5 件是次品，每次从中随机地抽取 1 件，取后不放回，求第 3 次才取到次品的概率.

9. 两人相约 7 点到 8 点在校门口见面，试求一人要等另一人半小时以上的概率.

10. 两艘轮船在码头的同一泊位停船卸货，且每艘船卸货都需要 6 小时. 假设它们在一昼夜的时间段中随机地到达，求两轮船中至少有一轮船在停靠时必须等待的概率.

11. 任取两个不大于 1 的正数，求它们的积不大于 $\frac{2}{9}$，且它们的和不大于 1 的概率.

12. 从 (0, 1) 中随机地取两个数，求：

(1) 两个数之和小于 $\frac{6}{5}$ 的概率；

(2) 两个数之积小于 $\frac{1}{4}$ 的概率.

13. 某地某天下雪的概率为 0.3，下雨的概率为 0.5，既下雪又下雨的概率为 0.1，求：

(1) 在下雨条件下下雪的概率；

(2) 这天下雨或下雪的概率.

14. 已知一个家庭有 3 个小孩，且其中 1 个为女孩，求至少有 1 个男孩的概率（小孩为男为女是等可能的).

15. 有朋自远方来，他坐火车、坐船、坐汽车和坐飞机的概率分别为 0.3, 0.2, 0.1, 0.4. 若坐火车来，迟到的概率是 0.25；若坐船来，迟到的概率是 0.3；若坐汽车来，迟到的概率是 0.1；若坐飞机来，则不会迟到. 求他迟到的概率.

16. 已知 5% 的男人和 0.25% 的女人是色盲，现随机地挑选一人，此人恰为色盲，问：此人是男人的概率（假设男人和女人各占人数的一半)?

17. 发报台分别以概率 0.6 和 0.4 发出信号“*”和“–”. 由于通信系统受到干扰，当发出信号“*”时，收报台未必收到信号“*”，而是分别以概率 0.8 和 0.2 收到信号“*”和“–”；同样，当发出信号“–”时，收报台分别以概率 0.9 和 0.1 收到信号“–”和“*”. 求：

(1) 收报台收到信号“*”的概率；

（2）当收到信号“＊”时，发报台确实发出了信号“＊”的概率.

18. 按以往概率论考试结果分析，努力学习的学生有90%的可能考试及格，不努力学习的学生有90%的可能考试不及格. 据调查，学生中有80%的人是努力学习的，试问：

（1）考试及格的学生有多大可能是不努力学习的人？

（2）考试不及格的学生有多大可能是努力学习的人？

19. 将两信息分别编码为 A 和 B 传递出来，接收站收到时，A 被误收作 B 的概率为0.02，而 B 被误收作 A 的概率为0.01. 信息 A 与 B 传递的频繁程度为 $2:1$. 若接收站收到的信息是 A，试问原发信息是 A 的概率是多少.

20. 某工厂生产的产品中96%是合格品，检查产品时，一个合格品被误认为是次品的概率为0.02，一个次品被误认为是合格品的概率为0.05，求在被检查后认为是合格品产品确是合格品的概率.

21. 某保险公司把被保险人分为三类：谨慎的，一般的，冒失的. 统计资料表明，上述三种人在一年内发生事故的概率依次为0.05，0.15和0.30；如果谨慎的被保险人占20%，一般的占50%，冒失的占30%，现知某被保险人在一年内出了事故，则他是谨慎的概率是多少？

22. 设事件 A，B 相互独立，$P(A\cup B)=0.6$，$P(B)=0.4$，求 $P(A)$.

23. 两两独立的三事件 A，B，C 满足 $ABC=\varnothing$，并且

$$P(A)=P(B)=P(C)<\frac{1}{2}.$$

若 $P(A\cup B\cup C)=\frac{9}{16}$，求 $P(A)$.

24. 甲、乙、丙三人独立地向一架飞机射击. 设甲、乙、丙的命中率分别为0.4，0.5，0.7. 又飞机中1弹、2弹、3弹而坠毁的概率分别为0.2，0.6，1. 若三人各向飞机射击一次，求：

（1）飞机坠毁的概率；

（2）已知飞机坠毁，求飞机被2弹击中的概率.

25. 三人独立破译一密码，他们能独立译出的概率分别为0.25，0.35，0.4. 求此密码能被译出的概率.

26. 在试验 E 中，事件 A 发生的概率为 $P(A)=p$，将试验 E 独立重复进行三次，若在三次试验中 A 至少出现一次的概率为19/27，求 p.

27. 已知某种灯泡的耐用时间在1 000小时以上的概率为0.2，求三个该型号的灯泡在使用1 000小时以后最多有一个坏掉的概率.

28. 设有两箱同种零件，在第一箱内装50件，其中10件是一等品；在第二箱内装30件，其中18件是一等品. 现从两箱中任取一箱，然后从该箱中不放回地取两次零件，每次1个，求：

（1）第一次取出的零件是一等品的概率；

（2）已知第一次取出的零件是一等品，第二次取出的零件也是一等品的概率.

29. 一栋大楼共有11层，电梯等可能地停在2~11层楼的每一层，电梯在一楼开始运

行时有6位乘客，并且乘客在2~11层楼的每一层离开电梯的可能性相等，求下列事件的概率：

(1) 某一层有两位乘客离开；

(2) 没有两位及以上的乘客在同一层离开；

(3) 至少有两位乘客在同一层离开.

30. 将线段 $(0, a)$ 任意折成3折，求此3折线段能构成三角形的概率.

31. 设平面区域 D 是由四点 $(0, 0)$，$(0, 1)$，$(1, 0)$，$(1, 1)$ 围成的正方形，现向 D 内随机投10个点，求这10个点中至少有2个落在由曲线 $y=x^2$ 和直线 $y=x$ 所围成的区域 D_1 的概率.

第二章

随机变量及其分布

学习目标

(1) 理解随机变量及其概率分布的概念，随机变量分布函数的概念及性质，离散型随机变量及其概率分布和连续型随机变量及其概率密度的概念.

(2) 掌握 0－1 分布、二项分布、泊松分布、正态分布、均匀分布和指数分布及其应用；掌握概率密度与分布函数之间的关系；会求简单随机变量函数的概率分布；会计算与随机变量有关的事件的概率.

在随机试验中，人们除了对某些特定事件发生的概率感兴趣外，往往还关心某个与随机试验的结果相联系的变量. 这一变量与普通变量不同，其取值依赖于随机试验的结果，且人们无法预知其确切取值，但我们可以研究其取值的统计规律性. 为了使得对随机现象的处理更简单、直接，也更统一、有力，本章将引进随机变量的概念并主要讨论一维随机变量及其分布.

第一节　随机变量

在第一章，我们学习过随机事件及其概率等概念. 从概率的公理化定义中，我们看到概率 P 可以认为是事件 A 的“函数”，只是“函数”的定义域不是数集. 为了全面地研究随机试验的结果，揭示随机现象的统计规律性，我们把随机试验的结果与实数对应起来，将随机试验的结果数量化，引入随机变量的概念.

在随机试验完成时，人们常常不是关心试验结果本身，而是对与试验结果联系着的某个数感兴趣. 在随机现象中有很多样本点本身就是用数表示的.

例如，掷一颗骰子，观察出现的点数的试验中，试验的结果就可分别由数 1，2，3，4，5，6 来表示.

在另一些随机试验中，试验结果看起来虽然与数无关，但可以指定一个数来表示.

例如，在抛掷一枚硬币观察其出现正面或反面的试验中，若规定“出现正面”对应数1，“出现反面”对应数 -1，则该试验的每一种可能结果都有唯一确定的实数与之对应.

上述例子表明，随机试验的结果都可用一个实数来表示，这个数随着试验的结果不同而变化，因而，它是样本点的函数，这个函数就是我们要引入的随机变量.

定义 2.1　设随机试验的样本空间为 Ω，若对 Ω 中每一个元素 ω，有唯一实数 $X(\omega)$ 与之对应，这样就得到一个定义在样本空间 Ω 上的实值单值函数 $X=X(\omega)$，称之为随机变量.

本书中，我们常用大写英文字母 X，Y，Z，W，…表示随机变量，而用小写英文字母 x，y，z，w，…表示其取值.

【例 2-1】　在抛掷一枚硬币进行打赌时，若规定出现正面H时抛掷者赢1元钱，出现反面T时输1元钱，则其样本空间为

$$\Omega=\{\mathrm{H},\mathrm{T}\}.$$

记赢钱数为随机变量 X，则 X 作为样本空间 Ω 的实值函数定义为

$$X(\omega)=\begin{cases}1, & \omega=\mathrm{H},\\ -1, & \omega=\mathrm{T}.\end{cases}$$

【例 2-2】　在将一枚硬币抛掷三次，观察正面H、反面T出现情况的试验中，其样本空间为

$$\Omega=\{\mathrm{HHH},\mathrm{HHT},\mathrm{HTH},\mathrm{THH},\mathrm{HTT},\mathrm{THT},\mathrm{TTH},\mathrm{TTT}\}.$$

记试验中出现正面的次数为随机变量 X，则 X 作为样本空间 Ω 的实值函数定义如表2.1所示.

表 2.1

ω	HHH	HHT	HTH	THH	HTT	THT	TTH	TTT
X	3	2	2	2	1	1	1	0

易知，使 X 取值为2的样本点构成的子集为

$$A=\{\mathrm{HHT},\mathrm{HTH},\mathrm{THH}\},$$

故

$$P\{X=2\}=P(A)=\frac{3}{8}.$$

随机变量的引入使随机试验中的各种随机事件都可通过随机变量的取值表达出来.

例如，某城市的120急救电话每小时收到的呼叫次数 X 是一个随机变量.

事件“收到恰好10次呼叫”可表示为 $\{X=10\}$；事件“收到不少于20次呼叫”可表示为 $\{X\geqslant 20\}$.

引入随机变量后，对随机现象统计规律的研究，就由对事件及事件概率的研究转化为对随机变量及其取值规律的研究，使我们有可能利用数学分析的方法对随机试验的结果进行深入广泛的研究和讨论.

随机变量因取值方式不同，通常分为离散型和非离散型两类．而非离散型随机变量中最重要的是连续型随机变量．本章我们主要讨论离散型随机变量和连续型随机变量．

第二节　离散型随机变量及其分布

如果随机变量所有可能的取值为有限个或可数无穷多个，则称这种随机变量为离散型随机变量．

容易知道，要全面掌握一个离散型随机变量 X 的统计规律，必须且只需知道 X 的所有可能的取值以及取每一个可能值的概率．

一、离散型随机变量的分布律

定义 2.2　设离散型随机变量 X 的所有可能取值为 x_1，x_2，…，x_n，…，X 取 x_k 的概率

$$P\{X=x_k\}=p_k,k=1,2,\cdots,n,\cdots. \tag{2-1}$$

我们称式（2－1）为离散型随机变量 X 的概率分布律或分布列．也常用表格形式来表示 X 的概率分布律，如表 2.2 所示．

表 2.2

X	x_1	x_2	…	x_n	…
P	p_1	p_2	…	p_n	…

由概率的性质容易推得，离散型随机变量分布律 $\{p_k\}$，$k=1$，2，…，n，…，都具有下述两个基本性质：

（1）非负性．　$p_k\geqslant 0$，　$k=1$，2，….

（2）规范性．　$\sum\limits_{k=1}^{\infty}p_k=1$.

以上两条基本性质是分布律必须具有的性质，也是判别某个数列是否能成为分布律的充要条件．

【例 2－3】　社会上定期发行某种彩票，中奖率为 p．某人每次购买 1 张彩票，如果没有中奖下次再购买一张，直至中奖为止．求该人购买次数 X 的分布律．

解　$\{X=1\}$ 表示第一次购买的彩票中奖，依题意 $P\{X=1\}=p$；$\{X=2\}$ 表示购买两次彩票，但第一次未中奖，其概率为 $1-p$，而第二次中奖，其概率为 p．由于各期彩票中奖与否是相互独立的，因此 $P\{X=2\}=(1-p)p$；$\{X=k\}$ 表示购买 k 次彩票，但前 $k-1$ 次未中奖，而第 k 次中奖，则

$$P\{X=k\}=(1-p)^{k-1}p.$$

由此得到 X 的概率分布为

$$P\{X=k\}=(1-p)^{k-1}p\quad(k=1,2,\cdots). \tag{2-2}$$

不难验证 $\sum\limits_{k=1}^{\infty}(1-p)^{k-1}p=1$，我们通常将式（2－2）表示的分布称为**几何分布**．

【例 2-4】 某超市根据以往零售某种蔬菜的经验知道，第一天售出的概率为 50%，每 1 千克的毛利为 3 元；第二天售出的概率为 30%，每 1 千克的毛利为 1 元；第三天清仓售出的概率为 20%，每 1 千克的毛利为 -1 元.

求：

(1) 每千克所得毛利 X 的分布律；

(2) $P\{1<X\leqslant 3\}$，$P\{1\leqslant X\leqslant 3\}$.

解 (1) 由题意知，X 的分布律如表 2.3 所示.

表 2.3

X	-1	1	3
P	0.2	0.3	0.5

(2) $P\{1<X\leqslant 3\}=P\{X=3\}=0.5; P\{1\leqslant X\leqslant 3\}=P\{X=1\}+P\{X=3\}=0.8.$

二、几种常见的离散型随机变量及其概率分布

1. 两点分布

如果随机变量 X 的分布律如表 2.4 所示，其中 $p+q=1$，$0<p<1$，则称 X 服从两点分布.

表 2.4

X	a	b
P	q	p

特别地，当 $a=0$，$b=1$ 时，称 X 服从 (0-1) 分布. 为了纪念瑞士科学家雅各布·伯努利，人们也称两点分布为伯努利分布，它可以用来刻画只有两个试验结果的随机试验.

2. 二项分布

若随机变量 X 的分布律为

$$P\{X=k\}=C_n^k p^k (1-p)^{n-k}, k=0,1,2,\cdots,n. \tag{2-3}$$

其中 $0<p<1$，则称 X 服从参数为 n，p 的二项分布，记作 $X\sim b(n,p)$.

我们知道，n 重伯努利试验中事件 A 出现 k 次的概率为

$$P_n(k)=C_n^k p^k (1-p)^{n-k}, k=0,1,2,\cdots,n.$$

可知，若 $X\sim b(n,p)$，X 就可以用来表示 n 重伯努利试验中事件 A 出现的次数. 因此，二项分布可以作为描述 n 重伯努利试验中事件 A 出现的次数的数学模型. 比如，射手进行 n 次独立射击的试验中，"中靶" 次数的概率分布；随机抛掷硬币 n 次，落地时出现 "正面" 次数的概率分布；从一批足够多的产品中任意抽取 n 件，其中 "废品" 件数的概率分布.

不难看出，0-1 分布就是二项分布在当 $n=1$ 时的特殊情形，故 0-1 分布的分布律为

$$P\{X=k\}=p^k (1-p)^{1-k}, k=0,1. \tag{2-4}$$

【例 2-5】 已知一批产品 100 个，其中有 10 个次品，现从中有放回地抽取 10 次，每次任取 1 个，问：在所抽取的 10 个中出现 k 个次品的概率？

解 因为是有放回地抽取，所以这 10 次试验的条件完全相同且独立，它是伯努利试验. 依题意，每次试验取到次品的概率为 0.1. 设 X 为所取的 10 次中的次品数，则 $X \sim b$（10, 0.1）. 故

$$P\{X=k\}=C_{10}^{k}(0.1)^{k}(0.9)^{10-k}, k=1,2,\cdots,10.$$

【例 2-6】 在参加人寿保险的某一年龄组中，每人每年死亡的概率为 0.001. 现有 2 000个属于这一年龄组的人参加人寿保险，试求在某一年里，在这些投保人中：

（1）有 5 人死亡的概率；

（2）死亡人数不超过 10 人的概率.

解 考察投保人中一个人在未来一年里的死亡情况是一个随机试验；考察 2 000 人的死亡情况是 2 000 重伯努利试验，设未来一年中投保人死亡人数为 X，则 $X \sim b(2\ 000, 0.001)$. 故

（1）$P\{X=5\}=C_{2\,000}^{5}(0.001)^{5}(0.999)^{1\,995}$；

（2）$P\{X \leqslant 10\}=\sum_{k=0}^{10} C_{2\,000}^{k}(0.001)^{k}(0.999)^{2\,000-k}$.

显然，直接计算上面的式子非常麻烦，在后面我们将给出其近似值的计算方法.

3. 泊松分布

如果随机变量 X 可能的取值为 0，1，2，…，它的分布律为

$$P\{X=k\}=\frac{\lambda^{k}}{k!}e^{-\lambda}(k=0,1,2,\cdots), \tag{2-5}$$

其中，$\lambda>0$ 为常数，则称 X 服从参数为 λ 的泊松分布，记作 $X \sim P(\lambda)$.

服从泊松分布的随机现象在社会生活和物理学领域中非常普遍. 在社会生活中，泊松分布尤其适用于各种服务的需求现象或排队现象. 如纺织厂生产的一批布匹上疵点的点数，某售票窗口接待的顾客数等都服从泊松分布. 泊松分布也是概率论中的一种重要分布.

在历史上，作为二项分布的近似，泊松分布是由法国的数学家泊松于 1837 年引入的，下面介绍用泊松分布来逼近二项分布的定理.

定理 2.1（泊松定理） 设 $np_n=\lambda(\lambda>0)$，其中 λ 是一常数，n 是任意正整数，则对任意一固定的非负整数 k，有

$$\lim_{n\to\infty}C_{n}^{k}p_{n}^{k}(1-p_{n})^{n-k}=\frac{\lambda^{k}e^{-\lambda}}{k!}. \tag{2-6}$$

证 由 $p_n=\lambda/n$，有

$$\begin{aligned}C_{n}^{k}p_{n}^{k}(1-p_{n})^{n-k}&=\frac{n(n-1)\cdots(n-k+1)}{k!}\left(\frac{\lambda}{n}\right)^{k}\left(1-\frac{\lambda}{n}\right)^{n-k}\\&=\frac{\lambda^{k}}{k!}\left[1\cdot\left(1-\frac{1}{n}\right)\left(1-\frac{2}{n}\right)\cdots\left(1-\frac{k-1}{n}\right)\right]\left(1-\frac{\lambda}{n}\right)^{n}\left(1-\frac{\lambda}{n}\right)^{-k}.\end{aligned}$$

对于任意固定的 k，当 $n\to\infty$ 时，

$$\left[1\cdot\left(1-\frac{1}{n}\right)\left(1-\frac{2}{n}\right)\cdots\left(1-\frac{k-1}{n}\right)\right]\to 1,$$

$$\left(1-\frac{\lambda}{n}\right)^{n}\to e^{-\lambda}, \left(1-\frac{\lambda}{n}\right)^{-k}\to 1.$$

故
$$\lim_{n\to\infty}C_n^k p_n^k (1-p_n)^{n-k}=\frac{\lambda^k e^{-\lambda}}{k!}.$$

由于 $\lambda=np_n$ 是常数，因此当 n 很大时，p_n 必定很小，因此上述定理表明，当 n 很大，而 p_n 很小时，二项分布近似地可用泊松分布来描述（我们称之为二项分布的泊松近似），此时 $\lambda=np_n$，实际计算中，$n\geqslant 100$，$np_n\leqslant 10$ 时近似效果较好.

【例 2－7】　用泊松分布公式近似计算例 2－6 中的有关概率.

解　因为 $n=2\ 000\geqslant 100$，$p_n=0.001$，$\lambda=np_n=2\ 000\times 0.001=2\leqslant 10$，故可近似计算为

（1）$P\{X=5\}\approx\dfrac{2^5e^{-2}}{5!}=0.036\ 089$；

（2）$P\{X\leqslant 10\}\approx\displaystyle\sum_{k=0}^{10}\frac{2^k e^{-2}}{k!}=1-\sum_{k=11}^{+\infty}\frac{2^k e^{-2}}{k!}\approx 0.999\ 992.$

注：关于二项分布概率的近似计算在后续的学习中还将介绍其正态近似.

第三节　随机变量的分布函数

对于非离散型随机变量 X，由于其可能取的值不能一个一个地列举出来，因而不能像离散型随机变量那样可以用分布律来描述. 再者，在实际中，对于这样的随机变量，我们往往并不会对随机变量在某一点处取值的概率感兴趣，而是考虑它落在某个区间内的概率. 因而我们转而去研究随机变量落在某区间$(x_1,\ x_2]$上的概率，即求 $P\{x_1<X\leqslant x_2\}$，但由于 $P\{x_1<X\leqslant x_2\}=P\{X\leqslant x_2\}-P\{X\leqslant x_1\}$，则只需研究形如 $P\{X\leqslant x\}$ 的概率问题就可以了. 下面引入随机变量的分布函数的概念.

定义 2.3　设 X 是一个随机变量，x 为任意实数，称
$$F(x)=P\{X\leqslant x\},\ -\infty<x<+\infty \tag{2-7}$$
为 X 的分布函数，记作 $X\sim F(x)$.

如果将 X 看成数轴上的随机点的坐标，那么分布函数 $F(x)$ 在 x 处的函数值就表示 X 落在区间$(-\infty,\ x]$上的概率.

由分布函数定义可知，对于任意实数 x_1，$x_2(x_1<x_2)$，有
$$P\{x_1<X\leqslant x_2\}=P\{X\leqslant x_2\}-P\{X\leqslant x_1\}=F(x_2)-F(x_1).$$

因此，若已知 X 的分布函数，我们就能知道 X 落在任一区间$(x_1,\ x_2]$上的概率. 从这个意义上说，分布函数完整地描述了随机变量的统计规律性.

分布函数具有如下性质：

（1）$0\leqslant F(x)\leqslant 1$，且
$$F(-\infty)=\lim_{x\to-\infty}F(x)=0,F(+\infty)=\lim_{x\to+\infty}F(x)=1.$$

（2）$F(x)$为单调不减的函数.

事实上，由式（2－7），对于任意实数 $x_1,x_2(x_1<x_2)$，有
$$F(x_2)-F(x_1)=P\{x_1<X\leqslant x_2\}\geqslant 0.$$

（3）对 $\forall x\in\mathbf{R}$，$F(x)$在 x 处是右连续的，即
$$F(x+0)=F(x).$$

这三个基本性质是分布函数必须具有的性质，而且可以证明出，满足这三个基本性质的函数一定是某个随机变量的分布函数. 从而这三个基本性质成为判别某个函数是否能成为分布函数的充要条件.

概率论主要是利用随机变量来描述和研究随机现象，而利用分布函数就能很好地表示各事件的概率. 例如，

$$P\{a<X\leqslant b\}=F(b)-F(a);$$
$$P\{X=b\}=F(b)-F(b^-);$$
$$P\{a\leqslant X\leqslant b\}=F(b)-F(a^-);$$
$$P\{a<X<b\}=F(b^-)-F(a);$$
$$P\{X>b\}=1-F(b);$$
$$P\{X\geqslant b\}=1-F(b^-);$$

【例 2-8】 设随机变量 X 的分布函数为 $F(x)=A+B\arctan x$，求：

(1) 常数 A，B；

(2) $P\{-1<X\leqslant 1\}$.

解 (1) 由 $F(-\infty)=0$，$F(+\infty)=1$，可得 $\begin{cases}A-\dfrac{\pi}{2}B=0,\\ A+\dfrac{\pi}{2}B=1,\end{cases}$

可得
$$A=\frac{1}{2},B=\frac{1}{\pi}.$$

于是
$$F(x)=\frac{1}{2}+\frac{1}{\pi}\arctan x,\ -\infty<x<+\infty.$$

(2)
$$\begin{aligned}P\{-1<X\leqslant 1\}&=F(1)-F(-1)\\&=\left[\frac{1}{2}+\frac{1}{\pi}\arctan 1\right]-\left[\frac{1}{2}+\frac{1}{\pi}\arctan(-1)\right]\\&=\frac{1}{2}+\frac{1}{\pi}\cdot\frac{\pi}{4}-\frac{1}{2}+\frac{1}{\pi}\cdot\frac{\pi}{4}=0.5.\end{aligned}$$

【例 2-9】 求上一节【例 2-4】中 X 的分布函数.

解 当 $x<-1$ 时，$\{X\leqslant x\}$ 是不可能事件，

$$F(x)=P\{X\leqslant x\}=0;$$

当 $-1\leqslant x<1$ 时，$\{X\leqslant x\}=\{X=-1\}$，

$$F(x)=P\{X\leqslant x\}=0.2;$$

当 $1\leqslant x<3$ 时，$\{X\leqslant x\}=\{X=-1\}+\{X=1\}$，

$$F(x)=P\{X\leqslant x\}=0.5;$$

当 $x\geqslant 3$ 时，$\{X\leqslant x\}$ 是必然事件，

$$F(x)=P\{X\leqslant x\}=1;$$

所以 X 的分布函数为

$$F(x)=P\{X\leqslant x\}=\begin{cases}0, & x<-1,\\ 0.2, & -1\leqslant x<1,\\ 0.5, & 1\leqslant x<3,\\ 1, & x\geqslant 3.\end{cases}$$

$F(x)$的图形如图 2.1 所示.

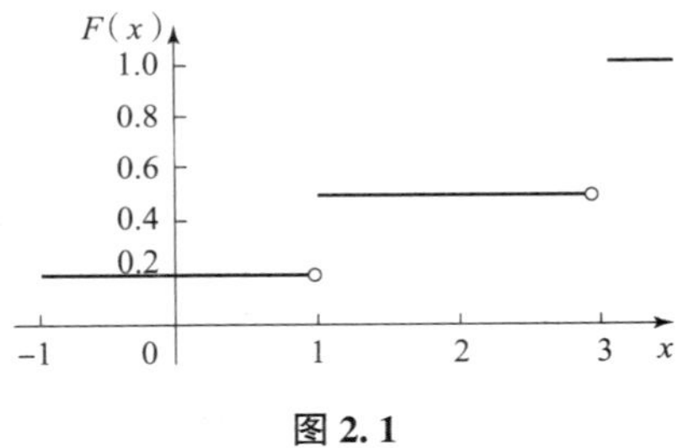

图 2.1

概率分布与分布函数都可以描述随机变量的分布状况，但概率分布看上去更直观，而分布函数的优点在于由它可以很容易地计算任一事件的概率.

如【例 2-4】中（2）$P\{1<X\leqslant 3\}=F(3)-F(1)=0.5$；$P\{1\leqslant X\leqslant 3\}=F(3)-F(1-0)=0.8$.

一般地，设离散型随机变量 X 的分布律为

$$P\{X=x_k\}=p_k, k=1,2,\cdots,n,\cdots.$$

由概率的可列可加性得 X 的分布函数

$$F(x)=\sum_{x_k\leqslant x}p(x_k),$$

它的图形是有限级或无穷级的阶梯函数.

【例 2-10】 设一个靶子半径为 2 米的圆盘，击中靶上任一同心圆的概率与该同心圆的面积成正比，并设射击都能中靶，以 X 表示弹着点与圆心的距离，试求 X 的分布函数.

解 当 $x<0$ 时，$\{X\leqslant x\}$ 是不可能事件，

$$F(x)=P\{X\leqslant x\}=0;$$

当 $x>2$ 时，$\{X\leqslant x\}$ 是必然事件，

$$F(x)=P\{X\leqslant x\}=1;$$

当 $0\leqslant x\leqslant 2$ 时，$\{X\leqslant x\}$ 的概率与半径为 x 的圆的面积成正比，

$$F(x)=P\{X\leqslant x\}=\frac{\pi x^2}{\pi 2^2}=\frac{x^2}{4}.$$

故 X 的分布函数为

$$F(x)=\begin{cases}0, & x\leqslant 0,\\ \dfrac{x^2}{4}, & 0<x\leqslant 2,\\ 1, & x>2.\end{cases}$$

$F(x)$的图形如图 2.2 所示，它是一条连续曲线. X 可以取区间［0，2］上的任何值，就是说它的取值可充满区间［0，2］，换言之，X 可以在区间［0，2］上连续取值.

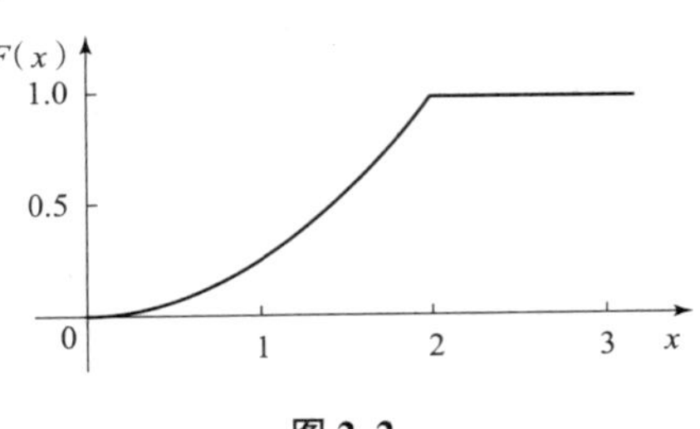

图 2.2

另外，容易看到本例中，分布函数 $F(x)$ 可以写成如下形式：

$$F(x) = \int_{-\infty}^{x} f(t)\,\mathrm{d}t .$$

其中 $f(t) = \begin{cases} \dfrac{t}{2}, & 0 < t < 2, \\ 0, & \text{其他}. \end{cases}$ 这就是说，$F(x)$ 恰是非负函数 $f(t)$ 在区间 $(-\infty, x]$ 上的积分，在这种情况下，我们称 X 为连续型随机变量．下一节我们将给出连续型随机变量的一般定义．

第四节　连续型随机变量及其分布

一、连续型随机变量及其概率密度函数

定义 2.4　一般地，若对于随机变量 X 的分布函数为 $F(x)$，存在非负的可积函数 $f(x)$ $(-\infty < x < +\infty)$，使对于任意实数 x 有

$$F(x) = \int_{-\infty}^{x} f(t)\,\mathrm{d}t, \tag{2-8}$$

则称 X 为连续型随机变量，称 $f(x)$ 为 X 的概率密度函数，简称概率密度或密度函数．

与离散型随机变量的分布律类似，连续型随机变量的概率密度也有如下性质：

(1) 非负性．$f(x) \geqslant 0$．

(2) 规范性．$\int_{-\infty}^{+\infty} f(x)\,\mathrm{d}x = 1$．

(3) 对于任意实数 x_1，$x_2(x_1 \leqslant x_2)$，有

$$P\{x_1 < X \leqslant x_2\} = F(x_2) - F(x_1) = \int_{x_1}^{x_2} f(x)\,\mathrm{d}x .$$

(4) 若 $f(x)$ 在 x 点处连续，则有 $F'(x) = f(x)$．

由 (2) 知，介于曲线 $y = f(x)$ 与 $y = 0$ 之间的面积为 1；由 (3) 知，X 落在区间 $(x_1, x_2]$ 上的概率 $P\{x_1 < X \leqslant x_2\}$ 等于区间 $(x_1, x_2]$ 上曲线 $y = f(x)$ 之下的曲边梯形面积；由 (4) 进一步分析可得

$$f(x) = \lim_{\Delta x \to 0} \frac{F(x+\Delta x) - F(x)}{\Delta x} = \lim_{\Delta x \to 0} \frac{P\{x < X \leqslant x + \Delta x\}}{\Delta x}.$$

这表明，$f(x)$ 不是 X 取值 x 的概率，而是它在 x 点处概率分布的密集程度，但它能反映出 X 在 x 点处附近取值概率的大小．事实上，连续型随机变量的概率密度与分布函数的关系类似于变速直线运动的速度与距离的关系．因此，对于连续型随机变量，用概率密度描述它的分布比分布函数直观．

因为 $\lim\limits_{\Delta x \to 0} P\{x < X \leqslant x + \Delta x\} = \lim\limits_{\Delta x \to 0} \int_{x}^{x+\Delta x} f(x)\,\mathrm{d}x = 0$，这就是说连续型随机变量取某个值 x 的概率为 0，即 $P\{X = x\} = 0$，所以，计算连续型随机变量取值在某个区间上的概率时不区分开区间和闭区间．事实上，对于连续型随机变量，讨论它在某一点处的概率实际意义不大．例如飞机向地面投掷物品，是指向地面某个区域投掷，而一般不是某个点．

【例 2－11】　设 X 为连续型随机变量，其概率密度为

$$f(x)=\begin{cases}Ax, & 0<x<1,\\ 0, & \text{其他}.\end{cases}$$

求：

（1）系数 A；

（2）分布函数 $F(x)$；

（3）$P\{0.5<X<1.5\}$.

解　（1）由概率密度的规范性可知，$\int_0^1 Ax\mathrm{d}x=\frac{A}{2}=1$ ，从而 $A=2$.

（2）因为 $F(x)=\int_{-\infty}^{x}f(t)\mathrm{d}t$ ，

当 $x<0$ 时，

$$F(x)=\int_{-\infty}^{x}0\mathrm{d}t=0;$$

当 $0\leqslant x<1$ 时，

$$F(x)=\int_{-\infty}^{x}f(t)\mathrm{d}t=\int_{-\infty}^{0}0\mathrm{d}t+\int_{0}^{x}2t\mathrm{d}t=x^2;$$

当 $x\geqslant 1$ 时，

$$F(x)=\int_{-\infty}^{x}f(t)\mathrm{d}t=\int_{-\infty}^{0}0\mathrm{d}t+\int_{0}^{1}2t\mathrm{d}t+\int_{1}^{x}0\mathrm{d}t=1.$$

所以，分布函数为

$$F(x)=\begin{cases}0, & x<0,\\ x^2, & 0\leqslant x<1,\\ 1, & x\geqslant 1.\end{cases}$$

（3）$P\{0.5<X<1.5\}=F(1.5)-F(0.5)=1-0.5^2=0.75$.

二、几种常见的连续型随机变量及其概率分布

1．均匀分布

若随机变量 X 的概率密度为

$$f(x)=\begin{cases}\dfrac{1}{b-a}, & a<x<b,\\ 0, & \text{其他}.\end{cases}\tag{2-9}$$

则称 X 在区间（a，b）内服从均匀分布，记作 $X\sim U(a,b)$.

若 $X\sim U(a,b)$，可求得 X 的分布函数为

$$F(x)=\begin{cases}0, & x\leqslant a,\\ \dfrac{x-a}{b-a}, & a<x<b,\\ 1, & x\geqslant b.\end{cases}$$

对任一区间 $(c,d)\subset(a,b)$，有

$$P\{c < X < d\} = \int_c^d \frac{1}{b-a}\mathrm{d}x = \frac{d-c}{b-a}.$$

这说明 X 落在 (a, b) 内任一小区间的概率与区间的长度有关，而与小区间在 (a, b) 内的位置无关. 例如在区间 (a, b) 内任意投掷一个质点，用 X 表示质点与坐标原点的距离，则 X 在区间 (a, b) 内服从均匀分布；再如一个数的舍入误差也是服从均匀分布的.

【例 2-12】 设某市公交车站上，某路公共汽车每 5 分钟有一辆车到达，而乘客在 5 分钟内任一时间到达是等可能的，计算在车站候车的 10 位乘客中只有一位等待时间超过 4 分钟的概率.

解 设 X 为每位乘客的候车时间，则 X 服从 $(0, 5)$ 内的均匀分布. 设 Y 表示车站上 10 位候车乘客中等待时间超过 4 分钟的人数，由于每人到达时间相互独立，因此这是 10 重伯努利概型. Y 服从二项分布，其参数 $n=10$, $p = P\{X > 4\} = \int_4^5 \frac{1}{5}\mathrm{d}x = 0.2$.

所以，$P\{Y=1\} = \mathrm{C}_{10}^1 \times 0.2 \times 0.8^9 \approx 0.268$.

2. 指数分布

若随机变量 X 的概率密度为

$$f(x) = \begin{cases} \frac{1}{\theta}\mathrm{e}^{-\frac{x}{\theta}}, & x>0, \\ 0, & x \leqslant 0, \end{cases} \tag{2-10}$$

其中 $\theta > 0$，则称 X 服从参数为 θ 的指数分布.

易知 $f(x) \geqslant 0$，且 $\int_{-\infty}^{+\infty} f(x)\mathrm{d}x = 1$. $f(x)$ 图形如图 2.3 所示.

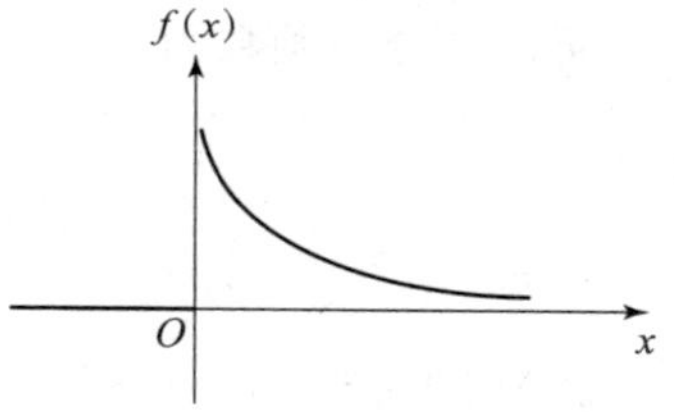

参数为 θ 的指数分布的分布函数为

$$F(x) = \begin{cases} 1-\mathrm{e}^{-\frac{x}{\theta}}, & x>0, \\ 0, & x \leqslant 0. \end{cases}$$

f(x)
O
x

图 2.3

服从指数分布的随机变量 X 具有以下有趣的性质：

对于任意的 s, $t>0$，有

$$P\{X>s+t \mid X>s\} = P\{X>t\}, \tag{2-11}$$

事实上

$$\begin{aligned} P\{X>s+t \mid X>s\} &= \frac{P\{(X>s+t) \cap (X>t)\}}{P\{X>s\}} \\ &= \frac{P\{X>s+t\}}{P\{X>s\}} = \frac{1-F(s+t)}{1-F(s)} \\ &= \frac{\mathrm{e}^{-(s+t)/\theta}}{\mathrm{e}^{-s/\theta}} = \mathrm{e}^{-t/\theta} \\ &= P\{X>t\}. \end{aligned}$$

式 (2-11) 表明指数分布具有"无记忆性". 如果 X 是某一元件的寿命，则式 (2-11) 表明，已知元件已使用 s 小时，它总共能使用至少 $s+t$ 小时的条件概率，与从开始使用时算起它至少能使用 t 小时的概率相等. 这就是说，元件对它已使用过 s 小时没有记忆. 具有这一性质是指数分布有广泛应用的重要原因.

在实际应用中，随机服务系统中的服务时间、电话问题中的通话时间、电子元件的寿命等都近似地服从指数分布.

【例 2-13】　某元件寿命 X 服从参数为 $\theta=1\ 000$ 的指数分布. 求：3 个这样的元件使用1 000小时后，都没有损坏的概率是多少？

解　由指数分布可得一个元件没有损坏的概率为

$$P\{X>1\ 000\}=1-P\{X\leqslant 1\ 000\}=1-F(1\ 000)=\mathrm{e}^{-1}.$$

各元件寿命相互独立，因此由伯努利概型知，3 个这样的元件使用 1 000 小时后都没有损坏的概率为 e^{-3}.

3．正态分布

若随机变量 X 的概率密度为

$$f(x)=\frac{1}{\sqrt{2\pi}\sigma}\mathrm{e}^{-\frac{(x-\mu)^2}{2\sigma^2}},\ -\infty<x<+\infty, \tag{2-12}$$

则称 X 服从参数为 μ 和 σ 的正态分布［亦称高斯（Gauss）分布］，记作 $X\sim N(\mu,\sigma^2)$，其中 μ 和 $\sigma(\sigma>0)$ 都是常数，其分布函数为

$$F(x)=\frac{1}{\sqrt{2\pi}\sigma}\int_{-\infty}^{x}\mathrm{e}^{-\frac{(t-\mu)^2}{2\sigma^2}}\mathrm{d}t,\ -\infty<x<+\infty. \tag{2-13}$$

特别地，当参数 $\mu=0$，$\sigma=1$ 时，称 X 服从标准正态分布，它的概率密度和分布函数分别记作 $\varphi(x)$ 和 $\Phi(x)$，即

$$\varphi(x)=\frac{1}{\sqrt{2\pi}}\mathrm{e}^{-\frac{x^2}{2}},\ -\infty<x<+\infty; \tag{2-14}$$

$$\Phi(x)=\frac{1}{\sqrt{2\pi}}\int_{-\infty}^{x}\mathrm{e}^{-\frac{t^2}{2}}\mathrm{d}t,\ -\infty<x<+\infty. \tag{2-15}$$

正态分布的概率密度 $f(x)$ 和标准正态分布的概率密度 $\varphi(x)$ 如图 2.4、图 2.5 所示.

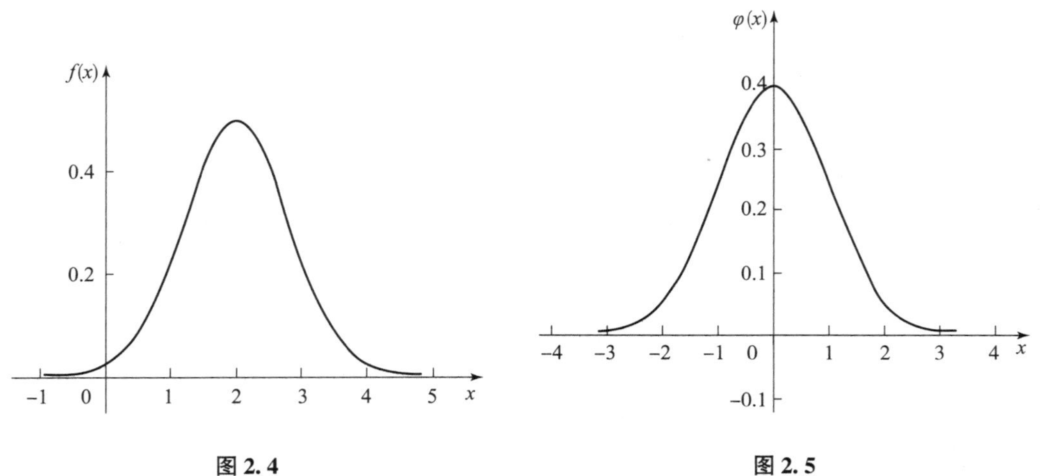

图 2.4　　图 2.5

正态分布的图形特征：

（1）如图 2.6 所示，参数 μ 反映了图形的位置（图形关于 $x=\mu$ 对称），而 σ 则反映了图形的陡峭程度.

(2) 曲线在 $x=\mu$ 处达到最大值$\frac{1}{\sqrt{2\pi}\sigma}$.

(3) 曲线在 $x=\mu\pm\sigma$ 处有拐点且以 x 轴为渐近线.

(4) $\int_{-\infty}^{+\infty}\frac{1}{\sqrt{2\pi}\sigma}\mathrm{e}^{-\frac{(x-\mu)^2}{2\sigma^2}}\mathrm{d}x=1$.

标准正态分布的重要性在于任何一个一般的正态分布都可以通过线性变换转换为标准正态分布.

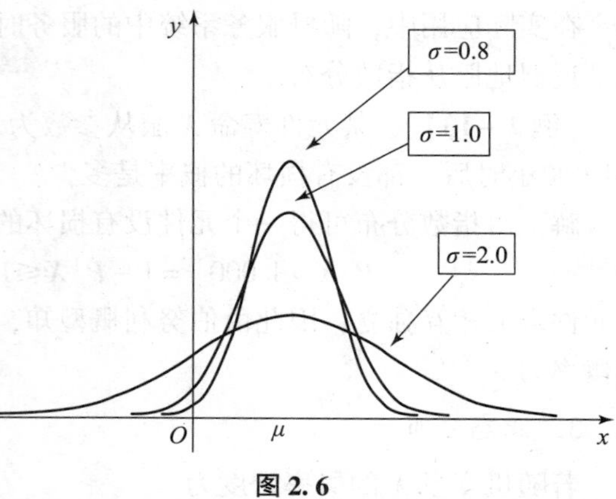

图 2.6

式 (2-13) 中，作变换 $u=\frac{t-\mu}{\sigma}$，则

$$F(x)=\frac{1}{\sqrt{2\pi}\sigma}\int_{-\infty}^{x}\mathrm{e}^{-\frac{(t-\mu)^2}{2\sigma^2}}\mathrm{d}t=\frac{1}{\sqrt{2\pi}}\int_{-\infty}^{x}\mathrm{e}^{-\frac{\left(\frac{t-\mu}{\sigma}\right)^2}{2}}\mathrm{d}\left(\frac{t-\mu}{\sigma}\right)$$

$$=\frac{1}{\sqrt{2\pi}}\int_{-\infty}^{(x-\mu)/\sigma}\mathrm{e}^{-\frac{u^2}{2}}\mathrm{d}u=\Phi\left(\frac{x-\mu}{\sigma}\right),$$

即

$$P\{X\leqslant x\}=F(x)=\Phi\left(\frac{x-\mu}{\sigma}\right).\tag{2-16}$$

所以，一般正态分布的有关运算都可以化为标准正态分布的计算.

【例 2-14】 设 $X\sim N(0,1)$. 求：

(1) $P\{X\leqslant 1.96\}$；

(2) $P\{X>1.96\}$；

(3) $P\{|X|\leqslant 1.96\}$；

(4) $P\{X\leqslant 5.9\}$.

解 查标准正态分布表知，

(1) $P\{X\leqslant 1.96\}=\Phi(1.96)=0.975$.

(2) 由标准正态分布对称性有 $P\{X>1.96\}=1-P\{X\leqslant 1.96\}=1-\Phi(1.96)=0.025$.

(3) $P\{|X|\leqslant 1.96\}=P\{-1.96\leqslant X\leqslant 1.96\}$
$=\Phi(1.96)-\Phi(-1.96)$
$=2\Phi(1.96)-1$
$=0.95$.

(4) $P\{X\leqslant 5.9\}=\Phi(5.9)\approx 1$.

【例 2-15】 已知企业生产的螺栓长度 X（单位：厘米）服从 $N(10.05,\ 0.06^2)$，规定长度在 10.05 ± 0.12 内的为合格品，试求螺栓为合格品的概率.

解 根据条件可知，$\{|X-10.05|\leqslant 0.12\}$ 表示合格品. 于是

$P\{|X-10.05|\leqslant 0.12\}=P\{10.05-0.12\leqslant X\leqslant 10.05+0.12\}$

$$
\begin{aligned}
&= F(10.05+0.12)-F(10.05-0.12)\\
&= \Phi\left(\frac{10.05+0.12-10.05}{0.06}\right)-\Phi\left(\frac{10.05-0.12-10.05}{0.06}\right)\\
&= \Phi(2)-\Phi(-2)=\Phi(2)-[1-\Phi(2)]\\
&= 2\Phi(2)-1=2\times 0.9772-1=0.9544,
\end{aligned}
$$

即螺栓为合格品的概率等于0.954 4.

三倍标准差原则：

设 $X\sim N(\mu,\sigma^2)$，则

(1) $P\{|X-\mu|<\sigma\}=P\{\mu-\sigma<X<\mu+\sigma\}=F(\mu+\sigma)-F(\mu-\sigma)$

$$
\begin{aligned}
&= \Phi\left(\frac{\mu+\sigma-\mu}{\sigma}\right)-\Phi\left(\frac{\mu-\sigma-\mu}{\sigma}\right)\\
&= \Phi(1)-\Phi(-1)=2\Phi(1)-1=0.6826;
\end{aligned}
$$

(2) $P\{|X-\mu|<2\sigma\}=2\Phi(2)-1=0.9544$;

(3) $P\{|X-\mu|<3\sigma\}=2\Phi(3)-1=0.9974$.

如图2.7所示，尽管正态分布随机变量 X 的取值范围是 $-\infty<x<+\infty$，但它的值几乎全部集中在（$\mu-3\sigma$，$\mu+3\sigma$）内，超出这个范围的可能性不到0.3%．这在统计学上称为三倍标准差原则（3σ 准则）.

为了便于今后在数理统计中的应用，对于标准正态随机变量，我们引入上 α 分位点的定义.

设 $X\sim N(0,1)$，若 z_α 满足条件 $P\{X>z_\alpha\}=\alpha,0<\alpha<1$，则称点 z_α 为标准正态分布的上 α 分位点，如图2.8所示.

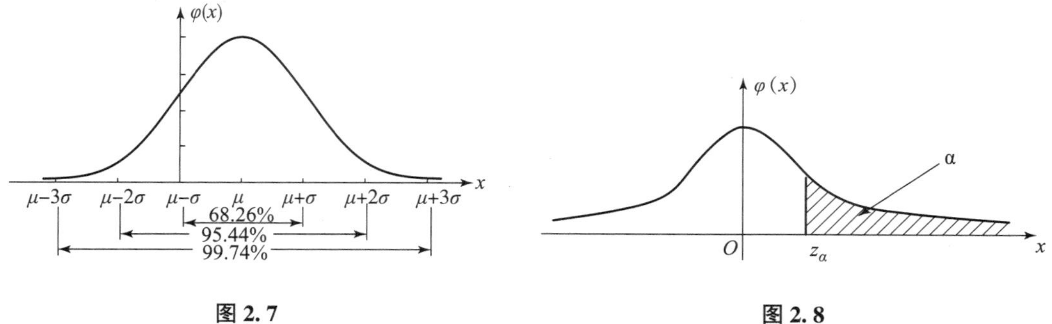

图 2.7　　**图 2.8**

对于不同的 α 值，表2.5给出了几个常用的 z_α 的值.

表 2.5

α	0.001	0.005	0.01	0.025	0.05	0.10
z_α	3.090	2.576	2.327	1.960	1.645	1.282

另外，由 $\varphi(x)$ 图形的对称性可知，$z_{1-\alpha}=-z_\alpha$.

在自然现象和社会现象中，大量随机变量都服从或近似服从正态分布．例如，一个地区的男性成年人的身高、测量某零件长度的误差、海洋波浪的高度、半导体器件中的热燥或电

压等都服从正态分布. 在概率论与数理统计的理论研究和实际应用中，正态随机变量起着特别重要的作用. 在第五章我们将进一步说明正态随机变量的重要性.

第五节　随机变量函数的分布

在实际中，我们常对某些随机变量的函数更感兴趣. 例如，在一些试验中，所关心的随机变量往往不能直接测量得到，而它却是某个能直接测量的随机变量的函数. 比如我们能测量圆轴截面的直径 d，而关心的却是截面面积 $A=\frac{1}{4}\pi d^2$. 这里，随机变量 A 是随机变量 d 的函数. 在这一节中，我们将讨论如何由已知随机变量 X 的分布去求它的函数 $Y=g(X)$ 的概率分布.

一、离散型随机变量函数的分布

离散型随机变量函数的分布是比较容易求得的. 设 X 是离散型随机变量，X 的分布律如表 2. 6 所示.

表 2. 6

X	x_1	x_2	…	x_n	…
P	p_1	p_2	…	p_n	…

那么 $Y=g(X)$ 也是一个离散型随机变量，此时 Y 的分布律就可很简单地表示出来，如表 2. 7 所示.

表 2. 7

Y	$g(x_1)$	$g(x_2)$	…	$g(x_n)$	…
P	p_1	p_2	…	p_n	…

当 $g(x_1)$，$g(x_2)$，…，$g(x_n)$，…中有某些值相等时，则把那些相等的值分别合并，并把对应的概率加起来即可.

【例 2 -16】　设离散型随机变量 X 的分布律如表 2. 8 所示.

表 2. 8

X	-1	0	1	2	$\frac{5}{2}$
P	$\frac{2}{10}$	$\frac{1}{10}$	$\frac{1}{10}$	$\frac{3}{10}$	$\frac{3}{10}$

求：

(1) $Y=X-1$ 的分布律；

(2) $Y=X^2$ 的分布律.

解　(1) 由随机变量函数的概念，可由 X 的可能值求出 Y 的可能值，如表 2. 9 所示.

表 2.9

$P\{X=x_k\}$	$\frac{2}{10}$	$\frac{1}{10}$	$\frac{1}{10}$	$\frac{3}{10}$	$\frac{3}{10}$
X	-1	0	1	2	$\frac{5}{2}$
$Y=X-1$	-2	-1	0	1	$\frac{3}{2}$

故可得 Y 的分布律，如表 2.10 所示.

表 2.10

Y	-2	-1	0	1	$\frac{3}{2}$
P	$\frac{2}{10}$	$\frac{1}{10}$	$\frac{1}{10}$	$\frac{3}{10}$	$\frac{3}{10}$

（2）$Y=X^2$ 的可能值由表 2.11 给出.

表 2.11

$P\{X=x_k\}$	$\frac{2}{10}$	$\frac{1}{10}$	$\frac{1}{10}$	$\frac{3}{10}$	$\frac{3}{10}$
X	-1	0	1	2	$\frac{5}{2}$
$Y=X^2$	1	0	1	4	$\frac{25}{4}$

最后，得 Y 的分布律，如表 2.12 所示.

表 2.12

Y	0	1	4	$\frac{25}{4}$
P	$\frac{1}{10}$	$\frac{3}{10}$	$\frac{3}{10}$	$\frac{3}{10}$

二、连续型随机变量函数的分布

一般地，连续型随机变量的函数不一定是连续型随机变量，但我们主要讨论连续型随机变量的函数还是连续型随机变量的情形. 此时，我们不仅希望求出随机变量的分布函数，而且希望求出其概率密度.

下面先来介绍“分布函数法”——先求 $Y=g(x)$ 的分布函数，然后求导，便可得到 Y 的概率密度.

【例 2－17】　设随机变量 X 具有概率密度 $f_X(x)\,(-\infty<x<+\infty)$，求随机变量 $Y=X^2$ 的概率密度.

解　由于 $Y=X^2\geqslant 0$，故

当 $y\leqslant 0$ 时，$F_Y(y)=0$；

当 $y>0$ 时，$F_Y(y)=P(Y\leqslant y)=P\{X^2\leqslant y\}=P\{-\sqrt{y}\leqslant x\leqslant\sqrt{y}\}=\int_{-\sqrt{y}}^{\sqrt{y}}f_X(x)\mathrm{d}x.$
由此知 Y 的概率密度为

$$f_Y(y)=\frac{\mathrm{d}}{\mathrm{d}y}F_Y(y)=\begin{cases}\dfrac{1}{2\sqrt{y}}[f_X(\sqrt{y})+f_X(-\sqrt{y})], & y>0,\\ 0, & y\leqslant 0.\end{cases}$$

若 $X\sim N(0,1)$，X 的概率密度为 $\varphi(x)=\frac{1}{\sqrt{2\pi}}\mathrm{e}^{-\frac{x^2}{2}}$，$-\infty<x<+\infty$，则 $Y=X^2$ 的概率密度为

$$f_Y(y)=\begin{cases}\dfrac{1}{\sqrt{2\pi}}y^{-\frac{1}{2}}\mathrm{e}^{-\frac{y}{2}}, & y>0,\\ 0, & y\leqslant 0.\end{cases}$$

在后面第六章将介绍此时称 Y 服从自由度为 1 的 χ^2 分布.

【例 2－18】 设随机变量 $X\sim N(0,1)$，$Y=\mathrm{e}^X$，求 Y 的概率密度.

解 设 $F_Y(y)$，$f_Y(y)$ 分别为随机变量 Y 的分布函数和概率密度，则

当 $y\leqslant 0$ 时，有

$$F_Y(y)=P\{Y\leqslant y\}=P\{\mathrm{e}^X\leqslant y\}=0;$$

当 $y>0$ 时，因为 $g(x)=\mathrm{e}^x$ 是 x 的严格单调增函数，所以有

$$\{\mathrm{e}^X\leqslant y\}=\{X\leqslant\ln y\}.$$

因而

$$F_Y(y)=P\{Y\leqslant y\}=P\{\mathrm{e}^X\leqslant y\}=P\{X\leqslant\ln y\}=\frac{1}{\sqrt{2\pi}}\int_{-\infty}^{\ln y}\mathrm{e}^{-\frac{x^2}{2}}\mathrm{d}x.$$

再由 $f_Y(y)=F'_Y(y)$，得

$$f_Y(y)=\begin{cases}\dfrac{1}{\sqrt{2\pi}y}\mathrm{e}^{-\frac{(\ln y)^2}{2}}, & y>0,\\ 0, & y\leqslant 0.\end{cases}$$

通常称上式中的 Y 服从对数正态分布，它也是一种常用寿命分布.

【例 2－19】 设 $X\sim f_X(x)=\begin{cases}x/8, & 0<x<4,\\ 0, & \text{其他},\end{cases}$ 求 $Y=2X+8$ 的概率密度.

解 设 Y 的分布函数为 $F_Y(y)$，则

$$F_Y(y)=P\{Y\leqslant y\}=P\{2X+8\leqslant y\}=P\{X\leqslant(y-8)/2\}=F_X[(y-8)/2],$$

于是 Y 的概率密度

$$f_Y(y)=\frac{\mathrm{d}F_Y(y)}{\mathrm{d}y}=f_X\left(\frac{y-8}{2}\right)\cdot\frac{1}{2}.$$

注意到 $0<x<4$ 时，$f_X(x)\neq 0$，即 $8<y<16$ 时，

$$f_X\left(\frac{y-8}{2}\right)\neq 0,\text{且} f_X\left(\frac{y-8}{2}\right)=\frac{y-8}{16},$$

故

$$f_Y(y)=\begin{cases}(y-8)/32, & 8<y<16,\\ 0, & \text{其他}.\end{cases}$$

定理 2.2　设 X 是连续型随机变量，其概率密度为 $f_X(x)$，$-\infty<x<+\infty$，又设函数 $g(x)$ 处处可导，且 $y=g(x)$ 严格单调，其反函数 $x=h(y)$ 有连续导函数，则 $Y=g(X)$ 是连续型随机变量，其概率密度为

$$f_Y(y)=\begin{cases}f_X[h(y)]\,|h'(y)|, & \alpha<y<\beta,\\ 0, & \text{其他}.\end{cases}\tag{2-17}$$

其中 $\alpha=\min\{g(-\infty),g(+\infty)\}$，$\beta=\max\{g(-\infty),g(+\infty)\}$.

证明　不妨设 $g(x)$ 是严格单调增函数，这时它的反函数 $h(y)$ 也是严格单调增函数，且 $h'(y)>0$，记 $\alpha=g(-\infty)$，$\beta=g(+\infty)$，这意味着 $x=h(y)$ 仅在区间（α，β）取值，于是

当 $y<\alpha$ 时，

$$F_Y(y)=P\{Y\leqslant y\}=0;$$

当 $y>\beta$ 时，

$$F_Y(y)=P\{Y\leqslant y\}=1;$$

当 $\alpha\leqslant y\leqslant\beta$ 时，

$$\begin{aligned}F_Y(y)&=P\{Y\leqslant y\}=P\{g(X)\leqslant y\}\\&=P\{X\leqslant h(y)\}=\int_{-\infty}^{h(y)}f_X(x)\,\mathrm{d}x.\end{aligned}$$

由此得 Y 的密度函数为

$$f_Y(y)=\begin{cases}f_X[h(y)]\,|h'(y)|, & \alpha<y<\beta,\\ 0, & \text{其他}.\end{cases}$$

同理，可证当 $g(x)$ 是严格单调减函数时，结论也成立. 但此时要注意 $h'(y)<0$，故要加绝对值符号，这时 $\alpha=g(+\infty)$，$\beta=g(-\infty)$.

【例 2-20】　设随机变量 $X\sim N(\mu,\sigma^2)$. 试证明 $Y=aX+b(a\neq0)$ 也服从正态分布.

证　X 的概率密度为 $f_X(x)=\dfrac{1}{\sqrt{2\pi}\sigma}\mathrm{e}^{-\frac{(x-\mu)^2}{2\sigma^2}}$，$-\infty<x+\infty$.

由 $y=ax+b$ 解得 $x=h(y)=\dfrac{y-b}{a}$，且有 $h'(y)=\dfrac{1}{a}$，从而 $Y=aX+b$ 的概率密度为

$$f_Y(y)=\frac{1}{|a|}f_X\left(\frac{y-b}{a}\right),\ -\infty<y<+\infty,$$

即
$$f_Y(y)=\frac{1}{|a|}\frac{1}{\sqrt{2\pi}\sigma}\mathrm{e}^{-\frac{\left(\frac{y-b}{a}-\mu\right)^2}{2\sigma^2}}=\frac{1}{|a|\sigma\sqrt{2\pi}}\mathrm{e}^{-\frac{[y-(b+a\mu)]^2}{2(a\sigma)^2}},\ -\infty<y<+\infty,$$

从而
$$Y=aX+b\sim N[a\mu+b,(a\sigma)^2].$$

特别地，若在本例中取 $a=\dfrac{1}{\sigma}$，$b=-\dfrac{\mu}{\sigma}$，则得 $Y=\dfrac{X-\mu}{\sigma}\sim N(0,1)$. 这就是上节中一个已知定理的结果.

【例 2-21】　设电压 $V=A\sin\theta$，其中 A 是一个已知的正常数，相位角 θ 是一个随机变量，在区间 $(-\pi/2,\pi/2)$ 内服从均匀分布，试求电压 V 的概率密度.

解　因为 $\nu=g(\theta)=A\sin\theta$，在 $(-\pi/2,\pi/2)$ 内严格单调增加，且

$$\theta = h(\nu) = \arcsin\frac{\nu}{A}, h'(\nu) = 1/\sqrt{A^2 - \nu^2}.$$

又 θ 的概率密度为

$$f(\theta) = \begin{cases} 1/\pi, & -\pi/2 < \theta < \pi/2, \\ 0, & \text{其他}. \end{cases}$$

所以由定理知，$V = A\sin\theta$ 的概率密度为

$$\varphi(\nu) = \begin{cases} \frac{1}{\pi} \cdot \frac{1}{\sqrt{A^2 - \nu^2}}, & -A < \nu < A, \\ 0, & \text{其他}. \end{cases}$$

由上面的讨论知，求随机变量 X 的函数 $Y = g(X)$ 的分布，关键的一步是在从事件 $\{Y \leqslant y\} = \{g(x) \leqslant y\}$ 中解得 X 的取值范围，而 Y 的分布函数就是 X 的概率密度在此取值范围上的积分. 当 $y = g(x)$ 是严格单调函数时，可应用定理给出的结果. 要注意的是，由事件 $\{Y \leqslant y\}$ 得出的 X 的取值范围可能不止一个区间，此时应在各个区间上对 X 的概率密度积分，然后得出 Y 的分布函数.

小　结

随机变量 $X = X(\omega)$ 是定义在样本空间 Ω 上的实值单值函数，它的取值随试验结果而定，是不能预先确定的，且它的取值有一定的概率，因而它与普通函数是不同的. 引入随机变量，就可以用微积分的理论和方法对随机试验与随机事件的概率进行数学推理与计算，从而完成对随机试验结果的规律性的研究.

分布函数

$$F(x) = P\{X \leqslant x\}, -\infty < x < +\infty$$

反映了随机变量 X 的取值不大于实数 x 的概率，X 落入实轴上任意区间 $(x_1, x_2]$ 上的概率也可用 $F(x)$ 来表示，即

$$P\{x_1 < X \leqslant x_2\} = F(x_2) - F(x_1).$$

因此掌握了随机变量 X 的分布函数，就了解了随机变量 X 在 $-\infty < x < +\infty$ 上的概率分布，可以说分布函数完整地描述了随机变量的统计规律性.

一般来说，随机变量可分为两类：离散型随机变量和非离散型随机变量. 本书只讨论了两类重要的随机变量. 一类是离散型随机变量. 对于离散型随机变量，我们需要知道它可能取哪些值，以及它取每个可能值的概率，常用分布律

$$P\{X = x_k\} = p_k, k = 1, 2, \cdots, n, \cdots$$

或用表 2.13 表示它取值的统计规律性. 要掌握已知分布律求分布函数 $F(x)$ 的方法以及已知分布函数 $F(x)$ 求分布律的方法. 分布律与分布函数是一一对应的.

表 2.13

X	x_1	x_2	$\cdots$	x_k	$\cdots$
P	p_1	p_2	$\cdots$	p_k	$\cdots$

另一类是非离散型随机变量中的一类重要随机变量，即连续型随机变量. 设随机变量 X 的分布函数为 $F(x)$，若存在非负函数 $f(x)$，使得对于任意 x，有

$$F(x)=\int_{-\infty}^{x} f(t)\,\mathrm{d}t,$$

则称 X 是连续型随机变量，其中 $f(x)$ 称为 X 的概率密度. 连续型随机变量的分布函数是连续的，但不能认为分布函数为连续函数的随机变量就是连续型随机变量. 判别一个随机变量是不是连续型的，要看符合定义条件的 $f(x)$ 是否存在［事实上存在分布函数 $F(x)$ 连续，但又不能以非负函数的变上限的定积分表示的随机变量］.

要掌握已知 $f(x)$ 求 $F(x)$ 的方法，以及已知 $F(x)$ 求 $f(x)$ 的方法. 由连续型随机变量定义可知，改变 $f(x)$ 在个别点的函数值，并不改变 $F(x)$ 的值，因此改变 $f(x)$ 在个别点的值是无关紧要的.

本章还介绍了几种重要的随机变量的分布：0－1 分布、二项分布、泊松分布、均匀分布、指数分布、正态分布. 读者必须熟练掌握这几种分布的分布律或概率密度.

随机变量 X 的函数 $Y=g(X)$ 也是一个随机变量. 求 Y 的分布时，首先要准确界定 Y 的取值范围（在离散型时要注意相同的值的合并）；其次要正确计算 Y 的分布，特别是 Y 为连续型随机变量的情形. 当 $y=g(x)$ 单调或分段单调时，可按定理写出 Y 的概率密度 $f_Y(y)$，否则应先按分布函数定义求出 $F_Y(y)$，再对 y 求导，得到 $f_Y(y)$［即使是 $y=g(x)$ 单调或分段单调时，也应掌握先求出 $F_Y(y)$，再求出 $f_Y(y)$ 的一般方法］.

习题二

1. 已知随机变量 X 只能取 -1，0，1，$\sqrt{2}$，相应的概率为 $\frac{1}{2c}$，$\frac{3}{4c}$，$\frac{5}{8c}$，$\frac{7}{16c}$，求 c 的值，并计算 $P\{X<1\}$.

2. 一袋中有 5 只乒乓球，编号为 1，2，3，4，5，在其中同时取 3 只，以 X 表示取出的 3 只球中的最大号码，写出随机变量 X 的分布律.

3. 设 X 服从泊松分布，且已知 $P\{X=1\}=P\{X=2\}$，求 $P\{X=4\}$.

4. 某商店据以往的统计知道，某种商品每月的销售量可以用参数 $\lambda=5$ 的泊松分布来描述，为了有 95% 以上的把握保证不脱销，问：商店在上月底至少应进该商品多少件?

5. 设事件 A 在每一次试验中发生的概率为 0.3，当 A 发生不少于 3 次时，指示灯发出信号：

（1）进行了 5 次独立试验，试求指示灯发出信号的概率；

（2）进行了 7 次独立试验，试求指示灯发出信号的概率.

6. 一保险公司有 2 500 人投保，每人每年付 12 元保险费，已知一年内投保人死亡率为 0.002，如死亡，公司付给死者家属 2 000 元，求：

（1）保险公司年利润为亏损的概率；

（2）保险公司年利润不少于 10 000 元、20 000 元的概率.

7. 设某机场每天有 200 架飞机在此降落，任一飞机在某一时刻降落的概率设为 0.02，且设各飞机降落是相互独立的. 试问：该机场需配备多少条跑道，才能保证某一时刻飞机需

立即降落而没有空闲跑道的概率小于0.01（每条跑道只能允许一架飞机降落）？

8. 设在15只同类型零件中有2只为次品，在其中取3次，每次任取1只，做不放回抽样，以X表示取出的次品个数，求：

（1）X的分布律；

（2）X的分布函数并作图；

（3）$P\left\{1<X\leqslant\frac{3}{2}\right\}, P\left\{1\leqslant X\leqslant\frac{3}{2}\right\}, P\{1<X<2\}$.

9. 一批产品分一、二、三级，其中一级品是二级品的两倍，三级品是二级品的一半. 从这批产品中随机地抽取一个检验质量，用随机变量描述检验的可能结果，写出它的概率分布和分布函数.

10. 射手向目标独立地进行了3次射击，每次击中率为0.8，求3次射击中击中目标的次数的分布律及分布函数，并求3次射击中至少击中2次的概率.

11. 随机变量X的概率密度为

$$f(x)=\begin{cases}\dfrac{A}{\sqrt{1-x^2}}, & |x|<1,\\ 0, & |x|\geqslant 1.\end{cases}$$

求：

（1）系数A；

（2）X落在（-0.5，0.5）内的概率；

（3）X的分布函数.

12. 设连续型随机变量X的分布函数为$F(x)=\begin{cases}0, & x\leqslant 0,\\ Ax^3, & 0<x<2,\\ 1, & x\geqslant 2.\end{cases}$ 求：

（1）系数A；

（2）$P\{0<X<1\}$，$P\{1.5<X\leqslant 2\}$，$P\{2\leqslant X\leqslant 3\}$.

13. 设连续型随机变量X的概率密度为$f(x)=\begin{cases}Ax, & 0\leqslant x<1,\\ 2-x, & 1\leqslant x<2,\\ 0. & \text{其他}.\end{cases}$ 求：

（1）系数A；

（2）X的分布函数$F(x)$；

（3）$P\{X\leqslant 1\}$.

14. 设连续型随机变量X的分布函数为

$$F(x)=\begin{cases}A+Be^{-\lambda x}, & x>0,\\ 0, & x\leqslant 0.\end{cases}(\lambda>0).\ \text{求：}$$

（1）常数A，B；

（2）$P\{X\leqslant 2\}$，$P\{X>3\}$；

（3）求X的概率密度$f(x)$.

15. 若随机变量X在（1，6）内服从均匀分布，则方程$y^2+Xy+1=0$有实根的概率是多少？

16. 设随机变量 X 在 $(2, 5)$ 内服从均匀分布．现对 X 进行三次独立观测，求至少有两次的观测值大于 3 的概率．

17. 设顾客在某银行的窗口等待服务的时间 X（以分钟计）服从参数为 5 的指数分布．某顾客在窗口等待服务，若超过 10 分钟他就离开．他一个月要到银行 5 次，以 Y 表示一个月内他未等到服务而离开窗口的次数，试写出 Y 的分布律，并求 $P\{Y \geqslant 1\}$．

18. 某班的期末数学考试成绩 $X \sim N(70, 10^2)$，按规定是 85 分以上为优秀，60 分以下为不及格，求：

(1) 成绩达到优秀的学生人数占全班人数的百分比；

(2) 成绩不及格的学生人数占全班人数的百分比．

19. 某人乘汽车去火车站乘火车，有两条路可走：第一条路程较短但交通拥挤，所需时间 X 服从 $N(40, 10^2)$；第二条路程较长，但阻塞少，所需时间 X 服从 $N(50, 4^2)$．

(1) 若动身时离火车开车只有 1 小时，则走哪条路能乘上火车的把握大些？

(2) 又若离火车开车时间只有 45 分钟，则走哪条路赶上火车的把握大些？

20. 设 $X \sim N(3, 2^2)$．

(1) 求 $P\{2 < X \leqslant 5\}$，$P\{-4 < X \leqslant 10\}$，$P\{|X| > 2\}$，$P\{X > 3\}$；

(2) 确定 c 使 $P\{X > c\} = P\{X \leqslant c\}$．

21. 由某机器生产的螺栓长度（厘米）$X \sim N(10.05, 0.06^2)$，规定长度在 10.05 ± 0.12 内为合格品，求一螺栓为不合格品的概率．

22. 求标准正态分布的上 α 分位点．

(1) $\alpha = 0.01$，求 z_α；

(2) $\alpha = 0.003$，求 z_α，$z_{\alpha/2}$．

23. 设 X 的分布律如表 2.14 所示．

表 2.14

X	-1	0	1	2	$\frac{5}{2}$
P	$\frac{2}{5}$	$\frac{1}{10}$	$\frac{1}{10}$	$\frac{1}{10}$	$\frac{3}{10}$

试求：

(1) $2X$ 的分布律；

(2) X^2 的分布律．

24. 设随机变量 X 的概率密度为

$$f(x) = \begin{cases} 2x/\pi^2, & 0 < x < \pi, \\ 0, & \text{其他}. \end{cases}$$

求 $Y = \sin X$ 的概率密度．

25. 若随机变量 X 的概率密度为 $f_X(x) = \begin{cases} \dfrac{2}{\pi(1+x^2)}, & x > 0, \\ 0, & x \leqslant 0. \end{cases}$ 求随机变量 $Y = \ln X$ 的概率

密度 $f_Y(y)$.

26. 若随机变量 $X \sim U(0,1)$，记 $Y=\mathrm{e}^X$，求 Y 的概率密度 $f_Y(y)$.

27. 设 $X \sim N(0,\ 1)$. 求：

(1) $Y=\mathrm{e}^X$ 的概率密度；

(2) $Y=2X^2+1$ 的概率密度.

28. 设随机变量 X 的密度函数为

$$f_X(x)=\begin{cases}\mathrm{e}^{-x}, & x>0,\\ 0, & x\leqslant 0.\end{cases}$$

求随机变量 $Y=\mathrm{e}^X$ 的概率密度 $f_Y(y)$. (1995 研考)

29. 假设一大型设备在任何长为 t 的时间内发生故障的次数 $N(t)$ 服从参数为 λt 的泊松分布. 求：

(1) 相继两次故障之间时间间隔 T 的概率分布；

(2) 在设备已经无故障工作 8 小时的情形下，再无故障运行 8 小时的概率 Q.

(1993 研考)

30. 设随机变量 X 的绝对值不大于 1，$P\{X=-1\}=1/8$，$P\{X=1\}=1/4$. 在事件 $\{-1<X<1\}$ 出现的条件下，X 在 $\{-1,\ 1\}$ 内任一子区间上取值的条件概率与该子区间长度成正比，试求 X 的分布函数 $F(x)=P\{X\leqslant x\}$. (1997 研考)

31. 设随机变量 X 服从正态分布 $N(\mu_1,{\sigma_1}^2)$，Y 服从正态分布 $N(\mu_2,{\sigma_2}^2)$，且 $P\{|X-\mu_1|<1\}>P\{|Y-\mu_2|<1\}$，试比较 σ_1 与 σ_2 的大小. (2006 研考)

第三章

多维随机变量及其分布

学习目标

(1) 了解二维正态分布函数的概率密度；了解多维随机变量的概念、分布函数的概念和性质；了解二维连续型随机变量的条件密度.

(2) 理解二维离散型随机变量的概率分布、边缘分布和条件分布；理解二维连续型随机变量的概率密度和边缘密度；会求两个随机变量简单函数的分布，会求多个相互独立随机变量简单函数的分布.

(3) 掌握二维均匀分布，会求与二维随机变量相关事件的概率.

在实际问题中，除了经常用一个随机变量来描述随机试验的结果外，还常常需要同时用两个或两个以上的随机变量来描述试验结果. 例如，观察炮弹在地面弹着点 ω 的位置，需要用它的横坐标 $X(\omega)$ 与纵坐标 $Y(\omega)$ 来确定，而横坐标和纵坐标是定义在同一个样本空间 $\Omega=\{\omega\}=\{$所有可能的弹着点$\}$ 上的两个随机变量. 又如，某钢铁厂炼钢时必须考察炼出的钢 ω 的硬度 $X(\omega)$、含碳量 $Y(\omega)$ 和含硫量 $Z(\omega)$ 的情况，它们也是定义在同一个样本空间$\Omega=\{\omega\}$ 上的 3 个随机变量. 因此，在考虑实际问题时，有时只用一个随机变量是不够的，要考察多个随机变量及其相互联系. 本章以两个随机变量的情形为代表，讲述多个随机变量的一些基本内容.

第一节 二维随机变量及其分布

一、二维随机变量的定义及其分布函数

定义 3.1 设 E 是一个随机试验，它的样本空间是 $\Omega=\{\omega\}$. 设 $X(\omega)$ 与 $Y(\omega)$ 是定义在同一样本空间 Ω 上的两个随机变量，则称 $(X(\omega), Y(\omega))$ 为 Ω 上的二维随机变量或二

维随机向量，简记为（X，Y）.

定义 3.2 设（X，Y）是二维随机变量，对任意的实数 x 和 y，称二元函数

$$F(x,y)=P\{\{X\leqslant x\}\cap\{Y\leqslant y\}\}=P\{X\leqslant x,Y\leqslant y\} \tag{3-1}$$

为二维随机变量（X，Y）的分布函数，或称为随机变量 X 和 Y 的联合分布函数.

我们容易给出分布函数的几何解释．如果将二维随机变量（X，Y）看成是平面上随机点的坐标，那么分布函数 $F(x,y)$ 在平面上任意点（x，y）处的函数值就是随机点（X，Y）落在以点（x，y）为顶点，而位于该点左下方的整个无穷区域内的概率，如图 3.1 所示.

根据以上几何解释，并借助图 3.2，容易算出随机点（X，Y）落在矩形区域 $\{x_1<X\leqslant x_2,\ y_1<Y\leqslant y_2\}$ 内的概率为

$$\begin{aligned}&P\{x_1<X\leqslant x_2,y_1<Y\leqslant y_2\}\\&=F(x_2,y_2)-F(x_2,y_1)-F(x_1,y_2)+F(x_1,y_1).\end{aligned} \tag{3-2}$$

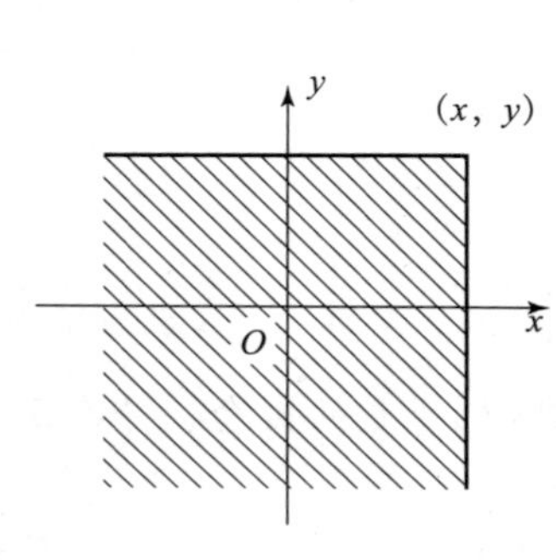

图 3.1

图 3.2

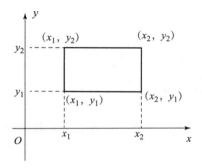

容易证明，分布函数 $F(x,y)$ 具有以下基本性质：

（1）$F(x,y)$ 是分别关于变量 x 和 y 的不减函数，即对于任意固定的 y，当 $x_2>x_1$ 时，$F(x_2,y)\geqslant F(x_1,y)$；对于任意固定的 x，当 $y_2>y_1$ 时，$F(x,y_2)\geqslant F(x,y_1)$.

（2）$0\leqslant F(x,y)\leqslant 1$，且对于任意固定的 y，$F(-\infty,y)=0$，对于任意固定的 x，$F(x,-\infty)=0$，$F(-\infty,-\infty)=0$，$F(+\infty,+\infty)=1$.

（3）$F(x,y)$ 分别关于 x 和 y 是右连续的，即

$$F(x+0,y)=F(x,y),F(x,y+0)=F(x,y).$$

（4）对于任意（x_1，y_1），（x_2，y_2），$x_1<x_2$，$y_1<y_2$，下述不等式成立：

$$F(x_2,y_2)-F(x_2,y_1)-F(x_1,y_2)+F(x_1,y_1)\geqslant 0.$$

与一维随机变量的情形类似，我们仅讨论二维随机变量的两种类型：离散型和连续型.

二、二维离散型随机变量及其分布

定义 3.3 若二维随机变量（X，Y）的所有可能取值是有限对或可数无穷多对，则称（X，Y）为**二维离散型随机变量**.

设二维离散型随机变量（X，Y）的所有可能取值为（x_i，y_j），i，$j=1$，2，…，且（X，Y）取各对可能值的概率为

$$P\{X=x_i,Y=y_j\}=p_{ij},\quad i,j=1,2,\cdots, \tag{3-3}$$

则称式（3-3）为二维离散型随机变量（X，Y）的分布律或概率分布，也称为随机变量 X 与 Y 的联合分布律或联合概率分布．离散型随机变量（X，Y）的分布律也可用表3.1表示．

表 3.1

X \ Y	y_1	y_2	…	y_j	…
x_1	p_{11}	p_{12}	…	p_{1j}	…
x_2	p_{21}	p_{22}	…	p_{2j}	…
…	…	…	…	…	…
x_i	p_{i1}	p_{i2}	…	p_{ij}	…
…	…	…	…	…	…

由概率的定义可知，p_{ij}具有以下性质：

（1）非负性：$p_{ij} \geqslant 0 \quad (i,\ j=1,\ 2,\ \cdots)$；

（2）规范性：$\sum\limits_{i=1}^{\infty}\sum\limits_{j=1}^{\infty} p_{ij} = 1$．

离散型随机变量（X，Y）的联合分布函数为

$$F(x,y) = P\{X \leqslant x, Y \leqslant y\} = \sum_{x_i \leqslant x,}\sum_{y_j \leqslant y} p_{ij}, \tag{3-4}$$

其中和式是对一切满足 $x_i \leqslant x$，$y_j \leqslant y$ 的 i，j 来求和的．

【例 3-1】　一个袋中有三个球，依次标有数字1，2，2，从中任取一个，不放回袋中，再任取一个，设每次取球时各球被取到的可能性相等，以 X 和 Y 分别记第一次和第二次取到的球上标有的数字，求（X，Y）的分布律.

解　（X，Y）的可能取值为（1，2），（2，1），（2，2）．

$$P\{X=1, Y=2\} = \frac{1}{3} \times \frac{2}{2} = \frac{1}{3};$$

$$P\{X=2, Y=1\} = \frac{2}{3} \times \frac{1}{2} = \frac{1}{3};$$

$$P\{X=2, Y=2\} = \frac{2}{3} \times \frac{1}{2} = \frac{1}{3}.$$

于是随机变量（X、Y）的分布律如表3.2所示.

表 3.2

X \ Y	1	2
1	0	$\frac{1}{3}$
2	$\frac{1}{3}$	$\frac{1}{3}$

【例 3-2】　设随机变量 X 在1，2，3，4四个整数中等可能地取一个值，另一个随机变量 Y 在 $1 \sim X$ 中等可能地取一个值．试求随机变量（X，Y）的分布律.

解 由乘法公式容易求得随机变量（X，Y）的分布律. 易知 $\{X=i, Y=j\}$ 的取值情况是：$i=1$，2，3，4，j 取不大于 i 的正整数，且

$$\begin{aligned} P\{X=i,Y=j\} &= P\{Y=j|X=i\}P\{X=i\} \\ &= \frac{1}{i}\cdot\frac{1}{4}, i=1,2,3,4, j\leqslant i. \end{aligned}$$

于是随机变量（X，Y）的分布律如表 3.3 所示.

表 3.3

X \ Y	1	2	3	4
1	$\frac{1}{4}$	0	0	0
2	$\frac{1}{8}$	$\frac{1}{8}$	0	0
3	$\frac{1}{12}$	$\frac{1}{12}$	$\frac{1}{12}$	0
4	$\frac{1}{16}$	$\frac{1}{16}$	$\frac{1}{16}$	$\frac{1}{16}$

三、二维连续型随机变量及其分布

定义 3.4 设二维随机变量（X，Y）的分布函数为 $F(x, y)$，若存在非负函数 $f(x, y)$，使得对于任意实数 x 和 y 有

$$F(x,y)=P\{X\leqslant x,Y\leqslant y\}=\int_{-\infty}^{x}\int_{-\infty}^{y}f(u,v)\,\mathrm{d}u\mathrm{d}v, \tag{3-5}$$

则称（X，Y）为二维连续型随机变量，称 $f(x, y)$ 为 X 和 Y 的联合概率密度函数（简称联合密度函数或联合概率密度），或二维随机变量（X，Y）的概率密度函数（简称概率密度或密度函数）.

按定义，概率密度 $f(x,y)$ 具有以下性质：

（1）$f(x, y)\geqslant 0$，$-\infty<x, y<+\infty$；

（2）$\int_{-\infty}^{+\infty}\int_{-\infty}^{+\infty}f(x,y)\,\mathrm{d}x\mathrm{d}y=1$；

（3）若 $f(x, y)$ 在点（x，y）处连续，则有 $\frac{\partial^2 F(x,y)}{\partial x\partial y}=f(x,y)$；

（4）设 G 为 xOy 平面上的任一区域，随机点（X，Y）落在 G 内的概率为

$$P\{(X,Y)\in G\}=\iint_G f(x,y)\,\mathrm{d}x\mathrm{d}y. \tag{3-6}$$

在几何上，$z=f(x, y)$ 表示空间一个曲面，介于它和 xOy 平面的空间区域的立体体积等于 1，$P\{(X,Y)\in G\}$ 的值等于以 G 为底、以曲面 $z=f(x,y)$ 为顶的曲顶柱体的体积.

【例 3-3】 设二维随机变量（X，Y）的概率密度为

$$f(x,y)=\begin{cases}2\mathrm{e}^{-(2x+y)}, & x>0,y>0,\\ 0, & \text{其他}.\end{cases}$$

（1）求分布函数 $F(x, y)$；

（2）求概率 $P\{Y\leqslant X\}$.

解　（1）$F(x,y)=\int_{-\infty}^{x}\int_{-\infty}^{y}f(u,v)\mathrm{d}u\mathrm{d}v$

$$=\begin{cases}\int_0^x\int_0^y 2\mathrm{e}^{-(2u+v)}\mathrm{d}u\mathrm{d}v, & x>0,y>0,\\ 0, & \text{其他}.\end{cases}$$

即有
$$F(x,y)=\begin{cases}(1-\mathrm{e}^{-2x})(1-\mathrm{e}^{-y}), & x>0,y>0,\\ 0, & \text{其他}.\end{cases}$$

（2）将（X，Y）看作平面上随机点的坐标，即有

$$\{Y\leqslant X\}=\{(X,Y)\in G\}.$$

其中，G 为 xOy 平面上直线 $y=x$ 及其下方的部分，如图 3.3 所示，于是

$$P\{Y\leqslant X\}=P\{(X,Y)\in G\}=\iint_G f(x,y)\mathrm{d}x\mathrm{d}y$$
$$=\int_0^{+\infty}\mathrm{d}y\int_y^{+\infty}2\mathrm{e}^{-(2x+y)}\mathrm{d}x=\frac{1}{3}.$$

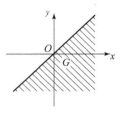

图 3.3

【例 3－4】　设二维随机变量（X，Y）的概率密度为

$$f(x,y)=\begin{cases}k(6-x-y), & 0<x<2,2<y<4,\\ 0, & \text{其他}.\end{cases}$$

（1）确定常数 k；

（2）求 $P\{X<1，Y<3\}$；

（3）求 $P\{X<1.5\}$；

（4）求 $P\{X+Y\leqslant 4\}$．

解　（1）　因为
$$\int_{-\infty}^{+\infty}\int_{-\infty}^{+\infty}f(x,y)\mathrm{d}x\mathrm{d}y=1,$$

所以
$$\int_0^2\mathrm{d}x\int_2^4 k(6-x-y)\mathrm{d}y=1,$$

即
$$8k=1,\ k=\frac{1}{8};$$

（2）
$$P\{X<1,Y<3\}=\int_0^1\mathrm{d}x\int_2^3\frac{1}{8}(6-x-y)\mathrm{d}y=\frac{3}{8};$$

（3）
$$P\{X<1.5\}=\int_0^{1.5}\mathrm{d}x\int_2^4\frac{1}{8}(6-x-y)\mathrm{d}y=\frac{27}{32};$$

（4）
$$P\{X+Y\leqslant 4\}=P\{X\leqslant 4-Y\}=\int_2^4\mathrm{d}y\int_0^{4-y}\frac{1}{8}(6-x-y)\mathrm{d}x=\frac{2}{3}.$$

以上关于二维随机变量的讨论，不难推广到 $n(n>2)$ 维随机变量的情况．一般地，设随机试验 E 的样本空间是 $\Omega=\{\omega\}$，设随机变量 $X_1(\omega)$，$X_2(\omega),\cdots,X_n(\omega)$ 是定义在同一个样本空间 Ω 上的 n 个随机变量，则称由这 n 个随机变量组成的向量（$X_1(\omega),X_2(\omega),\cdots,X_n(\omega)$）为 Ω 上的 n 维随机变量或 n 维随机向量，简记为（X_1，X_2，…，X_n）．

类似地，可定义 n 维随机变量（X_1，X_2，…，X_n）的分布函数．

设（X_1，X_2，…，X_n）是 n 维随机变量，对任意 n 个实数 x_1，x_2，…，x_n，称 n 元函数 $F(x_1,x_2,\cdots,x_n)=P\{X_1\leqslant x_1,X_2\leqslant x_2,\cdots,X_n\leqslant x_n\}$ 为 n 维随机变量（X_1，X_2，…，X_n）的分布函数或随机变量 X_1，X_2，…，X_n 的联合分布函数. 它具有类似于二维随机变量的分布函数的性质.

第二节　边缘分布

二维随机变量（X，Y）作为一个整体，它具有分布函数 $F(x, y)$．而 X 和 Y 也都是随机变量，它们各自也具有分布函数，将它们分别记为 $F_X(x)$ 和 $F_Y(y)$，依次称为二维随机变量（X，Y）分别关于 X 和关于 Y 的边缘分布函数. 边缘分布函数可以由（X，Y）的分布函数$F(x, y)$ 来确定．事实上，

$$F_X(x)=P\{X\leqslant x\}=P\{X\leqslant x,Y<+\infty\}=F(x,+\infty);\tag{3-7}$$

$$F_Y(y)=P\{Y\leqslant y\}=P\{X<+\infty,Y\leqslant y\}=F(+\infty,y).\tag{3-8}$$

下面分别讨论二维离散型随机变量与二维连续型随机变量的边缘分布.

一、二维离散型随机变量的边缘分布

设（X，Y）是二维离散型随机变量，其分布律为

$$P\{X=x_i,Y=y_j\}=p_{ij},i,j=1,2\cdots.$$

于是，有边缘分布函数

$$F_X(x)=F(x,+\infty)=\sum_{x_i\leqslant x}\sum_{j}p_{ij},$$

由此可知，X 的分布律为

$$P\{X=x_i\}=\sum_{j=1}^{+\infty}p_{ij},i,j=1,2,\cdots.\tag{3-9}$$

同理，Y 的分布律为

$$P\{Y=y_j\}=\sum_{i=1}^{+\infty}p_{ij},j=1,2,\cdots.\tag{3-10}$$

【例 3-5】　设袋中有 2 个白球、3 个黑球，现从其中随机抽取两次，每次取一个，令

$$X=\begin{cases}1,\text{第一次取得白球},\\0,\text{第一次取得黑球};\end{cases}\qquad Y=\begin{cases}1,\text{第二次取得白球},\\0,\text{第二次取得黑球}.\end{cases}$$

写出下列两种试验的随机变量（X，Y）的联合分布律与边缘分布律：

（1）有放回地取球；

（2）无放回地取球.

解　（1）有放回地取球时，X 与 Y 的联合分布律与边缘分布律由表 3.4 给出.

表 3.4

X \ Y	0	1	$P\{X=x_i\}$
0	$\frac{9}{25}$	$\frac{6}{25}$	$\frac{3}{5}$
1	$\frac{6}{25}$	$\frac{4}{25}$	$\frac{2}{5}$
$P\{Y=y_j\}$	$\frac{3}{5}$	$\frac{2}{5}$	1

（2）无放回地取球时，X 与 Y 的联合分布律与边缘分布律由表 3.5 给出 .

表 3.5

X \ Y	0	1	$P\{X=x_i\}$
0	$\frac{6}{20}$	$\frac{6}{20}$	$\frac{3}{5}$
1	$\frac{6}{20}$	$\frac{2}{20}$	$\frac{2}{5}$
$P\{Y=y_j\}$	$\frac{3}{5}$	$\frac{2}{5}$	1

二、二维连续型随机变量的边缘分布

设（X，Y）是二维连续型随机变量，其概率密度为 $f(x,y)$，由

$$F_X(x)=F(x,+\infty)=\int_{-\infty}^{x}\left[\int_{-\infty}^{+\infty}f(x,y)\mathrm{d}y\right]\mathrm{d}x$$

知，X 是一个连续型随机变量，且其概率密度为

$$f_X(x)=\int_{-\infty}^{+\infty}f(x,y)\mathrm{d}y. \tag{3-11}$$

同样，Y 也是一个连续型随机变量，其概率密度为

$$f_Y(y)=\int_{-\infty}^{+\infty}f(x,y)\mathrm{d}x. \tag{3-12}$$

分别称 $f_X(x)$，$f_Y(y)$ 为（X，Y）关于 X 和关于 Y 的边缘概率密度函数（简称边缘概率密度或边缘密度函数）.

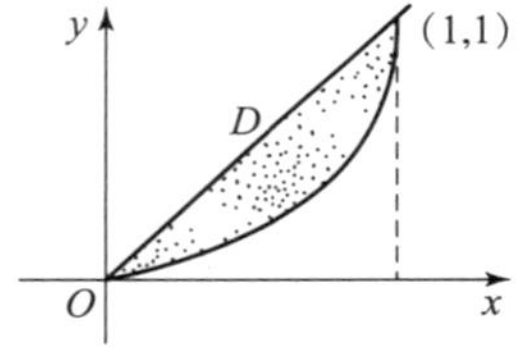

图 3.4

【例 3-6】　设随机变量 X 和 Y 具有联合概率密度（见图 3.4）.

$$f(x,y)=\begin{cases}6, x^2\leqslant y\leqslant x,\\0, 其他.\end{cases}$$

求边缘概率密度 $f_X(x)$，$f_Y(y)$.

解

$$f_X(x)=\int_{-\infty}^{+\infty}f(x,y)\mathrm{d}y=\begin{cases}\int_{x^2}^{x}6\mathrm{d}y=6(x-x^2), 0\leqslant x\leqslant 1,\\0, \quad 其他.\end{cases}$$

$$f_Y(y)=\int_{-\infty}^{+\infty}f(x,y)\mathrm{d}x=\begin{cases}\int_{y}^{\sqrt{y}}6\mathrm{d}x=6(\sqrt{y}-y), 0\leqslant y\leqslant 1,\\0, \quad 其他.\end{cases}$$

【例 3-7】　设二维随机变量（X，Y）的概率密度为

$$f(x,y)=\frac{1}{2\pi\sigma_1\sigma_2\sqrt{1-\rho^2}}\exp\left\{-\frac{1}{2(1-\rho^2)}\left[\frac{(x-\mu_1)^2}{\sigma_1^2}-2\rho\frac{(x-\mu_1)(y-\mu_2)}{\sigma_1\sigma_2}+\frac{(y-\mu_2)^2}{\sigma_2^{\ 2}}\right]\right\},$$

$$-\infty<x<+\infty,\quad -\infty<y<+\infty,$$

其中μ_1，μ_2，σ_1，σ_2，ρ为常数，且$\sigma_1>0$，$\sigma_2>0$，$|\rho|<1$，我们称（X，Y）服从参数为μ_1，μ_2，σ_1，σ_2，ρ的二维正态分布．记为$(X,Y)\sim N(\mu_1,\mu_2,\sigma_1^2,\sigma_2^2,\rho)$．试求二维正态随机变量的边缘概率密度.

解 $$f_X(x)=\int_{-\infty}^{+\infty}f(x,y)\mathrm{d}y，由于$$

$$\frac{(y-\mu_2)^2}{\sigma_2{}^2}-2\rho\frac{(x-\mu_1)(y-\mu_2)}{\sigma_1\sigma_2}=\left(\frac{y-\mu_2}{\sigma_2}-\rho\frac{x-\mu_1}{\sigma_1}\right)^2-\rho^2\frac{(x-\mu_1)^2}{\sigma_1^2}.$$

于是

$$f_X(x)=\frac{1}{2\pi\sigma_1\sigma_2\sqrt{1-\rho^2}}\mathrm{e}^{-\frac{(x-\mu_1)^2}{2\sigma_1{}^2}}\int_{-\infty}^{+\infty}\mathrm{e}^{-\frac{1}{2(1-\rho^2)}\left(\frac{y-\mu_2}{\sigma_2}-\rho\frac{x-\mu_1}{\sigma_1}\right)^2}\mathrm{d}y.$$

令

$$t=\frac{1}{\sqrt{1-\rho^2}}\left(\frac{y-\mu_2}{\sigma_2}-\rho\frac{x-\mu_1}{\sigma_1}\right),$$

则有

$$f_X(x)=\frac{1}{2\pi\sigma_1}\mathrm{e}^{-\frac{(x-\mu_1)^2}{2\sigma_1{}^2}}\int_{-\infty}^{+\infty}\mathrm{e}^{-\frac{t^2}{2}}\mathrm{d}t,$$

即 $$f_X(x)=\frac{1}{\sqrt{2\pi}\sigma_1}\mathrm{e}^{-\frac{(x-\mu_1)^2}{2\sigma_1^2}},\ -\infty<x<+\infty.$$

同理

$$f_Y(y)=\frac{1}{\sqrt{2\pi}\sigma_2}\mathrm{e}^{-\frac{(y-\mu_2)^2}{2\sigma_2{}^2}},\ -\infty<y<+\infty.$$

我们看到二维正态分布的两个边缘分布都是一维正态分布，并且都不依赖于参数ρ，亦即对于给定的μ_1，μ_2，σ_1，σ_2，不同的ρ对应不同的二维正态分布，它们的边缘分布却都是一样的．这一事实表明，单由关于X和关于Y的边缘分布，一般来说是不能确定随机变量X和Y的联合分布的.

第三节　条件分布

由条件概率的定义，我们可以定义多维随机变量的条件分布．下面分别讨论二维离散型和二维连续型随机变量的条件分布.

一、二维离散型随机变量的条件分布律

定义3.5　设（X，Y）是二维离散型随机变量，其分布律为$P\{X=x_i,Y=y_j\}=p_{ij}$，i，$j=1,2,\cdots$．对于固定的j，若$P\{Y=y_j\}>0$，则称

$$P\{X=x_i|Y=y_j\}=\frac{P\{X=x_i,Y=y_j\}}{P\{Y=y_j\}},\quad i=1,2,\cdots \tag{3-13}$$

为在$Y=y_j$条件下随机变量X的条件分布律.

同样，对于固定的i，若$P\{X=x_i\}>0$，则称

$$P\{Y=y_j \mid X=x_i\}=\frac{P\{X=x_i,Y=y_j\}}{P\{X=x_i\}},\quad j=1,2,\cdots \tag{3-14}$$

为在 $X=x_i$ 条件下随机变量 Y 的条件分布律.

【例 3-8】 设随机变量（X，Y）的分布律如表 3.6 所示．试求在条件 $X=2$ 下 Y 的条件分布律．

表 3.6

X \ Y	1	2	3	4
1	0.1	0	0.1	0
2	0.3	0	0.1	0.2
3	0	0.2	0	0

解 首先求出边缘分布律，如表 3.7 所示.

表 3.7

X \ Y	1	2	3	4	$P\{X=x_i\}$
1	0.1	0	0.1	0	0.2
2	0.3	0	0.1	0.2	0.6
3	0	0.2	0	0	0.2
$P\{Y=y_j\}$	0.4	0.2	0.2	0.2	1

$$P\{Y=1 \mid X=2\}=\frac{0.3}{0.6}=\frac{1}{2},$$

$$P\{Y=2 \mid X=2\}=\frac{0}{0.6}=0,$$

$$P\{Y=3 \mid X=2\}=\frac{0.1}{0.6}=\frac{1}{6},$$

$$P\{Y=4 \mid X=2\}=\frac{0.2}{0.6}=\frac{1}{3}.$$

即在 $X=2$ 的条件下，Y 的条件分布律如表 3.8 所示.

表 3.8

Y	1	2	3	4
$P\{Y \mid X=2\}$	$\frac{1}{2}$	0	$\frac{1}{6}$	$\frac{1}{3}$

【例 3-9】 一射手进行射击，击中目标的概率为 p（$0<p<1$），射击直到击中目标两次为止. 设以 X 表示首次击中目标所进行的射击次数，以 Y 表示总共进行的射击次数，试求 X 和 Y 的联合分布律及条件分布律.

解 按题意，$Y=n$ 就表示在第 n 次射击时击中目标，且在第 1 次，第 2 次，…，第 $n-1$ 次射击中恰有一次击中目标．已知各次射击是相互独立的，于是不管 $m(1\leqslant m<n)$ 是多少，概率 $P\{X=m,\ Y=n\}$ 都应等于 p^2q^{n-2}（其中 $q=1-p$）．即得 X 和 Y 的联合分布律为

$$P\{X=m,Y=n\}=p^2q^{n-2},n=2,3,\cdots;m=1,2,\cdots,n-1.$$

又
$$P\{X=m\}=\sum_{n=m+1}^{+\infty}P\{X=m,Y=n\}=\sum_{n=m+1}^{+\infty}p^2q^{n-2}$$

$$=p^2\sum_{n=m+1}^{+\infty}q^{n-2}=\frac{p^2q^{m-1}}{1-q}=pq^{m-1},m=1,2,\cdots.$$

$$P\{Y=n\}=\sum_{m=1}^{n-1}P\{X=m,Y=n\}=\sum_{m=1}^{n-1}p^2q^{n-2}=(n-1)p^2q^{n-2},n=2,3,\cdots.$$

于是得到所求的条件分布律为

当 $n=2,\ 3,\ \cdots$时，$P\{X=m|Y=n\}=\dfrac{p^2q^{n-2}}{(n-1)p^2q^{n-2}}=\dfrac{1}{n-1},m=1,2,\cdots,n-1;$

当 $m=1,\ 2,\ \cdots$时，$P\{Y=n|X=m\}=\dfrac{p^2q^{n-2}}{pq^{m-1}}=pq^{n-m-1},n=m+1,m+2,\cdots.$

例如
$$P\{X=m|Y=3\}=\frac{1}{2},m=1,2;$$

$$P\{Y=n|X=3\}=pq^{n-4},n=4,5,\cdots.$$

二、二维连续型随机变量的条件分布

对于连续型随机变量（$X,\ Y$），因为对任意的 $y,P\{Y=y\}=0$，所以不能直接由定义 3.5 来定义当事件 $P\{Y=y\}$ 发生的条件下 X 的条件分布，但对任意的 $\varepsilon>0$，如果 $P\{y-\varepsilon<Y\leqslant y+\varepsilon\}>0$，则可以考虑

$$P\{X\leqslant x|y-\varepsilon<Y\leqslant y+\varepsilon\}=\frac{P\{X\leqslant x,y-\varepsilon<Y\leqslant y+\varepsilon\}}{P\{y-\varepsilon<Y\leqslant y+\varepsilon\}}.$$

如果上述条件概率当 $\varepsilon\to0^+$时的极限存在，则可以将此极限值定义为在 $Y=y$ 条件下，X 的条件分布．

定义 3.6 设对于任何固定的正数 ε，$P\{y-\varepsilon<Y\leqslant y+\varepsilon\}>0$，若

$$\lim_{\varepsilon\to0^+}P\{X\leqslant x|y-\varepsilon<Y\leqslant y+\varepsilon\}=\lim_{\varepsilon\to0^+}\frac{P\{X\leqslant x,y-\varepsilon<Y\leqslant y+\varepsilon\}}{P\{y-\varepsilon<Y\leqslant y+\varepsilon\}}$$

存在，则称此极限为在 $Y=y$ 的条件下 X 的条件分布函数，记作 $P\{X\leqslant x|Y=y\}$ 或 $F_{X|Y}(x|y)$.

设二维连续型随机变量（$X,\ Y$）的分布函数为 $F(x,\ y)$，概率密度为 $f(x,\ y)$，且 $f(x,\ y)$ 和边缘概率密度 $f_Y(y)$ 连续，$f_Y(y)>0$，则不难验证，在 $Y=y$ 的条件下 X 的条件分布函数为

$$F_{X|Y}(x|y)=\int_{-\infty}^{x}\frac{f(u,y)}{f_Y(y)}\mathrm{d}u.$$

若记$f_{X|Y}(x|y)$为在$Y=y$的条件下X的条件概率密度函数，则

$$f_{X|Y}(x|y)=\frac{f(x,y)}{f_Y(y)}.$$

类似地，若边缘分布密度$f_X(x)$连续，$f_X(x)>0$，则在$X=x$的条件下Y的条件分布函数为

$$F_{Y|X}(y|x)=\int_{-\infty}^{y}\frac{f(x,v)}{f_X(x)}\mathrm{d}v.$$

若记$f_{Y|X}(y|x)$为在$X=x$的条件下Y的条件概率密度函数，则

$$f_{Y|X}(y|x)=\frac{f(x,y)}{f_X(x)}.$$

【例3-10】 设G为平面上的有界区域，其面积为A. 若二维随机变量(X, Y)具有概率密度

$$f(x,y)=\begin{cases}\frac{1}{A}, & (x,y)\in G,\\ 0, & (x,y)\notin G,\end{cases}$$

则称随机变量(X, Y)在区域G上服从均匀分布. 现设二维随机变量(X, Y)在圆域$x^2+y^2\leqslant 1$上服从均匀分布，求条件概率密度$f_{X|Y}(x|y)$.

解 由假设随机变量(X, Y)具有概率密度

$$f(x, y)=\begin{cases}\frac{1}{\pi}, & x^2+y^2\leqslant 1,\\ 0, & \text{其他}.\end{cases}$$

且有边缘概率密度

$$f_Y(y)=\int_{-\infty}^{+\infty}f(x,y)\mathrm{d}x=\frac{1}{\pi}\int_{-\sqrt{1-y^2}}^{\sqrt{1-y^2}}\mathrm{d}x=\begin{cases}\frac{2}{\pi}\sqrt{1-y^2}, & -1\leqslant y\leqslant 1,\\ 0, & \text{其他}.\end{cases}$$

于是当$-1<y<1$时有

$$f_{X|Y}(x|y)=\begin{cases}\frac{1/\pi}{(2/\pi)\sqrt{1-y^2}}=\frac{1}{2\sqrt{1-y^2}}, & -\sqrt{1-y^2}\leqslant x\leqslant\sqrt{1-y^2},\\ 0, & \text{其他}.\end{cases}$$

当$y=0$和$y=\frac{1}{2}$时，$f_{X|Y}(x|y)$的图形分别如图3.5与图3.6所示.

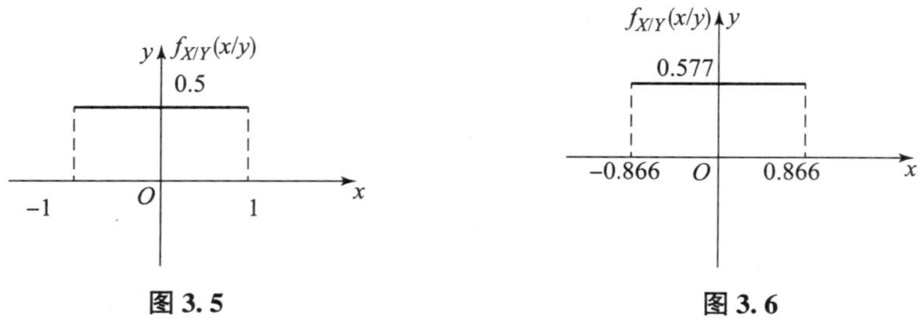

图3.5　　图3.6

【例3-11】 设数X在区间$(0, 1)$内随机地取值，当观察到$X=x(0<x<1)$时，数

Y 在区间 $(x, 1)$ 内随机地取值，求 Y 的概率密度 $f_Y(y)$.

解 按题意 X 具有概率密度

$$f_X(x)=\begin{cases}1, & 0<x<1,\\ 0, & \text{其他}.\end{cases}$$

对于任意给定的值 $x(0<x<1)$，在 $X=x$ 的条件下，Y 的条件概率密度为

$$f_{Y|X}(y|x)=\begin{cases}\dfrac{1}{1-x}, & x<y<1,\\ 0, & \text{其他}.\end{cases}$$

所以 X 和 Y 的联合概率密度为

$$f(x,y)=f_{Y|X}(y|x)f_X(x)=\begin{cases}\dfrac{1}{1-x}, & 0<x<y<1,\\ 0, & \text{其他}.\end{cases}$$

于是得到关于 Y 的边缘概率密度为

$$f_Y(y)=\int_{-\infty}^{+\infty}f(x,y)\mathrm{d}x=\begin{cases}\displaystyle\int_0^y\frac{1}{1-x}\mathrm{d}x=-\ln(1-y), & 0<y<1,\\ 0, & \text{其他}.\end{cases}$$

第四节 随机变量的独立性

我们在前面已经知道，随机事件的独立性在概率的计算中起着很大的作用．下面我们介绍随机变量的独立性，它在概率论和数理统计的研究中占有十分重要的地位．

一、两个随机变量的独立性

定义 3.7 设 $F(x, y)$ 及 $F_X(x)$，$F_Y(y)$ 分别是二维随机变量 (X, Y) 的分布函数和边缘分布函数．若对任意实数 x 和 y，有

$$P\{X\leqslant x,Y\leqslant y\}=P\{X\leqslant x\}P\{Y\leqslant y\},$$

即

$$F(x,y)=F_X(x)\cdot F_Y(y), \tag{3-15}$$

则称随机变量 X 与 Y 是相互独立的.

对于二维连续型随机变量 (X, Y)，设 $f(x, y)$，$f_X(x)$，$f_Y(y)$ 分别为 (X, Y) 的概率密度和边缘概率密度，若等式

$$f(x,y)=f_X(x)\cdot f_Y(y), \tag{3-16}$$

在平面上几乎处处成立，则随机变量 X 与 Y 是相互独立的.

对于二维离散型随机变量，上述独立性条件等价于对于 (X, Y) 的任何可能取的值 (x_i, y_j)，$i, j=1, 2, \cdots$，有

$$P\{X=x_i,Y=y_j\}=P\{X=x_i\}P\{Y=y_j\}.$$

例如例 3－3 中的随机变量 X 和 Y，由于

$$f_X(x)=\begin{cases}2\mathrm{e}^{-2x}, & x>0,\\ 0, & \text{其他}.\end{cases}\qquad f_Y(y)=\begin{cases}\mathrm{e}^{-y}, & y>0,\\ 0, & \text{其他}.\end{cases}$$

故有$f(x,y)=f_X(x)\cdot f_Y(y)$，因而$X$和$Y$是相互独立的.

【例 3-12】　已知X，Y具有联合分布律，如表3.9所示．判断X和Y是否相互独立.

表 3.9

X \ Y	1	2	$P\{X=x_i\}$
0	$\frac{1}{6}$	$\frac{1}{6}$	$\frac{1}{3}$
1	$\frac{2}{6}$	$\frac{2}{6}$	$\frac{2}{3}$
$P\{Y=y_j\}$	$\frac{1}{2}$	$\frac{1}{2}$	1

解

$$P\{X=0,Y=1\}=\frac{1}{6}=P\{X=0\}P\{Y=1\},$$

$$P\{X=0,Y=2\}=\frac{1}{6}=P\{X=0\}P\{Y=2\},$$

$$P\{X=1,Y=1\}=\frac{2}{6}=P\{X=1\}P\{Y=1\},$$

$$P\{X=1,Y=2\}=\frac{2}{6}=P\{X=1\}P\{Y=2\},$$

因而X和Y是相互独立的.

【例 3-13】　设$(X,Y)\sim N(\mu_1,\mu_2,\sigma_1^2,\sigma_2^2,\rho)$，证明$X$，$Y$相互独立的充要条件是$\rho=0$.

证　(X,Y)的概率密度和边缘概率密度分别为

$$f(x,y)=\frac{1}{2\pi\sigma_1\sigma_2\sqrt{1-\rho^2}}\exp\left\{-\frac{1}{2(1-\rho^2)}\left[\frac{(x-\mu_1)^2}{\sigma_1^2}-\frac{2\rho(x-\mu_1)(y-\mu_2)}{\sigma_1\sigma_2}+\frac{(y-\mu_2)^2}{\sigma_2^2}\right]\right\},$$

$$f_X(x)=\frac{1}{\sqrt{2\pi}\sigma_1}e^{-\frac{(x-\mu_1)^2}{2\sigma_1^2}},\qquad f_Y(y)=\frac{1}{\sqrt{2\pi}\sigma_2}e^{-\frac{(y-\mu_2)^2}{2\sigma_2^2}},$$

则

$$f_X(x)\cdot f_Y(y)=\frac{1}{2\pi\sigma_1\sigma_2}\exp\left[-\frac{(x-\mu_1)^2}{2\sigma_1^2}-\frac{(y-\mu_2)^2}{2\sigma_2^2}\right].$$

因此$\rho=0$时，对所有的x，y有$f(x,y)=f_X(x)\cdot f_Y(y)$成立，即$X$，$Y$相互独立.

反之，若X，Y相互独立，则有

$$f(x,y)=f_X(x)\cdot f_Y(y),\text{对}(x,y)\in\mathbf{R}^2\text{成立}.$$

令$x=\mu_1$，$y=\mu_2$，则可得到

$$\frac{1}{2\pi\sigma_1\sigma_2\sqrt{1-\rho^2}}=\frac{1}{2\pi\sigma_1\sigma_2}\Rightarrow\rho^2=0\text{，即}\rho=0.$$

【例 3-14】　设$(X,Y)\sim f(x,y)=\begin{cases}Cy(1-x), & 0\leqslant x\leqslant 1,0\leqslant y\leqslant x,\\ 0, & \text{其他}.\end{cases}$

（1）求 C 的值；

（2）求关于 X，Y 的边缘概率密度；

（3）判断 X，Y 的独立性.

解　（1）由 $\int_{-\infty}^{+\infty}\int_{-\infty}^{+\infty} f(x,y)\mathrm{d}x\mathrm{d}y = 1$，可得

$$\int_{-\infty}^{+\infty}\int_{-\infty}^{+\infty} f(x,y)\mathrm{d}x\mathrm{d}y = \int_0^1 \mathrm{d}x\int_0^x Cy(1-x)\mathrm{d}y$$

$$= \int_0^1 C(1-x)\frac{x^2}{2}\mathrm{d}x = \frac{C}{24} = 1,$$

则 $C=24$.

故
$$f(x,y)=\begin{cases}24y(1-x), & 0\leqslant x\leqslant 1,0\leqslant y\leqslant x,\\ 0, & \text{其他}.\end{cases}$$

（2）$0\leqslant x\leqslant 1$ 时，

$$f_X(x)=\int_{-\infty}^{+\infty} f(x,y)\mathrm{d}y=\int_0^x 24y(1-x)\mathrm{d}y = 12x^2(1-x);$$

当 $x<0$，或 $x>1$ 时，

$$f_X(x)=\int_{-\infty}^{+\infty} f(x,y)\mathrm{d}y=0.$$

于是（X，Y）关于 X 的边缘概率密度为

$$f_X(x) = \begin{cases}12x^2(1-x), & 0\leqslant x\leqslant 1,\\ 0, & \text{其他}.\end{cases}$$

当 $0\leqslant y\leqslant 1$ 时，

$$f_Y(y) = \int_{-\infty}^{+\infty} f(x,y)\mathrm{d}x=\int_y^1 24y(1-x)\mathrm{d}x=12y(1-y)^2;$$

当 $y<0$，或 $y>1$ 时，

$$f_Y(y)=\int_{-\infty}^{+\infty} f(x,y)\mathrm{d}x=0.$$

因而有

$$f_Y(y)=\begin{cases}12y(1-y)^2, & 0\leqslant y\leqslant 1,\\ 0, & \text{其他}.\end{cases}$$

（3）由于
$$f(x,y)\neq f_X(x)\cdot f_Y(y),$$
故（X，Y）不独立.

二、多维随机变量的独立性

将二维随机变量的概念推广到 n 维随机变量的情形.

n 维随机变量（X_1，X_2，…，X_n）的分布函数定义为

$$F(x_1,x_2,\cdots,x_n)=P\{X_1\leqslant x_1,X_2\leqslant x_2,\cdots,X_n\leqslant x_n\},$$

其中，x_1，x_2，…，x_n 为任意实数.

若 n 维随机变量（X_1，X_2，…，X_n）的分布函数 $F(x_1, x_2, \cdots, x_n)$ 已知，则（X_1，X_2，…，X_n）的 k（$1\leqslant k<n$）维边缘分布函数随之而定，如（X_1，X_2，…，X_n）关于 X_1、

关于（X_1，X_2）的边缘分布函数就分别为

$$F_{X_1}(x_1)=F(x_1,+\infty,\cdots,+\infty),$$

$$F_{X_1,X_2}(x_1,x_2)=F(x_1,x_2,+\infty,\cdots,+\infty).$$

若对任意的实数 x_1，x_2，…，x_n，有 $F(x_1,x_2,\cdots,x_n)=F_{X_1}(x_1)\cdot F_{X_2}(x_2)\cdot\cdots\cdot F_{X_n}(x_n)$，则称 X_1，X_2，…，X_n 是相互独立的.

进一步，若对任意的实数 x_1，x_2，…，x_m，y_1，y_2，…，y_n 有

$$F(x_1,x_2,\cdots,x_m,y_1,y_2,\cdots,y_n)=F_1(x_1,x_2,\cdots,x_m)F_2(y_1,y_2,\cdots,y_n),$$

其中，F_1，F_2，F 依次为（X_1，X_2，…，X_m），（Y_1，Y_2，…，Y_n），（X_1，X_2，…，X_m，Y_1，Y_2，…，Y_n）的分布函数，则称随机变量（X_1，X_2，…，X_m）和（Y_1，Y_2，…，Y_n）是相互独立的.

第五节　两个随机变量函数的分布

下面讨论两个随机变量函数的分布问题，就是已知二维随机变量（X，Y）的分布律或概率密度，求 $Z=g(X,Y)$ 的分布律或概率密度问题.

一、二维离散型随机变量函数的分布律

设（X，Y）为二维离散型随机变量，则函数 $Z=g(X,Y)$ 仍然是离散型随机变量，从下面两例可知，离散型随机变量函数的分布律是不难获得的.

【例 3-15】　设（X，Y）的分布律如表 3.10 所示，求 $Z=X+Y$ 和 $Z=XY$ 的分布律.

表 3.10

X \ Y	-1	1	2
-1	$\frac{5}{20}$	$\frac{2}{20}$	$\frac{6}{20}$
2	$\frac{3}{20}$	$\frac{3}{20}$	$\frac{1}{20}$

解　先列出表 3.11.

表 3.11

P	$\frac{5}{20}$	$\frac{2}{20}$	$\frac{6}{20}$	$\frac{3}{20}$	$\frac{3}{20}$	$\frac{1}{20}$
(X,Y)	$(-1,-1)$	$(-1,1)$	$(-1,2)$	$(2,-1)$	$(2,1)$	$(2,2)$
$X+Y$	-2	0	1	1	3	4
XY	1	-1	-2	-2	2	4

从表 3.11 中看出，$Z=X+Y$ 可能取值为 -2，0，1，3，4，且

$$P\{Z=-2\}=P\{X+Y=-2\}=P\{X=-1,Y=-1\}=\frac{5}{20},$$

$$P\{Z=0\}=P\{X+Y=0\}=P\{X=-1,Y=1\}=\frac{2}{20},$$

$$\begin{aligned}P\{Z=1\}&=P\{X+Y=1\}\\&=P\{X=-1,Y=2\}+P\{X=2,Y=-1\}\\&=\frac{6}{20}+\frac{3}{20}=\frac{9}{20},\end{aligned}$$

$$P\{Z=3\}=P\{X+Y=3\}=P\{X=2,Y=1\}=\frac{3}{20},$$

$$P\{Z=4\}=P\{X+Y=4\}=P\{X=2,Y=2\}=\frac{1}{20}.$$

于是 $Z=X+Y$ 的分布律如表 3.12 所示.

表 3.12

$X+Y$	-2	0	1	3	4
P	$\frac{5}{20}$	$\frac{2}{20}$	$\frac{9}{20}$	$\frac{3}{20}$	$\frac{1}{20}$

同理可得，$Z=XY$ 的分布律如表 3.13 所示.

表 3.13

XY	-2	-1	1	2	4
P	$\frac{9}{20}$	$\frac{2}{20}$	$\frac{5}{20}$	$\frac{3}{20}$	$\frac{1}{20}$

【例 3－16】 设 X，Y 相互独立，且分别服从参数为 λ_1 与 λ_2 的泊松分布，求证 $Z=X+Y$服从参数为 $\lambda_1+\lambda_2$ 的泊松分布.

证 Z 的可能取值为 0，1，2，…，Z 的分布律为

$$\begin{aligned}P\{Z=k\}&=P\{X+Y=k\}=\sum_{i=0}^{k}P\{X=i\}P\{Y=k-i\}\\&=\sum_{i=0}^{k}\frac{\lambda_1^i\lambda_2^{k-i}}{i!(k-i)!}\mathrm{e}^{-\lambda_1}\mathrm{e}^{-\lambda_2}\\&=\frac{1}{k!}\mathrm{e}^{-(\lambda_1+\lambda_2)}(\lambda_1+\lambda_2)^k,k=0,1,2,\cdots.\end{aligned}$$

故 Z 服从参数为 $\lambda_1+\lambda_2$ 的泊松分布.

二、二维连续型随机变量函数的分布

设 (X,Y) 为二维连续型随机变量，若其函数 $Z=g(X,Y)$ 仍然是连续型随机变量，则存在概率密度 $f_Z(z)$. 求概率密度 $f_Z(z)$ 的一般方法如下：

首先求出 $Z=g(X,Y)$ 的分布函数

$$\begin{aligned}F_Z(z)&=P\{Z\leqslant z\}=P\{g(X,Y)\leqslant z\}\\&=P\{(X,Y)\in G\}=\iint_G f(u,v)\mathrm{d}u\mathrm{d}v,\end{aligned}$$

其中，$f(x, y)$ 是概率密度，$G=\{(x,y)\mid g(x,y)\leqslant z\}$.

再利用分布函数与概率密度的关系，对分布函数求导，就可得到概率密度$f_Z(z)$.

下面讨论几个具体的随机变量函数的分布.

1. $Z=X+Y$ 的分布

设 (X, Y) 的概率密度为$f(x, y)$，则 $Z=X+Y$（见图 3.7）的分布函数为

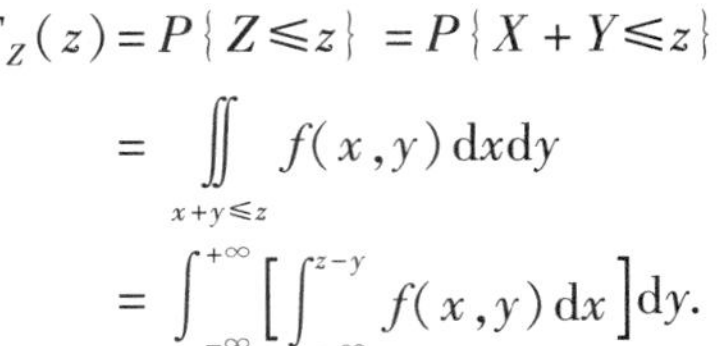

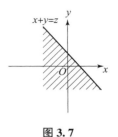

$$F_Z(z)=P\{Z\leqslant z\}=P\{X+Y\leqslant z\}=\iint\limits_{x+y\leqslant z} f(x,y)\,\mathrm{d}x\mathrm{d}y=\int_{-\infty}^{+\infty}\left[\int_{-\infty}^{z-y} f(x,y)\,\mathrm{d}x\right]\mathrm{d}y.$$

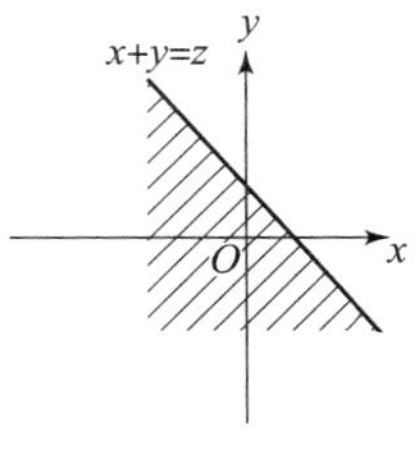

图 3.7

对固定的 z 和 y，先做变换 $x=u-y$.

由连续型随机变量概率密度函数的定义可得

$$F_Z(z)=\int_{-\infty}^{+\infty}\left[\int_{-\infty}^{z} f(u-y,y)\,\mathrm{d}u\right]\mathrm{d}y=\int_{-\infty}^{z}\left[\int_{-\infty}^{+\infty} f(u-y,y)\,\mathrm{d}y\right]\mathrm{d}u.$$

由概率密度的定义，即得 Z 的概率密度为

$$f_Z(z)=\int_{-\infty}^{+\infty} f(z-y,y)\,\mathrm{d}y. \tag{3-17}$$

由 X, Y 的对称性，$f_Z(z)$ 又可以写成

$$f_Z(z)=\int_{-\infty}^{+\infty} f(x,z-x)\,\mathrm{d}x. \tag{3-18}$$

特别地，当 X 与 Y 相互独立时，设 (X, Y) 关于 X, Y 的边缘概率密度分别为$f_X(x)$，$f_Y(y)$，则式（3－17）、式（3－18）分别化为

$$f_Z(z)=\int_{-\infty}^{+\infty} f_X(z-y)\cdot f_Y(y)\,\mathrm{d}y; \tag{3-19}$$

$$f_Z(z)=\int_{-\infty}^{+\infty} f_X(x)\cdot f_Y(z-x)\,\mathrm{d}x. \tag{3-20}$$

这两个公式称为卷积公式，记为$f_X * f_Y$，即

$$f_X * f_Y=\int_{-\infty}^{+\infty} f_X(z-y)\cdot f_Y(y)\,\mathrm{d}y=\int_{-\infty}^{+\infty} f_X(x)\cdot f_Y(z-x)\,\mathrm{d}x.$$

【例 3－17】 设 X 和 Y 是两个相互独立的随机变量，它们都服从 $N(0, 1)$ 分布，其概率密度为

$$f_X(x)=\frac{1}{\sqrt{2\pi}}\mathrm{e}^{-x^2/2},\ -\infty<x<+\infty,$$

$$f_Y(y)=\frac{1}{\sqrt{2\pi}}\mathrm{e}^{-y^2/2},\ -\infty<y<+\infty,$$

求 $Z=X+Y$ 的分布密度.

解 由卷积公式知，

$$f_Z(z)=\int_{-\infty}^{+\infty} f_X(x)\cdot f_Y(z-x)\,\mathrm{d}x$$

$$= \frac{1}{2\pi}\int_{-\infty}^{+\infty} e^{-\frac{x^2}{2}} \cdot e^{-\frac{(z-x)^2}{2}}dx = \frac{1}{2\pi}e^{-\frac{z^2}{4}}\int_{-\infty}^{+\infty} e^{-\left(x-\frac{z}{2}\right)^2}dx.$$

令 $t = x - \frac{z}{2}$，得

$$f_Z(z) = \frac{1}{2\pi}e^{-\frac{z^2}{4}}\int_{-\infty}^{+\infty} e^{-t^2}dt = \frac{1}{2\pi}e^{-\frac{z^2}{4}}\sqrt{\pi} = \frac{1}{2\sqrt{\pi}}e^{-\frac{z^2}{4}}.$$

即 Z 服从 $N(0, 2)$ 分布.

一般，设 X，Y 相互独立，且 $X \sim N(\mu_1, \sigma_1^2)$，$Y \sim N(\mu_2, \sigma_2^2)$，则

$$Z = X + Y \sim N\left(\mu_1 + \mu_2, \sigma_1^2 + \sigma_2^2\right).$$

这个结论还能推广到 n 个独立的正态随机变量之和的情况，即若 $X_i \sim N(\mu_i, \sigma_i^2)$ $(i = 1, 2, \cdots, n)$，且它们相互独立，则有

$$Z = X_1 + X_2 + \cdots + X_n \sim N\left(\sum_{i=1}^{n}\mu_i, \sum_{i=1}^{n}\sigma_i^2\right).$$

更一般地，可以证明有限个相互独立的正态随机变量的线性组合仍然服从正态分布.

【例 3-18】 设 X 和 Y 是两个相互独立的随机变量，其概率密度分别为

$$f_X(x) = \begin{cases} 1, 0 \leqslant x \leqslant 1, \\ 0, \text{其他}; \end{cases} \quad f_Y(y) = \begin{cases} e^{-y}, y > 0, \\ 0, \text{其他}. \end{cases}$$

求随机变量 $Z = X + Y$ 的概率密度.

解 因为 X 与 Y 相互独立，所以由卷积公式知

$$f_Z(z) = \int_{-\infty}^{+\infty} f_X(x)f_Y(z-x)dx.$$

由题设可知，$f_X(x)f_Y(y)$ 只有当 $0 \leqslant x \leqslant 1$，$y > 0$，即当 $0 \leqslant x \leqslant 1$ 且 $z - x > 0$ 时才不等于零. 现在所求的积分变量为 x，z 当作参数，当积分变量满足 x 的不等式组 $\begin{cases} 0 \leqslant x \leqslant 1, \\ x < z \end{cases}$ 时，被积函数 $f_X(x)f_Y(z-x) \neq 0$. 下面针对参数 z 的不同取值范围来计算积分.

当 $z < 0$ 时，上述不等式组无解，故 $f_X(x)f_Y(z-x) = 0$. 当 $0 \leqslant z \leqslant 1$ 时，不等式组的解为 $0 \leqslant x \leqslant z$. 当 $z > 1$ 时，不等式组的解为 $0 \leqslant x \leqslant 1$. 所以

$$f_Z(z) = \begin{cases} \int_0^z e^{-(z-x)}dx = 1 - e^{-z} & 0 \leqslant z \leqslant 1, \\ \int_0^1 e^{-(z-x)}dx = e^{-z}(e-1), & z > 1, \\ 0, & z < 0. \end{cases}$$

2. $M = \max\{X, Y\}$，$N = \min\{X, Y\}$ 的分布

设 X，Y 是两个相互独立的随机变量，它们的分布函数分别为 $F_X(x)$，$F_Y(y)$，现在来求 $M = \max\{X, Y\}$，$N = \min\{X, Y\}$ 的分布函数 $F_M(z)$，$F_N(z)$.

由于 $M = \max\{X, Y\}$ 不大于 z 等价于 X 和 Y 都不大于 z，故 $P\{M \leqslant z\} = P\{X \leqslant z, Y \leqslant z\}$，

又由于 X 和 Y 相互独立，得

$$F_M(z)=P\{M\leqslant z\}=P\{X\leqslant z,Y\leqslant z\}=P\{X\leqslant z\}\cdot P\{Y\leqslant z\}$$
$$=F_X(z)\cdot F_Y(z). \tag{3-21}$$

类似地，可以得到 $N=\min\{X,Y\}$ 的分布函数为

$$F_N(z)=P\{N\leqslant z\}=1-P\{N>z\}=1-P\{X>z,Y>z\}$$
$$=1-P\{X>z\}\cdot P\{Y>z\}$$
$$=1-[1-F_X(z)][1-F_Y(z)]. \tag{3-22}$$

更一般地，设 X_1，X_2，…，X_n 是 n 个相互独立的随机变量，它们的分布函数分别是 $F_{X_i}(x_i),i=1,2,\cdots,n$，则 $M=\max\{X_1,X_2,\cdots,X_n\}$ 及 $N=\min\{X_1,X_2,\cdots,X_n\}$ 的分布函数分别为

$$F_M(z)=F_{X_1}(z)F_{X_2}(z)\cdots F_{X_n}(z),$$
$$F_N(z)=1-[1-F_{X_1}(z)][1-F_{X_2}(z)]\cdots[1-F_{X_n}(z)].$$

特别地，若 X_1，X_2，…，X_n 相互独立且有相同的分布函数 $F(x)$，则有

$$F_M(z)=[F(z)]^n,$$
$$F_N(z)=1-[1-F(z)]^n.$$

【例 3-19】 设 X，Y 相互独立，且都服从参数为 1 的指数分布，求 $Z=\max\{X,Y\}$ 的概率密度.

解　设 X，Y 的分布函数为 $F(x)$，则

$$F(x)=\begin{cases}1-e^{-x}, & x>0,\\ 0, & x\leqslant 0.\end{cases}$$

由于 Z 的分布函数为

$$F_Z(z)=P\{Z\leqslant z\}=[F(z)]^2=\begin{cases}(1-e^{-z})^2, & z>0,\\ 0, & z\leqslant 0.\end{cases}$$

因此 Z 的概率密度为

$$f_Z(z)=F'_Z(z)=2F(z)F'(z)=\begin{cases}2e^{-z}(1-e^{-z}), & z>0,\\ 0, & z\leqslant 0.\end{cases}$$

小　结

将一维随机变量的概念加以扩充，就得到多维随机变量. 我们着重讨论了二维随机变量. 和一维随机变量一样，我们定义二维随机变量 (X,Y) 的分布函数为

$$F(x,y)=P\{X\leqslant x,Y\leqslant y\},\ -\infty<x,y<+\infty.$$

对于离散型随机变量(X,Y)，定义了分布律

$$P\{X=x_i,Y=y_j\}=p_{ij},i,j=1,2,\cdots.\qquad \left(p_{ij}\geqslant 0,\sum_{i=1}^{+\infty}\sum_{j=1}^{+\infty}p_{ij}=1\right)$$

对于连续型随机变量 (X,Y)，定义了概率密度 $f(x,y)\,[f(x,y)\geqslant 0]$.

$$F(x,y)=\int_{-\infty}^{y}\int_{-\infty}^{x}f(x,y)\,\mathrm{d}x\mathrm{d}y\qquad ,x,y\text{ 为任意值}.$$

二维随机变量的分布律与概率密度的性质与一维的类似. 特别地，对于二维连续型随机变

量，有公式

$$P\{(X,Y)\in G\}=\iint_G f(x,y)\mathrm{d}x\mathrm{d}y,$$

其中，G 是平面上的某区域（它是一维连续型变量的公式 $P\{a<X\leqslant b\}=\int_a^b f(x)\mathrm{d}x$ 的扩充）．这一公式常用来求随机变量落在某个平面区域内的概率，例如

$$P\{Y\leqslant X\}=P\{(X,Y)\in G\}=\iint_G f(x,y)\mathrm{d}x\mathrm{d}y,$$

其中，G 为半平面 $y\leqslant x$.

在研究二维随机变量 $(X,\ Y)$ 时，除了讨论上述与一维随机变量类似的内容外，还要讨论以下的新内容：边缘分布、条件分布、随机变量的独立性等.

注意到，对于 $(X,\ Y)$ 而言，由 $(X,\ Y)$ 的分布可以确定关于 X、关于 Y 的边缘分布；反之，由关于 X 和关于 Y 的边缘分布一般是不能确定 $(X,\ Y)$ 的分布的．只有当 X，Y 相互独立时，由两边缘分布才能确定 $(X,\ Y)$ 的分布.

随机变量的独立性是随机事件独立性的扩充．我们也常利用问题的实际意义去判断两个随机变量的独立性．例如，若 X，Y 分别表示两个工厂生产的显像管的寿命，我们可以认为 X，Y 是相互独立的.

我们还讨论了 $Z=X+Y,M=\max\{X,Y\}$，$N=\min\{X,Y\}$ 的分布的求法［设 $(X,\ Y)$ 的分布已知］，这是很有用的.

本章在进行各种问题的计算时，要用到二重积分或用到二元函数固定其中一个变量对另一个变量的积分，此时千万要搞清楚积分变量的变化范围．题目做错，往往是由于在进行积分运算时，将有关的积分区间或积分区域搞错了．在做题时，画出有关函数的定义域的图形，对于正确确定定积分上下限是有帮助的．另外，所求得的边缘密度、条件密度或 $Z=X+Y$ 的密度等，往往是分段函数，正确写出分段函数的表达式是必需的.

习题三

1．设 $(X,\ Y)$ 的分布律如表 3.14 所示.

表 3.14

X \\ Y	1	2
1	$\frac{1}{6}$	$\frac{1}{3}$
2	$\frac{1}{9}$	a
3	$\frac{1}{18}$	$\frac{1}{9}$

求 a.

2．盒子里装有 3 个黑球、2 个红球、2 个白球，在其中任取 4 个球，以 X 表示取到黑球的个数，以 Y 表示取到红球的个数．求 X 和 Y 的联合分布律.

3. 设二维随机变量（X, Y）的分布函数为 $F(x, y)$，分布律如表 3.15 所示.

表 3.15

X \ Y	1	2	3
1	$\frac{1}{4}$	$\frac{1}{16}$	0
2	0	$\frac{1}{4}$	$\frac{1}{16}$
3	0	0	$\frac{1}{16}$
4	$\frac{1}{16}$	$\frac{1}{4}$	0

试求：

（1）$P\left\{\frac{1}{2}<X<\frac{3}{2},0<Y<4\right\}$；

（2）$P\{1\leqslant X\leqslant 2,3\leqslant Y\leqslant 4\}$；

（3）$F(2,3)$.

4. 设二维随机变量(X,Y)的联合分布函数为

$$F(x,y)=\begin{cases}\sin x\sin y, & 0\leqslant x\leqslant\frac{\pi}{2},0\leqslant y\leqslant\frac{\pi}{2},\\ 0, & \text{其他}.\end{cases}$$

求二维随机变量（X, Y）在长方形域$\left\{0<x\leqslant\frac{\pi}{4},\ \frac{\pi}{6}<y\leqslant\frac{\pi}{3}\right\}$内的概率.

5. 设随机变量（X, Y）的概率密度为

$$f(x,y)=\begin{cases}Ae^{-(3x+4y)}, & x>0,y>0,\\ 0, & \text{其他}.\end{cases}$$

求：

（1）常数 A；

（2）随机变量（X, Y）的分布函数；

（3）$P\{0\leqslant X<1,\ 0\leqslant Y<2\}$.

6. 设 X 和 Y 是两个相互独立的随机变量，X 在（0, 0.2）内服从均匀分布，Y 的概率密度为

$$f_Y(y)=\begin{cases}5e^{-5y}, & y>0,\\ 0, & \text{其他}.\end{cases}$$

求：

（1）X 与 Y 的联合概率密度；

（2）$P\{Y\leqslant X\}$.

7. 设二维随机变量（X, Y）的联合分布函数为

$$F(x,y)=\begin{cases}(1-e^{-4x})(1-e^{-2y}), & x>0,y>0,\\ 0, & \text{其他}.\end{cases}$$

求 (X, Y) 的概率密度.

8. 设二维随机变量 (X, Y) 的概率密度为

$$f(x,y)=\begin{cases}4.8y(2-x), & 0\leqslant x\leqslant 1,0\leqslant y\leqslant x,\\ 0, & \text{其他}.\end{cases}$$

求边缘概率密度.

9. 设二维随机变量 (X, Y) 的概率密度为

$$f(x,y)=\begin{cases}e^{-y}, & 0<x<y,\\ 0, & \text{其他}.\end{cases}$$

求边缘概率密度.

10. 设二维随机变量 (X, Y) 的概率密度为

$$f(x,y)=\begin{cases}cx^2y, & x^2\leqslant y\leqslant 1,\\ 0, & \text{其他}.\end{cases}$$

(1) 试确定常数 c;

(2) 求边缘概率密度.

11. 已知 (X, Y) 的概率密度为

$$f(x,y)=\begin{cases}3x, & 0<x<1,0<y<x,\\ 0, & \text{其他}.\end{cases}$$

求:

(1) 边缘概率密度;

(2) 条件概率密度.

(3) X 与 Y 是否相互独立?

12. 设随机变量 (X, Y) 的概率密度为

$$f(x,y)=\begin{cases}1, & |y|<x,0<x<1,\\ 0, & \text{其他}.\end{cases}$$

求条件概率密度 $f_{Y|X}(y|x)$, $f_{X|Y}(x|y)$.

13. 袋中有五个号码1, 2, 3, 4, 5, 从中任取三个, 记这三个号码中最小的号码为 X, 最大的号码为 Y.

(1) 求 X 与 Y 的联合分布律;

(2) X 与 Y 是否相互独立?

14. 设二维随机变量 (X, Y) 的分布律如表3.16所示.

表3.16

X \ Y	0.4	0.8
2	0.15	0.05
5	0.30	0.12
8	0.35	0.03

(1) 求关于 X 和关于 Y 的边缘分布;

(2) X 与 Y 是否相互独立?

15. 设 X 和 Y 是两个相互独立的随机变量, X 在 (0, 1) 内服从均匀分布, Y 的概率密度为

$$f_Y(y)=\begin{cases}\frac{1}{2}e^{-y/2}, & y>0,\\ 0, & \text{其他}.\end{cases}$$

(1) 求 X 和 Y 的联合概率密度;

(2) 设含有 a 的二次方程为 $a^2+2Xa+Y=0$, 试求 a 有实根的概率.

16. 设某种型号的电子管的寿命近似地服从 $N(160, 20^2)$ 分布. 随机地选取 4 只, 求其中没有一只寿命小于 180 小时的概率.

17. 设 X, Y 是相互独立的随机变量, 它们都服从参数为 n, p 的二项分布. 证明 $Z=X+Y$ 服从参数为 $2n$, p 的二项分布.

18. 设随机变量 (X, Y) 的分布律为如表 3.17 所示.

表 3.17

X \ Y	0	1	2	3
0	0	0.01	0.01	0.01
1	0.01	0.02	0.03	0.02
2	0.03	0.04	0.05	0.04
3	0.05	0.05	0.05	0.06
4	0.07	0.06	0.05	0.06
5	0.09	0.08	0.06	0.05

(1) 求 $P\{X=2\mid Y=2\}$, $P\{Y=3\mid X=0\}$;

(2) 求 $V=\max\{X, Y\}$ 的分布律;

(3) 求 $U=\min\{X, Y\}$ 的分布律;

(4) 求 $W=X+Y$ 的分布律.

19. 雷达的圆形屏幕半径为 R, 设目标出现点 (X, Y) 在屏幕上服从均匀分布.

(1) 求 $P\{Y>0\mid Y>X\}$;

(2) 设 $M=\max\{X, Y\}$, 求 $P\{M>0\}$.

20. 设平面区域 D 由曲线 $y=\dfrac{1}{x}$ 及直线 $y=0$, $x=1$, $x=e^2$ 所围成, 二维随机变量 (X, Y) 在区域 D 上服从均匀分布, 则 (X, Y) 关于 X 的边缘概率密度在 $x=2$ 处的值为多少?

21. 设随机变量 X 和 Y 相互独立, 表 3.18 列出了二维随机变量 (X, Y) 联合分布律及关于 X 和 Y 的边缘分布律中的部分数值. 试将其余数值填入表中的空白处.

表 3.18

X \ Y	y_1	y_2	y_3	$P\{X=x_i\}=p_i$
x_1		$\frac{1}{8}$		
x_2	$\frac{1}{8}$			
$P\{Y=y_j\}=p_j$	$\frac{1}{6}$			1

22. 设某班车起点站上客人数 X 服从参数为 λ（$\lambda>0$）的泊松分布，每位乘客在中途下车的概率为 $p(0<p<1)$，且中途下车与否相互独立，以 Y 表示在中途下车的人数，求：

(1) 在发车时有 n 位乘客的条件下，中途有 m 人下车的概率；

(2) 二维随机变量（X，Y）的概率分布.

23. 设随机变量 X 与 Y 相互独立，且均服从区间（0，3）内的均匀分布，求 $P\{\max\{X,Y\}\leqslant 1\}$.

24. 设随机变量 X 与 Y 独立同分布，且 X 的分布函数为 $F(X)$，求 $Z=\max\{X, Y\}$ 的分布函数.

25. 设随机变量 X 与 Y 相互独立，X 的概率分布为

$$P\{X=i\}=\frac{1}{3},\quad i=-1,\ 0,\ 1.$$

Y 的概率密度为

$$f_Y(y)=\begin{cases}1, 0\leqslant y<1,\\ 0,\ \text{其他}.\end{cases}$$

记 $Z=X+Y$.

(1) 求 $P\left\{Z\leqslant\frac{1}{2}\middle|X=0\right\}$；

(2) 求 Z 的概率密度 $f_Z(z)$.

26. 设（X，Y）的概率密度为

$$f(x,y)=\begin{cases}1, & 0<x<1, 0<y<2(1-x),\\ 0, & \text{其他}.\end{cases}$$

求 $Z=X+Y$ 的概率密度.

27. 设二维随机变量（X，Y）的概率密度为

$$f(x,y)=\begin{cases}2-x-y, & 0<x<1, 0<y<1,\\ 0, & \text{其他}.\end{cases}$$

(1) 求 $P\{X>2Y\}$；

(2) 求 $Z=X+Y$ 的概率密度 $f_Z(z)$.

第四章

随机变量的数字特征

学习目标

(1) 理解随机变量的数字特征（数学期望、方差、协方差、相关系数、矩）的概念，并会运用数字特征的基本性质.

(2) 掌握数学期望、方差、协方差、相关系数的求解方法，掌握常用分布的数字特征，并会求随机变量函数的数学期望.

(3) 理解矩和协方差矩阵的概念.

前面讨论了随机变量及其分布函数，我们知道随机变量的分布函数全面地描述了随机变量的各种特性. 但是在实际问题中，一方面求分布函数并非易事；另一方面，往往不需要去全面考查随机变量的变化情况，只需知道随机变量的某些特征就够了. 例如，在考查一个班级学生的学习成绩时，只要知道这个班级的平均成绩及其分散程度就可以对该班的学习情况做出比较客观的判断. 这样的平均值及表示分散程度的数字虽然不能完整地描述随机变量，但能更突出地描述随机变量在某些方面的重要特征，我们称它们为随机变量的数字特征.

本章将介绍随机变量常用的数字特征——数学期望、方差、协方差、相关系数和矩，它们在理论和实践中具有十分重要的意义.

第一节　数学期望

惠更斯是一位名声和牛顿相当的科学家，他在 1657 年出版的论著《论赌博中的计算》是一本概率论著作，标志着概率论的诞生. 他在这本论著中首先引进“期望”这个术语，提出了 14 条命题，解决了一些当时感兴趣的博弈问题. 下面列举其中的前 3 条命题，来看惠更斯提出的期望的概念.

第一条命题是：如果某人在赌博中以相等的概率获得赌金 a 和 b，则他的期望是$\frac{a+b}{2}$.

第二条命题是：如果某人在赌博中以相等的概率获得赌金 a，b，c，则他的期望是$\frac{a+b+c}{3}$.

第三条命题是：如果某人在赌博中分别以概率 p 和 q（$p\geqslant 0$，$q\geqslant 0$，$p+q=1$）获得赌金 a 和 b，则他的期望是 $pa+qb$.

可见，“期望”是指对事物提前勾画出的一种标准，达到这个标准就是达到了期望值. 接下来我们看一个身边的例子：某班共有学生 30 人，在一次考试中（5 分制），有 12 人的成绩为 3 分，15 人的成绩为 4 分，3 人的成绩为 5 分，则该班级学生的平均成绩为

$$\bar{x}=\frac{3\times 12+4\times 15+5\times 3}{30}=3\times\frac{12}{30}+4\times\frac{15}{30}+5\times\frac{3}{30}=3.7.$$

从计算中可以看到，平均成绩并不是 3，4，5 这三个分数的简单的算术平均：$\frac{3+4+5}{3}=4$，而是以取得这些值的人数与班级总人数的比值（即频率）为权重的加权平均. 若以 x_k 表示得分，f_k 表示得分 x_k 出现的频率，并以概率 p_k 代替频率 f_k，则平均成绩概括为 $\bar{x}=\sum_{k=1}^{3}x_kp_k$. 它是对该班级学生真实学习水平的综合评价，我们称之为该班级学生成绩的期望. 更一般地，下面给出随机变量数学期望的概念.

一、数学期望的定义

定义 4.1 设离散型随机变量 X 的分布律为

$$P\{X=x_k\}=p_k, k=1,2,\cdots.$$

若级数

$$\sum_{k=1}^{+\infty}x_kp_k$$

绝对收敛，则称随机变量 X 的数学期望存在，并称 $\sum_{k=1}^{+\infty}x_kp_k$ 为 X 的数学期望，记为 $E(X)$，即

$$E(X)=\sum_{k=1}^{+\infty}x_kp_k. \tag{4-1}$$

设连续型随机变量 X 的概率密度为 $f(x)$，若积分

$$\int_{-\infty}^{+\infty}xf(x)\mathrm{d}x$$

绝对收敛，则称广义积分 $\int_{-\infty}^{+\infty}xf(x)\mathrm{d}x$ 为随机变量 X 的数学期望，记为 $E(x)$，即

$$E(x)=\int_{-\infty}^{+\infty}xf(x)\mathrm{d}x. \tag{4-2}$$

若把随机变量看作数轴上的随机点，则数学期望可看作随机变量取值的“中心”.

【例 4-1】 甲、乙射手进行射击比赛，以 X_1，X_2 分别表示二人射中的环数. 已知它们的分布律分别如表 4.1（a）、表 4.1（b）所示.

表 4.1（a）

X_1	8	9	10
P	0.3	0.1	0.6

表 4.1（b）

X_2	8	9	10
P	0.2	0.5	0.3

试问：哪名射手的成绩更好些？

解：甲、乙射手命中环数 X_1，X_2 的数学期望分别为

$$E(X_1) = 8 \times 0.3 + 9 \times 0.1 + 10 \times 0.6 = 9.3;$$

$$E(X_2) = 8 \times 0.2 + 9 \times 0.5 + 10 \times 0.3 = 9.1.$$

可见 $E(X_1) > E(X_2)$，即甲的射击技术较乙好些.

【例 4-2】　某商店在年末大甩卖中进行有奖销售，摇奖时从摇箱摇出的球的可能颜色为红、黄、蓝、白、黑五种，其对应的奖金额分别为 10 000 元、1 000 元、100 元、10 元、1 元. 假定摇箱内装有很多球，其中红、黄、蓝、白、黑的比例分别为 0.01%，0.15%，1.34%，10%，88.5%，求每次摇奖摇出的奖金额 X 的数学期望.

解　每次摇奖摇出的奖金额 X 是一个随机变量，易知它的分布律如表 4.2 所示.

表 4.2

X	10 000	1 000	100	10	1
P	0.000 1	0.001 5	0.013 4	0.1	0.885

因此，$E(X) = 10\,000 \times 0.000\,1 + 1\,000 \times 0.001\,5 + 100 \times 0.013\,4 + 10 \times 0.1 + 1 \times 0.885 = 5.725.$

可见，平均起来每次摇奖的奖金额不足 6 元. 这个值对商店做计划预算是很重要的.

【例 4-3】　按规定，某车站每天 8 点至 9 点，9 点至 10 点都有一辆客车到站，但到站的时刻是随机的，且两者到站的时间相互独立. 其分布律如表 4.3 所示.

表 4.3

到站时刻	8：10，9：10	8：30，9：30	8：50，9：50
P	$\frac{1}{6}$	$\frac{3}{6}$	$\frac{2}{6}$

一旅客 8：20 到车站，求他候车时间的数学期望.

解　设旅客候车时间为 X 分钟，易知 X 的分布律如表 4.4 所示.

表 4.4

X	10	30	50	70	90
P	$\frac{3}{6}$	$\frac{2}{6}$	$\frac{1}{36}$	$\frac{3}{36}$	$\frac{2}{36}$

在表 4.4 中 P 的求法如下，例如

$$P\{X=70\}=P(AB)=P(A)P(B)=\frac{1}{6}\times\frac{3}{6}=\frac{3}{36}.$$

其中 A 为事件“第一班车在 8：10 到站”，B 为事件“第二班车在 9：30 到站”，于是候车时间的数学期望为

$$E(X)=10\times\frac{3}{6}+30\times\frac{2}{6}+50\times\frac{1}{36}+70\times\frac{3}{36}+90\times\frac{2}{36}=27.22(\text{分钟}).$$

【例 4-4】 有两个相互独立工作的电子装置，它们的寿命（以小时计）$X_k(k=1,2)$ 服从同一指数分布，其概率密度为

$$f(x)=\begin{cases}\frac{1}{\theta}\mathrm{e}^{-\frac{x}{\theta}}, & x>0,\\ 0, & x\leqslant 0,\end{cases}$$

其中 $\theta>0$. 若将这两个电子装置串联连接组成整机，求整机寿命（以小时计）N 的数学期望.

解 $X_k(k=1,2)$ 的分布函数为

$$F(x)=\begin{cases}1-\mathrm{e}^{-\frac{x}{\theta}}, & x>0,\\ 0, & x\leqslant 0.\end{cases}$$

由于当两个电子装置中有一个损坏时，整机就停止工作，因此这时整机寿命为

$$N=\min\{X_1,X_2\}.$$

由于 X_1，X_2 相互独立，于是 $N=\min\{X_1,X_2\}$ 的分布函数为

$$\begin{aligned}F_N(x)&=P\{N\leqslant x\}=1-P\{N>x\}\\&=1-P\{X_1>x,X_2>x\}=1-P\{X_1>x\}\cdot P\{X_2>x\}\\&=1-[1-F_{X_1}(x)][1-F_{X_2}(x)]\\&=1-[1-F(x)]^2=\begin{cases}1-\mathrm{e}^{-\frac{2x}{\theta}}, & x>0,\\ 0, & x\leqslant 0.\end{cases}\end{aligned}$$

因此 N 的概率密度为

$$f_N(x)=\begin{cases}\frac{2}{\theta}\mathrm{e}^{-\frac{2x}{\theta}}, & x>0,\\ 0, & x\leqslant 0.\end{cases}$$

则 N 的数学期望为

$$E(N)=\int_{-\infty}^{+\infty}xf_N(x)\,\mathrm{d}x=\int_0^{+\infty}\frac{2x}{\theta}\mathrm{e}^{-\frac{2x}{\theta}}\mathrm{d}x=\frac{\theta}{2}.$$

【例 4-5】 某商店对某种家用电器的销售采用先使用后付款的方式. 记使用寿命为 X（以年计），规定：

$X\leqslant 1$，一台付款 1 500 元；

$1<X\leqslant 2$，一台付款 2 000 元；

$2<X\leqslant 3$，一台付款 2 500 元；

$X>3$，一台付款 3 000 元.

设寿命 X 服从指数分布，其概率密度为

$$f(x)=\begin{cases}\frac{1}{10}e^{-\frac{x}{10}}, & x>0,\\ 0, & x\leqslant 0,\end{cases}$$

试求该商店一台这种家用电器收费 Y 的数学期望.

解　先求出寿命 X 落在各个时间区间的概率. 即有

$$P\{X\leqslant 1\}=\int_0^1\frac{1}{10}e^{-\frac{x}{10}}dx=1-e^{-0.1}=0.095\ 2,$$

$$P\{1<X\leqslant 2\}=\int_1^2\frac{1}{10}e^{-\frac{x}{10}}dx=e^{-0.1}-e^{-0.2}=0.086\ 1,$$

$$P\{2<X\leqslant 3\}=\int_2^3\frac{1}{10}e^{-\frac{x}{10}}dx=e^{-0.2}-e^{-0.3}=0.077\ 9,$$

$$P\{x>3\}=\int_3^{+\infty}\frac{1}{10}e^{-\frac{x}{10}}dx=e^{-0.3}=0.740\ 8.$$

一台家用电器收费 Y 的分布律如表4.5所示.

表4.5

Y	1 500	2 000	2 500	3 000
P	0.095 2	0.086 1	0.077 9	0.740 8

得 $E(Y)=2\ 732.15$，即平均一台收费2 732.15元.

二、随机变量函数的数学期望

在实际问题与理论研究中，我们常常需要考虑随机变量函数的数学期望. 设已知随机变量 X 的分布，$Y=g(X)$，欲求 $E(Y)$，即求 $E[g(X)]$.

理论上，我们可以通过 X 的分布，求出其函数 $g(X)$ 的分布，再按定义求出 $g(X)$ 的数学期望 $E[g(X)]$，但这种求法一般比较复杂. 下面介绍有关计算随机变量函数的数学期望的定理.

定理4.1　设 Y 是随机变量 X 的函数 $Y=g(X)$（g 是连续函数），且 $E(Y)$ 存在，于是：

（1）若 X 是离散型随机变量，它的分布律为 $P\{X=x_k\}=p_k,k=1,2,\cdots$，则 Y 的数学期望为

$$E(Y)=E[g(X)]=\sum_{k=1}^{+\infty}g(x_k)p_k. \tag{4-3}$$

（2）若 X 是连续型随机变量，其概率密度为 $f(x)$，则 Y 的数学期望为

$$E(Y)=E[g(X)]=\int_{-\infty}^{+\infty}g(x)f(x)dx. \tag{4-4}$$

定理4.1的重要意义在于，当我们求 $E(Y)$ 时，不必求出 Y 的分布而只需依据 X 的分布就可以了.

定理4.1的证明超出了本教材的范围，这里不予以证明.

【例4-6】　设随机变量 X 的分布律如表4.6所示，求 $E(X^2),E(-2X+1)$.

表 4.6

X	-1	0	2	3
P	$\frac{1}{8}$	$\frac{1}{4}$	$\frac{3}{8}$	$\frac{1}{4}$

解 由式（4-3）得

$$E(X^2)=(-1)^2\times\frac{1}{8}+0^2\times\frac{1}{4}+2^2\times\frac{3}{8}+3^2\times\frac{1}{4}=\frac{31}{8},$$

$$E(-2X+1)=[-2\times(-1)+1]\times\frac{1}{8}+(-2\times0+1)\times\frac{1}{4}+(-2\times2+1)\times\frac{3}{8}+(-2\times3+1)\times\frac{1}{4}=-\frac{7}{4}.$$

【例 4-7】 对球的直径作近似测量，设其值均匀分布在区间 $[a, b]$ 上，求球体积的数学期望.

解 设随机变量 X 表示球的直径，Y 表示球的体积，依题意，X 的概率密度为

$$f(x)=\begin{cases}\frac{1}{b-a}, & a\leqslant x\leqslant b,\\ 0, & \text{其他}.\end{cases}$$

球体积 $Y=\frac{1}{6}\pi X^3$，由式（4-4）得

$$E(Y)=E\left(\frac{1}{6}\pi X^3\right)=\int_a^b\frac{1}{6}\pi x^3\frac{1}{b-a}\mathrm{d}x$$
$$=\frac{\pi}{6(b-a)}\int_a^b x^3\mathrm{d}x=\frac{\pi}{24}(a+b)(a^2+b^2).$$

【例 4-8】 设国际市场每年对我国某种出口商品的需求量 X（单位：吨）服从区间 $[2\,000, 4\,000]$ 上的均匀分布. 若售出这种商品 1 吨，可挣得外汇 3 万元，但如果销售不出而囤积于仓库，则每吨需保管费 1 万元. 问：应预备多少吨这种商品，才能使国家的收益最大？

解 设预备这种商品 y 吨（$2\,000\leqslant y\leqslant 4\,000$），则收益（万元）为

$$g(X)=\begin{cases}3y, & X\geqslant y,\\ 3X-(y-X), & X<y.\end{cases}$$

则

$$E[g(X)]=\int_{-\infty}^{+\infty}g(x)f(x)\mathrm{d}x=\int_{2\,000}^{4\,000}g(x)\cdot\frac{1}{4\,000-2\,000}\mathrm{d}x$$
$$=\frac{1}{2\,000}\int_{2\,000}^{y}[3x-(y-x)]\mathrm{d}x+\frac{1}{2\,000}\int_{y}^{4\,000}3y\mathrm{d}x$$
$$=\frac{1}{1\,000}(-y^2+7\,000y-4\times10^6).$$

当 $y=3\,500$ 吨时，上式达到最大值. 所以预备 3 500 吨此种商品能使国家的收益最大，最大收益为 8 250 万元.

定理 4.1 可推广到两个或两个以上随机变量的函数情形.

定理 4.2 设 Z 是二维随机变量 X，Y 的函数，$Z=g(X,Y)$（g 是连续函数），且 $E(Z)$

存在.

（1）若(X,Y)是二维离散型随机变量，其分布律为$P\{X=x_i,Y=y_j\}=p_{ij}(i,j=1,2,\cdots)$，则$Z$的数学期望为

$$E(Z)=E[g(X,Y)]=\sum_i\sum_j g(x_i,y_j)p_{ij}. \tag{4-5}$$

（2）若(X,Y)是二维连续型随机变量，其概率密度为$f(x,y)$，则Z的数学期望为

$$E(Z)=E[g(X,Y)]=\int_{-\infty}^{+\infty}\int_{-\infty}^{+\infty}g(x,y)f(x,y)\mathrm{d}x\mathrm{d}y. \tag{4-6}$$

特别地，有

$$E(X)=\int_{-\infty}^{+\infty}\int_{-\infty}^{+\infty}xf(x,y)\mathrm{d}x\mathrm{d}y=\int_{-\infty}^{+\infty}xf_X(x)\mathrm{d}x,$$

$$E(Y)=\int_{-\infty}^{+\infty}\int_{-\infty}^{+\infty}yf(x,y)\mathrm{d}x\mathrm{d}y=\int_{-\infty}^{+\infty}yf_Y(y)\mathrm{d}y.$$

【例4-9】　设二维随机变量(X,Y)在区域A上服从均匀分布，其中A为由x轴、y轴及直线$x+\frac{y}{2}=1$所围成的三角区域，求$E(X),E(Y),E(XY)$.

解　因为(X,Y)在A内服从均匀分布，所以其概率密度为

$$f(x,y)=\begin{cases}1,(x,y)\in A,\\0,(x,y)\notin A.\end{cases}$$

$$E(X)=\int_{-\infty}^{+\infty}\int_{-\infty}^{+\infty}xf(x,y)\mathrm{d}x\mathrm{d}y=\iint_A x\mathrm{d}x\mathrm{d}y=\int_0^1\mathrm{d}x\int_0^{2(1-x)}x\mathrm{d}y=\frac{1}{3};$$

$$E(Y)=\int_{-\infty}^{+\infty}\int_{-\infty}^{+\infty}yf(x,y)\mathrm{d}x\mathrm{d}y=\iint_A y\mathrm{d}x\mathrm{d}y=\int_0^2 y\mathrm{d}y\int_0^{1-\frac{y}{2}}\mathrm{d}x=\frac{2}{3};$$

$$E(XY)=\int_{-\infty}^{+\infty}\int_{-\infty}^{+\infty}xyf(x,y)\mathrm{d}x\mathrm{d}y=\int_0^1 x\mathrm{d}x\int_0^{2(1-x)}y\mathrm{d}y=2\int_0^1 x(1-x)^2\mathrm{d}x=\frac{1}{6}.$$

三、数学期望的性质

下面讨论数学期望的几条重要性质.

定理4.3　设随机变量X，Y的数学期望$E(X),E(Y)$存在.

（1）$E(c)=c$，其中c是常数；

（2）$E(cX)=cE(X)$，其中c是任意常数；

（3）$E(X\pm Y)=E(X)\pm E(Y)$；

（4）若X，Y是相互独立的，则有

$$E(XY)=E(X)E(Y).$$

证　仅就连续型的情况我们来证明性质（3）、性质（4），离散型情况和其他性质的证明留给读者.

（3）以$E(X+Y)=E(X)+E(Y)$为例证明. 设二维随机变量(X,Y)的概率密度为$f(x,y)$，其边缘概率密度为$f_X(x),f_Y(y)$，则

$$E(X+Y)=\int_{-\infty}^{+\infty}\int_{-\infty}^{+\infty}(x+y)f(x,y)\mathrm{d}x\mathrm{d}y$$

$$= \int_{-\infty}^{+\infty}\int_{-\infty}^{+\infty} xf(x,y)\,\mathrm{d}x\mathrm{d}y + \int_{-\infty}^{+\infty}\int_{-\infty}^{+\infty} yf(x,y)\,\mathrm{d}x\mathrm{d}y$$

$$= \int_{-\infty}^{+\infty} xf_X(x)\,\mathrm{d}x + \int_{-\infty}^{+\infty} yf_Y(y)\,\mathrm{d}y$$

$$= E(X) + E(Y).$$

（4）若 X 和 Y 相互独立，则

$$f(x,y) = f_X(x)f_Y(y),$$

故

$$E(XY) = \int_{-\infty}^{+\infty}\int_{-\infty}^{+\infty} xyf(x,y)\,\mathrm{d}x\mathrm{d}y = \int_{-\infty}^{+\infty}\int_{-\infty}^{+\infty} xyf_X(x)f_Y(y)\,\mathrm{d}x\mathrm{d}y$$

$$= \int_{-\infty}^{+\infty} xf_X(x)\,\mathrm{d}x \cdot \int_{-\infty}^{+\infty} yf_Y(y)\,\mathrm{d}y = E(X)E(Y).$$

性质（3）可推广到任意有限个随机变量之和的情形；性质（4）可推广到任意有限个相互独立的随机变量之积的情形.

【例 4－10】 设一电路中电流 I（单位：安）与电阻 R（单位：欧）是两个相互独立的随机变量，其概率密度分别为

$$g(i) = \begin{cases} 2i, & 0 \leqslant i \leqslant 1, \\ 0, & \text{其他}; \end{cases} \quad h(r) = \begin{cases} \dfrac{r^2}{9}, & 0 \leqslant r \leqslant 3, \\ 0, & \text{其他}. \end{cases}$$

试求电压 $V = IR$ 的均值.

解 $E(V) = E(IR) = E(I)E(R) = \left(\int_{-\infty}^{+\infty} ig(i)\,\mathrm{d}i\right)\left(\int_{-\infty}^{+\infty} rh(r)\,\mathrm{d}r\right)$

$$= \left(\int_0^1 2i^2\,\mathrm{d}i\right)\left(\int_0^3 \frac{r^3}{9}\,\mathrm{d}r\right) = \frac{3}{2}(\text{伏}).$$

【例 4－11】 一民航班车上共有 20 名旅客，自机场开出，旅客有 10 个车站可以下车，如到达一个车站没有旅客下车就不停车，以 X 表示停车的次数，求 $E(X)$（设每位旅客在各车站下车是等可能的）.

解 引入随机变量

$$X_i = \begin{cases} 0, \text{在第 } i \text{ 站无人下车}, \\ 1, \text{在第 } i \text{ 站有人下车}, \end{cases} \quad i = 1,2,\cdots,10.$$

任一旅客在第 i 站不下车的概率是 $\frac{9}{10}$. 因此，20 位旅客都不在第 i 站下车的概率是 $\left(\frac{9}{10}\right)^{20}$，从而在第 i 站有人下车的概率是 $1-\left(\frac{9}{10}\right)^{20}$，即 X_i 的分布律如表 4.7 所示.

表 4.7

X_i	0	1
P	$\left(\frac{9}{10}\right)^{20}$	$1-\left(\frac{9}{10}\right)^{20}$

于是

$$E(X_i) = 1-\left(\frac{9}{10}\right)^{20}, i = 1,2,\cdots,10.$$

故有
$$E(X) = E\left(\sum_{i=1}^{10} X_i\right) = \sum_{i=1}^{10} E(X_i) = 10\left[1 - \left(\frac{9}{10}\right)^{20}\right] = 8.784.$$
即民航班车的平均停车次数为 8.784 次.

本例中将随机变量 X 分解为多个随机变量之和 $X = \sum_{i=1}^{n} X_i$，这种处理方法具有一定的普遍意义，我们称之为**随机变量的分解法**. 分解法将复杂的问题进行分解处理，是概率统计中经常采用的一种方法.

四、常用分布的数学期望

1. 0－1 分布

设 X 的分布律如表 4.8 所示，则 X 的数学期望为
$$E(X) = 0 \times (1 - p) + 1 \times p = p.$$

表 4.8

X_i	0	1
P	$1-p$	p

2. 二项分布 $b(n,p)$

设 X 服从二项分布，其分布律为
$$P\{X = k\} = C_n^k p^k (1-p)^{n-k}, \quad k = 0,1,2,\cdots,n, 0 < p < 1.$$
则 X 的数学期望为
$$E(X) = \sum_{k=0}^{n} k C_n^k p^k (1-p)^{n-k} = \sum_{k=0}^{n} k \frac{n!}{k!(n-k)!} p^k (1-p)^{n-k}$$
$$= np \sum_{k=1}^{n} \frac{(n-1)!}{(k-1)![(n-1)-(k-1)]!} p^{k-1} (1-p)^{(n-1)-(k-1)},$$
令 $k-1=t$，则
$$E(X) = np \sum_{t=0}^{n-1} \frac{(n-1)!}{t![(n-1)-t]!} p^t (1-p)^{(n-1)-t}$$
$$= np[p + (1-p)]^{n-1} = np.$$

若利用数学期望的性质，将二项分布表示为 n 个相互独立的 0－1 分布的和，计算过程将简单得多. 事实上，若设 X 表示在 n 次独立重复试验中事件 A 发生的次数，$X_i(i=1,2,\cdots,n)$ 表示 A 在第 i 次试验中出现的次数，则有
$$X = \sum_{i=1}^{n} X_i.$$
显然，这里 $X_i(i=1,2,\cdots,n)$ 服从 0－1 分布，其分布律如表 4.9 所示，所以 $E(X_i)=p, i=1,2,\cdots,n$. 由定理 4.3 的性质（3）有
$$E(X) = E\left(\sum_{i=1}^{n} X_i\right) = \sum_{i=1}^{n} E(X_i) = np.$$

表 4.9

X_k	0	1
p_k	$1-p$	p

3. 泊松分布 $P(\lambda)$

设 X 服从泊松分布，其分布律为

$$P\{X=k\}=\frac{\lambda^k}{k!}e^{-\lambda}, k=0、1、2、\cdots, \lambda>0,$$

则 X 的数学期望为

$$E(X)=\sum_{k=0}^{+\infty}k\frac{\lambda^k}{k!}e^{-\lambda}=\lambda e^{-\lambda}\sum_{k=1}^{+\infty}\frac{\lambda^{k-1}}{(k-1)!},$$

令 $k-1=j$，则有

$$E(X)=\lambda e^{-\lambda}\sum_{j=0}^{+\infty}\frac{\lambda^j}{j!}=\lambda e^{-\lambda}\cdot e^{\lambda}=\lambda.$$

4. 均匀分布 $U(a,b)$

设 X 服从 (a,b) 内的均匀分布，其概率密度为

$$f(x)=\begin{cases}\dfrac{1}{b-a}, & a<x<b,\\ 0, & \text{其他}.\end{cases}$$

则 X 的数学期望为

$$E(X)=\int_{-\infty}^{+\infty}xf(x)\mathrm{d}x=\int_a^b\frac{x}{b-a}\mathrm{d}x=\frac{a+b}{2}.$$

5. 指数分布

设 X 服从参数为 θ 的指数分布，其概率密度为

$$f(x)=\begin{cases}\dfrac{1}{\theta}e^{-\frac{x}{\theta}}, & x>0,\\ 0, & x\leqslant 0,\end{cases}(\theta>0)$$

则 X 的数学期望为

$$E(X)=\int_{-\infty}^{+\infty}xf(x)\mathrm{d}x=\int_0^{+\infty}x\cdot\frac{1}{\theta}e^{-\frac{x}{\theta}}\mathrm{d}x=\theta.$$

6. 正态分布 $N(\mu,\sigma^2)$

设 X 服从参数为 μ，$\sigma(\sigma>0)$ 的正态分布，其概率密度为 $f(x)=\frac{1}{\sqrt{2\pi}\sigma}e^{-\frac{(x-\mu)^2}{2\sigma^2}}$，则 X 的数学期望为

$$E(X)=\int_{-\infty}^{+\infty}xf(x)\mathrm{d}x=\frac{1}{\sqrt{2\pi}\sigma}\int_{-\infty}^{+\infty}xe^{-\frac{(x-\mu)^2}{2\sigma^2}}\mathrm{d}x,$$

令 $\frac{x-\mu}{\sigma}=t$，则

$$E(X) = \frac{1}{\sqrt{2\pi}}\int_{-\infty}^{+\infty}(\mu + \sigma t)\mathrm{e}^{-\frac{t^2}{2}}\mathrm{d}t.$$

注意到

$$\frac{\mu}{\sqrt{2\pi}}\int_{-\infty}^{+\infty}\mathrm{e}^{-\frac{t^2}{2}}\mathrm{d}t = \mu,\ \frac{1}{\sqrt{2\pi}}\int_{-\infty}^{+\infty}\sigma t\mathrm{e}^{-\frac{t^2}{2}}\mathrm{d}t = 0,$$

故有

$$E(X) = \mu.$$

第二节　方　差

随机变量的数学期望反映随机变量取值平均的大小，但是期望值相同的两个随机变量的取值情况可能会有很大的差异，进一步考虑随机变量的其他数字特征，如随机变量的取值对其期望的偏离程度，即稳定性的好坏. 那么，如何来刻画随机变量的取值与其中心的偏离程度呢？本节介绍随机变量的另一个重要数学特征——方差.

例如，有 A、B 两名射手，他们每次射击命中的环数分别为 X，Y. X，Y 的分布律如表 4.10（a）、表 4.10（b）所示.

表 4.10（a）

X	8	9	10
P	0.2	0.6	0.2

表 4.10（b）

Y	8	9	10
P	0.1	0.8	0.1

由于 $E(X) = E(Y) = 9$(环)，可见从均值的角度是分不出谁的射击技术更高的，故还需考虑其他的因素. 通常的想法是：在射击的平均环数相等的条件下，进一步衡量谁的射击技术更稳定些，也就是看谁命中的环数比较集中于平均值的附近. 通常人们会采用命中的环数 X 与它的平均值 $E(X)$之间的离差$|X - E(X)|$的均值 $E[|X - E(X)|]$来度量，$E[|X - E(X)|]$越小，表明 X 的值越集中于 $E(X)$的附近，即技术稳定；$E[|X - E(X)|]$越大，表明 X 的值越分散，技术越不稳定. 但由于 $E[|X - E(X)|]$带有绝对值，运算不便，故通常采用 X 与 $E(X)$的离差$|X - E(X)|$平方平均值 $E\{[X - E(X)]^2\}$来度量随机变量 X 取值的分散程度. 此例中，由于

$$E\{[X - E(X)]^2\} = 0.2 \times (8 - 9)^2 + 0.6 \times (9 - 9)^2 + 0.2 \times (10 - 9)^2 = 0.4,$$

$$E\{[Y - E(Y)]^2\} = 0.1 \times (8 - 9)^2 + 0.8 \times (9 - 9)^2 + 0.1 \times (10 - 9)^2 = 0.2.$$

由此可见 B 的技术更稳定些.

一、方差的定义

定义 4.2　设 X 是一个随机变量，若 $E\{[X - E(X)]^2\}$存在，则称 $E\{[X - E(X)]^2\}$为 X 的方差，记为 $D(X)$，即

$$D(X)=E\{[X-E(X)]^2\}. \tag{4-7}$$

称 $\sqrt{D(X)}$ 为随机变量 X 的标准差或均方差，记为 $\sigma(X)$.

根据定义可知，随机变量 X 的方差反映了随机变量的取值与其数学期望的偏离程度. 若 X 取值比较集中，则 $D(X)$ 较小；反之，若 X 取值比较分散，则 $D(X)$ 较大.

由于方差是随机变量 X 的函数 $g(X)=[X-E(X)]^2$ 的数学期望，因此若离散型随机变量 X 的分布律为 $P\{X=x_k\}=p_k, k=1,2,\cdots$，则

$$D(X)=\sum_{k=1}^{+\infty}[x_k-E(X)]^2p_k. \tag{4-8}$$

若连续型随机变量 X 的概率密度为 $f(x)$，则

$$D(X)=\int_{-\infty}^{+\infty}[x-E(X)]^2f(x)\,dx. \tag{4-9}$$

由此可见，方差 $D(X)$ 是一个常数，它由随机变量的分布唯一确定.

根据数学期望的性质可得

$$\begin{aligned}D(X)&=E\{[X-E(X)]^2\}=E\{X^2-2X\cdot E(X)+[E(X)]^2\}\\&=E(X^2)-2E(X)\cdot E(X)+[E(X)]^2=E(X^2)-[E(X)]^2.\end{aligned}$$

于是得到常用计算方差的简便公式

$$D(X)=E(X^2)-[E(X)]^2. \tag{4-10}$$

【例 4-12】 设有甲、乙两种棉花，从中各抽取等量的样品进行检验，结果如表 4.11 (a)、表 4.11 (b) 所示.

表 4.11 (a)

X	28	29	30	31	32
P	0.1	0.15	0.5	0.15	0.1

表 4.11 (b)

Y	28	29	30	31	32
P	0.13	0.17	0.4	0.17	0.13

其中 X，Y 分别表示甲、乙两种棉花的纤维的长度（单位：毫米），求 $D(X)$ 与 $D(Y)$，且评定它们的质量.

解 由于

$$E(X)=28\times0.1+29\times0.15+30\times0.5+31\times0.15+32\times0.1=30,$$
$$E(Y)=28\times0.13+29\times0.17+30\times0.4+31\times0.17+32\times0.13=30,$$

故得

$$\begin{aligned}D(X)&=(28-30)^2\times0.1+(29-30)^2\times0.15+(30-30)^2\times\\&\quad 0.5+(31-30)^2\times0.15+(32-30)^2\times0.1\\&=4\times0.1+1\times0.15+0\times0.5+1\times0.15+4\times0.1=1.1,\\D(Y)&=(28-30)^2\times0.13+(29-30)^2\times0.17+(30-30)^2\times\\&\quad 0.4+(31-30)^2\times0.17+(32-30)^2\times0.13\end{aligned}$$

$$=4\times0.13+1\times0.17+0\times0.4+1\times0.17+4\times0.13=1.38.$$

因为 $D(X)<D(Y)$，所以甲种棉花纤维长度的方差小些，说明其纤维比较均匀，故甲种棉花质量较好.

【例 4－13】 设随机变量 X 的概率密度为

$$f(x)=\begin{cases}1+x, & -1\leqslant x<0,\\ 1-x, & 0\leqslant x<1,\\ 0, & \text{其他}.\end{cases}$$

求 $D(X)$.

解

$$E(X)=\int_{-1}^{0}x(1+x)\mathrm{d}x+\int_{0}^{1}x(1-x)\mathrm{d}x=0,$$

$$E(X^2)=\int_{-1}^{0}x^2(1+x)\mathrm{d}x+\int_{0}^{1}x^2(1-x)\mathrm{d}x=\frac{1}{6},$$

于是

$$D(X)=E(X^2)-[E(X)]^2=\frac{1}{6}.$$

二、方差的性质

由方差的定义可以得到方差的一些性质.

设随机变量 X 与 Y 的方差存在，则

(1) 设 c 为常数，则 $D(c)=0$.

(2) 设 c 为常数，则 $D(cX)=c^2D(X)$.

(3) $D(X\pm Y)=D(X)+D(Y)\pm2E\{[X-E(X)][Y-E(Y)]\}$.

特别地，若 X，Y 相互独立，则 $D(X\pm Y)=D(X)+D(Y)$.

(4) 对任意的常数 $c\neq E(X)$，有 $D(X)<E[(X-c)^2]$.

证 仅证性质 (3)、性质 (4).

(3)
$$\begin{aligned}D(X\pm Y)&=E\{[(X\pm Y)-E(X\pm Y)]^2\}\\&=E(\{[X-E(X)]\pm[Y-E(Y)]\}^2)\\&=E\{[X-E(X)]^2\}\pm2E\{[X-E(X)][Y-E(Y)]\}+E\{[Y-E(Y)]^2\}\\&=D(X)+D(Y)\pm2E\{[X-E(X)][Y-E(Y)]\}.\end{aligned}$$

当 X 与 Y 相互独立时，$X-E(X)$ 与 $Y-E(Y)$ 也相互独立，由数学期望的性质有

$$E\{[X-E(X)][Y-E(Y)]\}=E[X-E(X)]E[Y-E(Y)]=0.$$

因此有

$$D(X\pm Y)=D(X)+D(Y).$$

此结论可以推广到任意有限个相互独立的随机变量之和的情况.

(4) 对任意常数 c，有

$$\begin{aligned}E[(X-c)^2]&=E\{[X-E(X)+E(X)-c]^2\}\\&=E\{[X-E(X)]^2\}+2[E(X)-c]\cdot E[X-E(X)]+[E(X)-c]^2\\&=D(X)+[E(X)-c]^2.\end{aligned}$$

故对任意常数 $c\neq E(X)$，有 $D(X)<E[(X-c)^2]$.

【例 4－14】 设随机变量 X 的数学期望为 $E(X)$，方差 $D(X)=\sigma^2(\sigma>0)$，令 $X^*=$

$\dfrac{X-E(X)}{\sigma}$，求 $E(X^*)$，$D(X^*)$.

解 $E(X^*)=E\left[\dfrac{X-E(X)}{\sigma}\right]=\dfrac{1}{\sigma}E[X-E(X)]$

$$=\frac{1}{\sigma}[E(X)-E(X)]=0,$$

$$D(X^*)=D\left[\frac{X-E(X)}{\sigma}\right]=\frac{1}{\sigma^2}D[X-E(X)]=\frac{1}{\sigma^2}D(X)=\frac{\sigma^2}{\sigma^2}=1.$$

常称 X^* 为 X 的**标准化随机变量**.

【例 4-15】 设 X_1，X_2，…，X_n 相互独立，且都服从（0-1）分布，分布律为

$$P\{X_i=0\}=1-p,\ P\{X_i=1\}=p,\quad i=1,2,\cdots,n.$$

证明 $X=X_1+X_2+\cdots+X_n$ 服从参数为 n，p 的二项分布，并求 $E(X)$ 和 $D(X)$.

解 X 所有可能取值为 0，1，…，n，由独立性知 X 以特定的方式（例如前 k 个取 1，后 $n-k$ 个取 0）取 $k(0\leqslant k\leqslant n)$ 的概率为 $p^k(1-p)^{n-k}$，而 X 取 k 的两两互不相容的方式共有 C_n^k 种，故

$$P\{X=k\}=C_n^k p^k(1-p)^{n-k},k=0,1,2,\cdots,n.$$

即 X 服从参数为 n，p 的二项分布.

由于
$$E(X_i)=0\times(1-p)+1\times p=p,$$

$$D(X_i)=(0-p)^2\times(1-p)+(1-p)^2\times p=p(1-p),i=1,2,\cdots,n,$$

故有

$$E(X)=E\left(\sum_{i=1}^{n}X_i\right)=\sum_{i=1}^{n}E(X_i)=np.$$

由于 X_1，X_2，…，X_n 相互独立，得

$$D(X)=D\left(\sum_{i=1}^{n}X_i\right)=\sum_{i=1}^{n}D(X_i)=np(1-p).$$

三、常用分布的方差

1. （0-1）分布

设 X 服从参数为 p 的（0-1）分布，其分布律如表 4.8 所示，由例 4.14 知，$D(X)=p(1-p)$.

2. 二项分布

设 X 服从参数为 n，p 的二项分布，由例 4.15 知，$D(X)=np(1-p)$.

3. 泊松分布

设 X 服从参数为 λ 的泊松分布，由上一节知 $E(X)=\lambda$，又

$$\begin{aligned}E(X^2)&=E[X(X-1)+X]=E[X(X-1)]+E(X)\\&=\sum_{k=1}^{+\infty}k(k-1)\frac{\lambda^k}{k!}e^{-\lambda}+\lambda=\lambda^2e^{-\lambda}\sum_{k=2}^{+\infty}\frac{\lambda^{k-2}}{(k-2)!}+\lambda\\&=\lambda^2e^{-\lambda}\cdot e^{\lambda}+\lambda=\lambda^2+\lambda,\end{aligned}$$

从而有

$$D(X)=E(X^2)-[E(X)]^2=\lambda^2+\lambda-\lambda^2=\lambda.$$

4. 均匀分布 $U(a,b)$

设 X 服从 (a,b) 内的均匀分布，由上一节知 $E(X)=\frac{a+b}{2}$，又

$$E(X^2)=\int_a^b \frac{x^2}{b-a}\mathrm{d}x=\frac{a^2+ab+b^2}{3},$$

所以

$$D(X)=E(X^2)-[E(X)]^2=\frac{1}{3}(a^2+ab+b^2)-\frac{1}{4}(a+b)^2$$
$$=\frac{(b-a)^2}{12}.$$

5. 指数分布

设 X 服从参数为 θ 的指数分布，由上一节知 $E(X)=\theta$，又 $E(X^2)=\int_0^{+\infty}x^2\frac{1}{\theta}\mathrm{e}^{-\frac{x}{\theta}}\mathrm{d}x=2\theta^2$，所以

$$D(X)=E(X^2)-[E(X)]^2=2\theta^2-\theta^2=\theta^2.$$

6. 正态分布 $N(\mu,\sigma^2)$

设 X 服从参数为 μ，σ 的正态分布，由上一节知 $E(X)=\mu$，从而

$$D(X)=\int_{-\infty}^{+\infty}[x-E(X)]^2f(x)\mathrm{d}x=\int_{-\infty}^{+\infty}(x-\mu)^2\frac{1}{\sqrt{2\pi}\sigma}\mathrm{e}^{-\frac{(x-\mu)^2}{2\sigma^2}}\mathrm{d}x,$$

令 $\frac{x-\mu}{\sigma}=t$，则

$$D(X)=\frac{\sigma^2}{\sqrt{2\pi}}\int_{-\infty}^{+\infty}t^2\mathrm{e}^{-\frac{t^2}{2}}\mathrm{d}t=\frac{\sigma^2}{\sqrt{2\pi}}\left(-t\mathrm{e}^{-\frac{t^2}{2}}\Big|_{-\infty}^{+\infty}+\int_{-\infty}^{+\infty}\mathrm{e}^{-\frac{t^2}{2}}\mathrm{d}t\right)$$
$$=\frac{\sigma^2}{\sqrt{2\pi}}(0+\sqrt{2\pi})=\sigma^2.$$

由此可知，正态分布的概率密度中的两个参数 μ 和 σ 分别是该分布的数学期望和均方差，因而正态分布完全可由它的数学期望和方差所确定. 再者，由上一章第五节例 3.17 之后的讨论可知，若 $X_i\sim N(\mu_i,\sigma_i^2)$，$i=1,2,\cdots,n$，且它们相互独立，则它们的线性组合 $c_1X_1+c_2X_2+\cdots+c_nX_n$（$c_1$，$c_2$，$\cdots$，$c_n$ 是不全为零的常数）仍然服从正态分布. 于是由数学期望和方差的性质可知

$$c_1X_1+c_2X_2+\cdots+c_nX_n\sim N\left(\sum_{i=1}^n c_i\mu_i,\sum_{i=1}^n c_i^2\sigma_i^2\right).$$

这是一个重要的结果.

【例 4-16】 设活塞的直径（单位：厘米）$X\sim N(22.40,\ 0.03^2)$，气缸的直径 $Y\sim N(22.50,\ 0.04^2)$，X，Y 相互独立，任取一只活塞，任取一只气缸，求活塞能装入气缸的概率.

解 按题意需求 $P\{X<Y\}=P\{X-Y<0\}$.

令 $Z=X-Y$，则

$$E(Z)=E(X)-E(Y)=22.40-22.50=-0.10,$$
$$D(Z)=D(X)+D(Y)=0.03^2+0.04^2=0.05^2,$$

即
$$Z\sim N(-0.10,0.05^2),$$

故有
$$P\{X<Y\}=P\{Z<0\}=P\left\{\frac{Z-(-0.10)}{0.05}<\frac{0-(-0.10)}{0.05}\right\}=\Phi\left(\frac{0.10}{0.05}\right)$$
$$=\Phi(2)=0.977\ 2.$$

第三节　协方差及相关系数

对于二维随机变量(X,Y)，数学期望$E(X)$，$E(Y)$只反映了X和Y各自的平均值，而$D(X)$，$D(Y)$反映的是X和Y各自偏离平均值的程度，它们都没有反映X与Y之间的关系. 在一些实际问题中，还要考虑多个随机变量之间的关联程度. 例如，人的年龄与身高，某种产品的产量与价格等. 为了研究随机变量X，Y的关系，引入协方差和相关系数的概念.

定义 4.3　设(X, Y)为二维随机变量，若

$$E\{[X-E(X)][Y-E(Y)]\}\text{ 存在,则称其}$$

为随机变量X，Y的协方差，记为$\mathrm{Cov}(X,Y)$，即

$$\mathrm{Cov}(X,Y)=E\{[X-E(X)][Y-E(Y)]\}. \tag{4-11}$$

而$\frac{\mathrm{Cov}(X,Y)}{\sqrt{D(X)}\sqrt{D(Y)}}$称为随机变量$X$，$Y$的相关系数或标准协方差，记为$\rho_{XY}$，即

$$\rho_{XY}=\frac{\mathrm{Cov}(X,Y)}{\sqrt{D(X)}\sqrt{D(Y)}}. \tag{4-12}$$

特别地

$$\mathrm{Cov}(X,X)=E\{[X-E(X)][X-E(X)]\}=D(X),$$
$$\mathrm{Cov}(Y,Y)=E\{[Y-E(Y)][Y-E(Y)]\}=D(Y).$$

故方差$D(X)$，$D(Y)$是协方差的特例.

由上述定义及方差的性质可得

$$D(X\pm Y)=D(X)+D(Y)\pm 2\mathrm{Cov}(X,Y).$$

由协方差的定义及数学期望的性质可得下列实用计算公式：

$$\mathrm{Cov}(X,Y)=E(XY)-E(X)E(Y). \tag{4-13}$$

若(X,Y)为二维离散型随机变量，其联合分布律为

$$P\{X=x_i,Y=y_j\}=p_{ij},i,j=1,2,\cdots,$$

则有

$$\mathrm{Cov}(X,Y)=\sum_i\sum_j[x_i-E(X)][y_j-E(Y)]p_{ij}. \tag{4-14}$$

若(X,Y)为二维连续型随机变量，其概率密度为$f(x,y)$，则有

$$\mathrm{Cov}(X,Y)=\int_{-\infty}^{+\infty}\int_{-\infty}^{+\infty}[x-E(X)][y-E(Y)]f(x,y)\mathrm{d}x\mathrm{d}y. \tag{4-15}$$

【例 4-17】　设(X,Y)的分布律如表 4.12 所示.

表 4.12

X \ Y	0	1
0	$1-p$	0
1	0	p

$0<p<1$，求 $\mathrm{Cov}(X,Y)$ 和 ρ_{XY}.

解　易知 X 的分布律为

$$P\{X=1\}=p, P\{X=0\}=1-p,$$

故
$$E(X)=p, D(X)=p(1-p).$$

同理
$$E(Y)=p, D(Y)=p(1-p).$$

因此
$$\mathrm{Cov}(X,Y)=E(XY)-E(X)\cdot E(Y)=p-p^2=p(1-p),$$

而
$$\rho_{XY}=\frac{\mathrm{Cov}(X,Y)}{\sqrt{D(X)}\sqrt{D(Y)}}=\frac{p(1-p)}{\sqrt{p(1-p)}\sqrt{p(1-p)}}=1.$$

【例 4-18】　设 (X,Y) 的概率密度为

$$f(x,y)=\begin{cases}8xy, & 0\leqslant x\leqslant y\leqslant 1,\\ 0, & \text{其他}.\end{cases}$$

求 $\mathrm{Cov}(X,Y)$.

解　由于 $f_X(x)=\begin{cases}4x(1-x^2), & 0\leqslant x\leqslant 1,\\ 0, & \text{其他},\end{cases}$　$f_Y(y)=\begin{cases}4y^3, & 0\leqslant y\leqslant 1,\\ 0, & \text{其他},\end{cases}$

于是
$$E(X)=\int_{-\infty}^{+\infty}xf_X(x)\mathrm{d}x=\int_0^1 x\cdot 4x(1-x^2)\mathrm{d}x=\frac{8}{15},$$

$$E(Y)=\int_{-\infty}^{+\infty}yf_Y(y)\mathrm{d}y=\int_0^1 y\cdot 4y^3\mathrm{d}y=\frac{4}{5},$$

$$E(XY)=\int_{-\infty}^{+\infty}\int_{-\infty}^{+\infty}xy\cdot f(x,y)\mathrm{d}x\mathrm{d}y=\int_0^1\mathrm{d}x\int_x^1 xy\cdot 8xy\mathrm{d}y=\frac{4}{9},$$

因此
$$\mathrm{Cov}(X,Y)=E(XY)-E(X)E(Y)=\frac{4}{9}-\frac{8}{15}\times\frac{4}{5}=\frac{4}{225}.$$

协方差具有下列性质：

(1) 若 X 与 Y 相互独立，则 $\mathrm{Cov}(X,Y)=0$；

(2) $\mathrm{Cov}(X,Y)=\mathrm{Cov}(Y,X)$；

(3) $\mathrm{Cov}(aX,bY)=ab\mathrm{Cov}(X,Y)$；

(4) $\mathrm{Cov}(X_1+X_2,Y)=\mathrm{Cov}(X_1,Y)+\mathrm{Cov}(X_2,Y)$.

证　仅证性质（4），其余留给读者.

$$\begin{aligned}\mathrm{Cov}(X_1+X_2,Y)&=E[(X_1+X_2)Y]-E(X_1+X_2)E(Y)\\&=E(X_1Y)+E(X_2Y)-E(X_1)E(Y)-E(X_2)E(Y)\\&=[E(X_1Y)-E(X_1)E(Y)]+[E(X_2Y)-E(X_2)E(Y)]\\&=\mathrm{Cov}(X_1,Y)+\mathrm{Cov}(X_2,Y).\end{aligned}$$

下面给出相关系数ρ_{XY}的几条重要性质，并说明ρ_{XY}的含义.

定理 4.4 设$D(X)>0$，$D(Y)>0$，ρ_{XY}为(X,Y)的相关系数，则

（1）如果X，Y相互独立，则$\rho_{XY}=0$；

（2）$|\rho_{XY}|\leqslant 1$；

（3）$|\rho_{XY}|=1$的充要条件是存在常数a，b，使$P\{Y=aX+b\}=1(a\neq 0)$.

证 由协方差的性质（1）及相关系数的定义可知（1）成立.

（2）对任意实数t，有

$$\begin{aligned}D(Y-tX)&=E\{[(Y-tX)-E(Y-tX)]^2\}\\&=E(\{[Y-E(Y)]-t[X-E(X)]\}^2)\\&=E\{[Y-E(Y)]^2\}-2tE\{[Y-E(Y)][X-E(X)]\}+t^2E\{[X-E(X)]^2\}\\&=t^2D(X)-2t\mathrm{Cov}(X,Y)+D(Y)\\&=D(X)\left[t-\frac{\mathrm{Cov}(X,Y)}{D(X)}\right]^2+D(Y)-\frac{[\mathrm{Cov}(X,Y)]^2}{D(X)}.\end{aligned}$$

令$t=\dfrac{\mathrm{Cov}(X,Y)}{D(X)}=b$，于是

$$\begin{aligned}D(Y-bX)&=D(Y)-\frac{[\mathrm{Cov}(X,Y)]^2}{D(X)}=D(Y)\left[1-\frac{[\mathrm{Cov}(X,Y)]^2}{D(X)D(Y)}\right]\\&=D(Y)(1-\rho_{XY}^2).\end{aligned}$$

因为方差不能为负，所以$1-\rho_{XY}^2\geqslant 0$，从而

$$|\rho_{XY}|\leqslant 1.$$

性质（3）的证明较复杂，从略.

当$|\rho_{XY}|=1$时，称X与Y完全线性相关. 当$\rho_{XY}=0$时，称X与Y不相关. 由性质（1）可知，当X与Y相互独立时，$\rho_{XY}=0$，即X与Y不相关；反之不一定成立，即X与Y不相关，X与Y却不一定相互独立.

【例 4-19】 设X服从$[0,2\pi]$上的均匀分布，$Y=\cos X$，$Z=\cos(X+a)$，这里$a\in[0,2\pi]$是常数，求ρ_{YZ}.

解 $E(Y)=\int_0^{2\pi}\cos x\cdot\frac{1}{2\pi}\mathrm{d}x=0$，$E(Z)=\frac{1}{2\pi}\int_0^{2\pi}\cos(x+a)\mathrm{d}x=0$，

$$D(Y)=E\{[Y-E(Y)]^2\}=\frac{1}{2\pi}\int_0^{2\pi}\cos^2x\mathrm{d}x=\frac{1}{2},$$

$$D(Z)=E\{[Z-E(Z)]^2\}=\frac{1}{2\pi}\int_0^{2\pi}\cos^2(x+a)\mathrm{d}x=\frac{1}{2},$$

$$\mathrm{Cov}(Y,Z)=E\{[Y-E(Y)][Z-E(Z)]\}=\frac{1}{2\pi}\int_0^{2\pi}\cos x\cdot\cos(x+a)\mathrm{d}x=\frac{1}{2}\cos a,$$

因此
$$\rho_{YZ}=\frac{\mathrm{Cov}(Y,Z)}{\sqrt{D(Y)}\sqrt{D(Z)}}=\frac{\frac{1}{2}\cos a}{\sqrt{\frac{1}{2}}\cdot\sqrt{\frac{1}{2}}}=\cos a.$$

①当$a=0$时，$\rho_{YZ}=1$，$Y=Z$，存在线性关系；

②当 $a=\pi$ 时，$\rho_{YZ}=-1$，$Y=-Z$，存在线性关系；

③当 $a=\dfrac{\pi}{2}$或$\dfrac{3\pi}{2}$时，$\rho_{YZ}=0$，Y 与 Z 不相关，但这时却有 $Y^2+Z^2=1$，因此，Y 与 Z 不独立.

这个例子说明，当两个随机变量不相关时，它们并不一定相互独立，它们之间还可能存在其他的函数关系.

定理 4.4 告诉我们，相关系数 ρ_{XY} 描述了随机变量 X，Y 的线性相关程度，$|\rho_{XY}|$ 越接近 1，X 与 Y 之间越接近线性关系. 当 $|\rho_{XY}|=1$ 时，X 与 Y 之间依概率 1 线性相关. 因此，当 X 与 Y 的相关系数等于零时，只能说明 X 与 Y 存在线性关系的概率为零.

不过，下例表明当 (X,Y) 是二维正态随机变量时，X 与 Y 不相关与 X 和 Y 相互独立是等价的.

【例 4-20】　设 (X,Y) 服从二维正态分布，它的概率密度为

$$f(x,y)=\frac{1}{2\pi\sigma_1\sigma_2\sqrt{1-\rho^2}}\times$$
$$\exp\left\{-\frac{1}{2(1-\rho^2)}\left[\frac{(x-\mu_1)^2}{\sigma_1^2}-2\rho\frac{(x-\mu_1)(y-\mu_2)}{\sigma_1\sigma_2}+\frac{(y-\mu_2)^2}{\sigma_2^2}\right]\right\}$$

求 $\mathrm{Cov}(X,Y)$ 和 ρ_{XY}.

解　可以计算得 (X,Y) 的边缘概率密度为

$$f_X(x)=\frac{1}{\sqrt{2\pi}\sigma_1}\mathrm{e}^{-\frac{(x-\mu_1)^2}{2\sigma_1^2}},\ -\infty<x<+\infty,$$

$$f_Y(y)=\frac{1}{\sqrt{2\pi}\sigma_2}\mathrm{e}^{-\frac{(y-\mu_2)^2}{2\sigma_2^2}},\ -\infty<y<+\infty,$$

故 $E(X)=\mu_1$，$E(Y)=\mu_2$，$D(X)=\sigma_1^2$，$D(Y)=\sigma_2^2$.

而 $\mathrm{Cov}(X,Y)=\int_{-\infty}^{+\infty}\int_{-\infty}^{+\infty}(x-\mu_1)(y-\mu_2)f(x,y)\mathrm{d}x\mathrm{d}y$,

$$=\frac{1}{2\pi\sigma_1\sigma_2\sqrt{1-\rho^2}}\times\int_{-\infty}^{+\infty}\int_{-\infty}^{+\infty}(x-\mu_1)(y-\mu_2)\mathrm{e}^{-\frac{(x-\mu_1)^2}{2\sigma_1^2}}\mathrm{e}^{-\frac{1}{2(1-\rho^2)}\left(\frac{y-\mu_2}{\sigma_2}-\rho\frac{x-\mu_1}{\sigma_1}\right)^2}\mathrm{d}x\mathrm{d}y,$$

令 $t=\dfrac{1}{\sqrt{1-\rho^2}}\left(\dfrac{y-\mu_2}{\sigma_2}-\rho\dfrac{x-\mu_1}{\sigma_1}\right)$，$u=\dfrac{x-\mu_1}{\sigma_1}$，则

$$\begin{aligned}\mathrm{Cov}(X,Y)&=\frac{1}{2\pi}\int_{-\infty}^{+\infty}\int_{-\infty}^{+\infty}(\sigma_1\sigma_2\sqrt{1-\rho^2}tu+\rho\sigma_1\sigma_2u^2)\mathrm{e}^{-\frac{u^2}{2}-\frac{t^2}{2}}\mathrm{d}t\mathrm{d}u\\&=\frac{\sigma_1\sigma_2\rho}{2\pi}\left(\int_{-\infty}^{+\infty}u^2\mathrm{e}^{-\frac{u^2}{2}}\mathrm{d}u\right)\left(\int_{-\infty}^{+\infty}\mathrm{e}^{-\frac{t^2}{2}}\mathrm{d}t\right)+\\&\quad\frac{\sigma_1\sigma_2\sqrt{1-\rho^2}}{2\pi}\left(\int_{-\infty}^{+\infty}u\mathrm{e}^{-\frac{u^2}{2}}\mathrm{d}u\right)\left(\int_{-\infty}^{+\infty}t\mathrm{e}^{-\frac{t^2}{2}}\mathrm{d}t\right)\\&=\frac{\rho\sigma_1\sigma_2}{2\pi}\sqrt{2\pi}\cdot\sqrt{2\pi}=\rho\sigma_1\sigma_2,\end{aligned}$$

于是
$$\rho_{XY}=\frac{\mathrm{Cov}(X,Y)}{\sqrt{D(X)}\sqrt{D(Y)}}=\rho.$$

这说明二维正态随机变量 (X,Y) 的概率密度中的参数 ρ 就是 X 和 Y 的相关系数，从而二维正态随机变量 (X,Y) 的分布完全可由 X，Y 各自的数学期望、方差以及它们的相关系数来确定.

由上一章讨论可知，若 (X,Y) 服从二维正态分布，那么 X 和 Y 相互独立的充要条件是 $\rho=0$，即 X 与 Y 不相关. 因此，对于二维正态随机变量 (X,Y) 来说，X 和 Y 不相关与 X 和 Y 相互独立是等价的.

第四节　矩、协方差矩阵

数学期望、方差、协方差是随机变量最常用的数字特征，它们都是特殊的矩. 矩是更广泛的数字特征.

定义 4.4　设 X 和 Y 是随机变量，若

$$E(X^k),k=1,2,\cdots$$

存在，则称它为 X 的 k 阶原点矩，简称 k 阶矩，记为 $\mu_k=E(X^k)$，$k=1$，2，….

若
$$E\{[X-E(X)]^k\},\quad k=1,2,\cdots$$
存在，则称它为 X 的 k 阶中心矩.

若
$$E(X^kY^l),\quad k,l=1,2,\cdots$$
存在，则称它为 X 和 Y 的 $k+l$ 阶混合矩.

若
$$E\{[X-E(X)]^k[Y-E(Y)]^l\},\quad k,l=1,2,\cdots$$
存在，则称它为 X 和 Y 的 $k+l$ 阶混合中心矩.

显然，X 的数学期望 $E(X)$ 是 X 的一阶原点矩，方差 $D(X)$ 是 X 的二阶中心矩，协方差 $\mathrm{Cov}(X,Y)$ 是 X 和 Y 的 $1+1$ 阶混合中心矩.

若 X 为离散型随机变量，其分布律为 $P\{X=x_i\}=p_i(i=1,2,\cdots)$，则

$$E(X^k)=\sum_{i=1}^{+\infty}x_i^kp_i,$$

$$E\{[X-E(X)]^k\}=\sum_{i=1}^{+\infty}[X_i-E(X)]^kp_i.$$

若 X 为连续型随机变量，其概率密度为 $f(x)$，则

$$E(X^k)=\int_{-\infty}^{+\infty}x^kf(x)\,\mathrm{d}x,$$

$$E\{[X-E(X)]^k\}=\int_{-\infty}^{+\infty}[x-E(X)]^kf(x)\,\mathrm{d}x.$$

*下面介绍 n 维随机变量的协方差矩阵.

设 n 维随机变量 $(X_1,X_2,\cdots,X_n)$ 的 $1+1$ 阶混合中心矩

$$\begin{aligned}\sigma_{ij}&=\mathrm{Cov}(X_i,X_j)\\&=E\{[X_i-E(X_i)][X_j-E(X_j)]\},i,j=1,2,\cdots,n\end{aligned}$$

都存在，则称矩阵

$$\boldsymbol{\Sigma}=\begin{bmatrix}\sigma_{11} & \sigma_{12} & \cdots & \sigma_{1n}\\ \sigma_{21} & \sigma_{22} & \cdots & \sigma_{2n}\\ \vdots & \vdots & & \vdots\\ \sigma_{n1} & \sigma_{n2} & \cdots & \sigma_{nn}\end{bmatrix}$$

为 n 维随机变量（X_1，X_2，…，X_n）的协方差矩阵.

由于 $\sigma_{ij}=\sigma_{ji}$（i，$j=1$，2，…，n），因此 $\boldsymbol{\Sigma}$ 是一个对称矩阵.

协方差矩阵给出了 n 维随机变量的全部方差及协方差，因此在研究 n 维随机变量的统计规律时，协方差矩阵是很重要的. 利用协方差矩阵还可以简洁地表示 n 维正态分布的概率密度.

首先用协方差矩阵重写二维正态随机变量 (X_1,X_2) 的概率密度.

$$f(x_1,x_2)=\frac{1}{2\pi\sigma_1\sigma_2\sqrt{1-\rho^2}}\times$$
$$\exp\left\{-\frac{1}{2(1-\rho^2)}\left[\frac{(x_1-\mu_1)^2}{\sigma_1^2}-2\rho\frac{(x_1-\mu_1)(x_2-\mu_2)}{\sigma_1\sigma_2}+\frac{(x_2-\mu_2)^2}{\sigma_2^2}\right]\right\}.$$

令 $\boldsymbol{X}=\begin{pmatrix}x_1\\x_2\end{pmatrix}$，$\boldsymbol{\mu}=\begin{pmatrix}\mu_1\\\mu_2\end{pmatrix}$，（$X_1$，$X_2$）的协方差矩阵为

$$\boldsymbol{\Sigma}=\begin{pmatrix}\sigma_{11} & \sigma_{12}\\ \sigma_{21} & \sigma_{22}\end{pmatrix}=\begin{pmatrix}\sigma_1^2 & \rho\sigma_1\sigma_2\\ \rho\sigma_1\sigma_2 & \sigma_2^2\end{pmatrix}.$$

它的行列式 $|\boldsymbol{\Sigma}|=\sigma_1^2\sigma_2^2(1-\rho^2)$，逆阵

$$\boldsymbol{\Sigma}^{-1}=\frac{1}{|\boldsymbol{\Sigma}|}\begin{pmatrix}\sigma_2^2 & -\rho\sigma_1\sigma_2\\ -\rho\sigma_1\sigma_2 & \sigma_1^2\end{pmatrix}.$$

由于

$$\begin{aligned}&(\boldsymbol{X}-\boldsymbol{\mu})^{\mathrm{T}}\boldsymbol{\Sigma}^{-1}(\boldsymbol{X}-\boldsymbol{\mu})\\
&=\frac{1}{|\boldsymbol{\Sigma}|}(x_1-\mu_1,x_2-\mu_2)\begin{pmatrix}\sigma_2^2 & -\rho\sigma_1\sigma_2\\ -\rho\sigma_1\sigma_2 & \sigma_1^2\end{pmatrix}\begin{pmatrix}x_1-\mu_1\\x_2-\mu_2\end{pmatrix}\\
&=\frac{1}{1-\rho^2}\left[\frac{(x_1-\mu_1)^2}{\sigma_1^2}-2\rho\frac{(x_1-\mu_1)(x_2-\mu_2)}{\sigma_1\sigma_2}+\frac{(x_2-\mu_2)^2}{\sigma_2^2}\right].\end{aligned}$$

因此 (X_1,X_2) 的概率密度可写成

$$f(x_1,x_2)=\frac{1}{2\pi\sqrt{|\boldsymbol{\Sigma}|}}\exp\left\{-\frac{1}{2}(\boldsymbol{X}-\boldsymbol{\mu})^{\mathrm{T}}\boldsymbol{\Sigma}^{-1}(\boldsymbol{X}-\boldsymbol{\mu})\right\}.$$

上式容易推广到 n 维的情形.

设 $\{X_1,X_2,\cdots,X_n\}$ 是 n 维随机变量，令

$$\boldsymbol{X}=\begin{pmatrix}x_1\\x_2\\\vdots\\x_n\end{pmatrix},\ \boldsymbol{\mu}=\begin{pmatrix}\mu_1\\\mu_2\\\vdots\\\mu_n\end{pmatrix}=\begin{pmatrix}E(X_1)\\E(X_2)\\\vdots\\E(X_n)\end{pmatrix},$$

定义 n 维正态随机变量 $(X_1,X_2,\cdots,X_n)$ 的概率密度为

$$f(x_1,x_2,\cdots,x_n)=\frac{1}{(2\pi)^{\frac{n}{2}}\sqrt{|\boldsymbol{\Sigma}|}}\exp\left\{-\frac{1}{2}(\boldsymbol{X}-\boldsymbol{\mu})^{\mathrm{T}}\boldsymbol{\Sigma}^{-1}(\boldsymbol{X}-\boldsymbol{\mu})\right\},$$

其中，$\boldsymbol{\Sigma}$ 是 $(X_1,X_2,\cdots,X_n)$ 的协方差矩阵.

n 维正态随机变量具有以下几条重要性质：

(1) n 维随机变量 $(X_1,X_2,\cdots,X_n)$ 服从 n 维正态分布的充要条件是 X_1，X_2，$\cdots$，X_n 的任意的线性组合

$$l_1X_1+l_2X_2+\cdots+l_nX_n$$

服从一维正态分布（其中 l_1，l_2，$\cdots$，l_n 不全为零）.

(2) 若 $(X_1,X_2,\cdots,X_n)$ 服从 n 维正态分布，设 Y_1，Y_2，$\cdots$，Y_k 是 X_1，X_2，$\cdots$，X_n 的线性函数，则（Y_1，Y_2，$\cdots$，Y_k）服从 k 维正态分布.

(3) 设 $(X_1,X_2,\cdots,X_n)$ 服从 n 维正态分布，则 X_1，X_2，$\cdots$，X_n 相互独立的充要条件是 X_1，X_2，$\cdots$，X_n 两两不相关.

小　结

随机变量的数字特征是描述随机变量某一方面特征的数量指标，它虽不像分布函数那样完整地描述了随机变量，却有其自身的优势：简单明了、重点突出、直观实用. 本章学习的五个数学特征中，数学期望和方差描述一维随机变量自身的数字特征；协方差和相关系数描述二维随机变量分量之间关系的数字特征；矩在某种程度上是所有数学特征的总称，在后面统计部分的学习中将派上用场.

数学期望 $E(X)$ 刻画了随机变量取值的平均水平，在较集中地反映了随机变量变化的一些平均特征. 当我们求随机变量的函数 $Y=g(X)$ 的数学期望 $E(Y)$ 时，不必先求出 $y=E(X)$ 的分布律或概率密度，只需利用 X 的分布律或概率密度就可以了.

方差 $D(X)$ 刻画了随机变量的取值与其均值的平均偏离程度，是对随机变量取值稳定性的度量.

协方差 $\mathrm{Cov}(X,Y)$ 和相关系数 ρ_{XY} 是刻画二维随机变量分量之间关联程度的数字特征. 相关系数有时也称为线性相关系数，它用来描述二维随机变量 X 与 Y 之间的“线性相关”程度. 随着 $|\rho_{XY}|$ 值的增大，X 与 Y 之间的线性相关程度增强. 当 $|\rho_{XY}|=1$ 时，X 与 Y 完全线性相关；当 $|\rho_{XY}|=0$ 时，X 与 Y 不相关. 此时的不相关是指 X 与 Y 存在线性关系的可能性为零，但它们之间还可能存在除线性关系之外的关系.

独立和不相关是两个容易混淆的概念，一般情况下，X，Y 相互独立则 X，Y 一定不相关，但 X，Y 不相关时 X，Y 并不一定相互独立. 但对某些特定的分布而言，也有例外. 如二维正态变量 (X_1,X_2)，X 和 Y 不相关与 X 和 Y 相互独立是等价的. 而正态变量 X，Y 的相关系数 ρ_{XY} 就是参数 ρ. 于是用 $\rho=0$ 是否成立来检验 X，Y 是否相互独立是很方便的.

习题四

1. 设随机变量 X 的分布律如表 4.13 所示.

表 4.13

X	-1	0	1	2
P	$\frac{1}{8}$	$\frac{1}{2}$	$\frac{1}{8}$	$\frac{1}{4}$

求 $E(X)$，$E(X^2)$，$E(2X+3)$.

2. 已知100个产品中有10个次品，求任意取出的5个产品中次品数的数学期望和方差.

3. 设随机变量 X 的分布律如表 4.14 所示.

表 4.14

X	-1	0	1
P	p_1	p_2	p_3

且已知 $E(X)=0.1$，$E(X^2)=0.9$，求 p_1，p_2，p_3.

4. 设随机变量 X 的概率密度为

$$f(x)=\begin{cases} x, & 0 \leqslant x < 1, \\ 2-x, & 1 \leqslant x \leqslant 2, \\ 0, & \text{其他}. \end{cases}$$

求 $E(X)$,$D(X)$.

5. 设随机变量 $W=(aX+3Y)^2$，$E(X)=E(Y)=0$，$D(X)=4$，$D(Y)=16$，$\rho_{XY}=-0.5$，求常数 a 为何值时 $E(W)$ 最小.

6. 设随机变量 X，Y，Z 相互独立，且 $E(X)=5$，$E(Y)=11$，$E(Z)=8$，求下列随机变量的数学期望：

(1) $U=2X+3Y+1$；

(2) $V=YZ-4X$.

7. 设随机变量 X，Y 相互独立，且 $E(X)=E(Y)=3$，$D(X)=12$，$D(Y)=16$，求 $E(3X-2Y)$，$D(2X-3Y)$.

8. 设随机变量 X 的概率密度为 $f(x)=\begin{cases} e^{-x}, & x>0, \\ 0, & x\leqslant 0. \end{cases}$ 求 $Y=2X$ 的数学期望.

9. 设随机变量 (X,Y) 的概率密度为

$$f(x,y)=\begin{cases} k, & 0<x<1, 0<y<x, \\ 0, & \text{其他}. \end{cases}$$

试确定常数 k，并求 $E(XY)$.

10. 设 X，Y 是相互独立的随机变量，其概率密度分别为

$$f_X(x)=\begin{cases} 2x, & 0 \leqslant x \leqslant 1, \\ 0, & \text{其他}; \end{cases} \quad f_Y(y)=\begin{cases} e^{-(y-5)}, & y \geqslant 5, \\ 0, & \text{其他}. \end{cases}$$

求 $E(XY)$.

11. 设随机变量 X，Y 的概率密度分别为

$$f_X(x) = \begin{cases} 2e^{-2x}, & x > 0, \\ 0, & x \leqslant 0; \end{cases} f_Y(y) = \begin{cases} 4e^{-4y}, & y > 0, \\ 0, & y \leqslant 0. \end{cases}$$

求：

(1) $E(X+Y)$；

(2) $E(2X-3Y^2)$.

12. 设二维随机变量 (X,Y) 在矩形域 $D=\{(x,y)|0\leqslant x\leqslant 1,0\leqslant y\leqslant 2\}$ 上服从均匀分布，求 $E(X)$,$E(Y)$ 和 $E(XY)$.

13. 设随机变量 X 的概率密度为

$$f(x) = \begin{cases} cxe^{-k^2x^2}, & x \geqslant 0, \\ 0, & x < 0. \end{cases}$$

求：

(1) 系数 c；

(2) $E(X)$；

(3) $D(X)$.

14. 一工厂生产的某种设备的寿命 X（以“年”计）服从指数分布，概率密度为

$$f(x) = \begin{cases} \frac{1}{4}e^{-\frac{x}{4}}, & x > 0, \\ 0, & x \leqslant 0. \end{cases}$$

为确保消费者的利益，工厂规定出售的设备在一年内损坏可以调换. 若售出一台设备，工厂获利 100 元，而调换一台则损失 200 元，试求工厂出售一台设备赢利的数学期望.

15. 设随机变量 (X,Y) 具有概率密度

$$f(x,y) = \begin{cases} \frac{1}{8}(x+y), & 0\leqslant x\leqslant 2, \quad 0\leqslant y\leqslant 2, \\ 0, & \text{其他}. \end{cases}$$

求 $E(X)$，$E(Y)$，$\mathrm{Cov}(X,Y)$，ρ_{XY}，$D(X+Y)$.

16. 设 X_1，X_2，…，X_n 是相互独立的随机变量，且有 $E(X_i)=\mu$，$D(X_i)=\sigma^2, i=1, 2,\cdots,n$，记

$$\overline{X} = \frac{1}{n}\sum_{i=1}^{n}X_i,\ S^2 = \frac{1}{n-1}\sum_{i=1}^{n}(X_i-\overline{X})^2.$$

(1) 验证 $E(\overline{X})=\mu$，$D(\overline{X})=\frac{\sigma^2}{n}$；

(2) 验证 $S^2 = \frac{1}{n-1}\left(\sum_{i=1}^{n}X_i^2 - n\overline{X}^2\right)$；

(3) 验证 $E(S^2)=\sigma^2$.

17. 对随机变量 X 和 Y，已知 $D(X)=2$，$D(Y)=3$，$\mathrm{Cov}(X,Y)=-1$.

计算：$\mathrm{Cov}(3X-2Y+1,X+4Y-3)$.

18. 设随机变量 (X, Y) 的分布律如表 4.15 所示.

表 4.15

X \ Y	-1	0	1
-1	$\frac{1}{8}$	$\frac{1}{8}$	$\frac{1}{8}$
0	$\frac{1}{8}$	0	$\frac{1}{8}$
1	$\frac{1}{8}$	$\frac{1}{8}$	$\frac{1}{8}$

验证 X 和 Y 是不相关的，但 X 和 Y 不是相互独立的.

19. 设二维随机变量 (X,Y) 在以（0，0），（0，1），（1，0）为顶点的三角形区域上服从均匀分布，求 $\mathrm{Cov}(X,Y)$，ρ_{XY}.

20. 设 (X,Y) 的概率密度为

$$f(x,y)=\begin{cases}\frac{1}{2}\sin(x+y), & 0\leqslant x\leqslant\frac{\pi}{2},\quad 0\leqslant y\leqslant\frac{\pi}{2},\\ 0, & \text{其他}.\end{cases}$$

求协方差 $\mathrm{Cov}(X,Y)$ 和相关系数 ρ_{XY}.

21. 已知二维随机变量 (X,Y) 的协方差矩阵为 $\begin{pmatrix}1 & 1\\ 1 & 4\end{pmatrix}$，试求 $Z_1=X-2Y$ 和 $Z_2=2X-Y$ 的相关系数.

22. 对于两个随机变量 V，W，若 $E(V^2)$，$E(W^2)$ 存在，证明：

$$[E(VW)]^2\leqslant E(V^2)E(W^2).$$

这一不等式称为柯西－许瓦兹（Cauchy-Schwarz）不等式.

23. 已知甲、乙两箱中装有同种产品，其中甲箱中装有 3 件合格品和 3 件次品，乙箱中仅装有 3 件合格品. 从甲箱中任取 3 件产品放入乙箱后，求：

（1）乙箱中次品件数 Z 的数学期望；

（2）从乙箱中任取一件产品是次品的概率.

24. 假设由自动线加工的某种零件的内径 X（单位：毫米）服从正态分布 $N(\mu,1)$，内径小于 10 或大于 12 为不合格品，其余为合格品. 销售每件合格品都获利，销售每件不合格品都亏损，已知销售利润 T（单位：元）与销售零件的内径 X 有如下关系：

$$T=\begin{cases}-1, & X<10,\\ 20, & 10\leqslant X\leqslant 12,\\ -5, & X>12.\end{cases}$$

问：平均直径 μ 取何值时，销售一个零件的平均利润最大？

25. 设随机变量 X 的概率密度为

$$f(x)=\begin{cases}\frac{1}{2}\cos\frac{x}{2}, & 0\leqslant x\leqslant\pi,\\ 0, & \text{其他}.\end{cases}$$

对 X 独立地重复观察 4 次，用 Y 表示观察值大于 $\frac{\pi}{3}$ 的次数，求 Y^2 的数学期望.

26. 两台同样的自动记录仪，每台无故障工作的时间 T_i （$i=1, 2$）服从参数为 5 的指数分布，首先开动其中一台，当其发生故障时停用而另一台自动开启. 试求两台记录仪无故障工作的总时间 $T=T_1+T_2$ 的概率密度 $f_T(t)$、数学期望 $E(T)$ 及方差 $D(T)$.

27. 设两个随机变量 X，Y 相互独立，且都服从均值为 0，方差为 $\frac{1}{2}$ 的正态分布，求随机变量 $|X-Y|$ 的方差.

28. 某流水生产线上每个产品不合格的概率为 $p(0<p<1)$，各产品合格与否相互独立，当出现一个不合格产品时，即停机检修. 设开机后第一次停机时已生产了的产品个数为 X，求 $E(X)$ 和 $D(X)$.

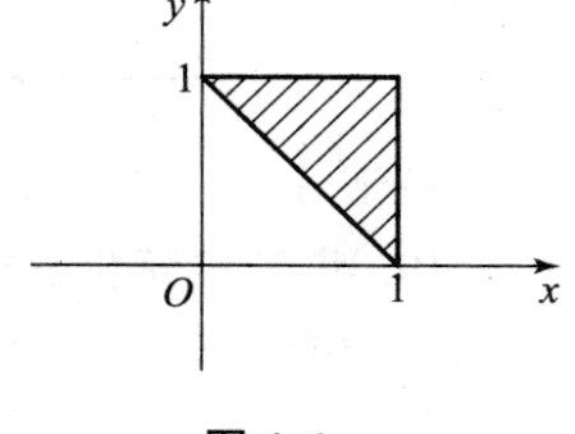

图 4.1

29. 设随机变量 X 和 Y 的联合分布在点 (0, 1)，(1, 0) 及 (1, 1) 为顶点的三角形区域上服从均匀分布（见图 4.1），试求随机变量 $U=X+Y$ 的方差.

30. 设随机变量 U 在区间 $(-2, 2)$ 内服从均匀分布，随机变量

$$X=\begin{cases}-1, & U\leqslant -1,\\ 1, & U>-1;\end{cases}\quad Y=\begin{cases}-1, & U\leqslant 1,\\ 1, & U>1.\end{cases}$$

试求：

(1) X 和 Y 的联合概率分布；

(2) $D(X+Y)$.

31. 设随机变量 X 的概率密度为 $f(x)=\frac{1}{2}e^{-|x|}(-\infty<x<+\infty)$.

(1) 求 $E(X)$ 及 $D(X)$；

(2) 求 $\mathrm{Cov}(X,|X|)$，并求 X 与 $|X|$ 是否不相关.

(3) X 与 $|X|$ 是否相互独立?

32. 已知 (X, Y) 服从二维正态分布，且随机变量 X 和 Y 分别服从正态分布 $N(1,3^2)$ 和 $N(0,4^2)$，且 X 与 Y 的相关系数 $\rho_{XY}=-\frac{1}{2}$，设 $Z=\frac{X}{3}+\frac{Y}{2}$.

(1) 求 Z 的数学期望 $E(Z)$ 和方差 $D(Z)$；

(2) 求 X 与 Z 的相关系数 ρ_{XZ}；

(3) X 与 Z 是否相互独立?

33. 将一枚硬币重复掷 n 次，以 X 和 Y 表示正面向上和反面向上的次数. 试求 X 和 Y 的相关系数 ρ_{XY}.

34. 设随机变量 X 和 Y 的联合概率分布如表 4.16 所示.

表 4.16

X \ Y	-1	0	1
0	0.07	0.18	0.15
1	0.08	0.32	0.20

试求 X 和 Y 的相关系数 ρ_{XY}.

35. 对于任意两事件 A 和 B，$0<P(A)<1$，$0<P(B)<1$，则称 $\rho=\dfrac{P(AB)-P(A)\cdot P(B)}{\sqrt{P(A)P(B)P(\bar{A})P(\bar{B})}}$ 为事件 A 和 B 的相关系数. 试证：

（1）事件 A 和 B 独立的充分必要条件是 $\rho=0$；

（2）$|\rho|\leqslant 1$.

36. 设随机变量 X 的概率密度为

$$f_X(x)=\begin{cases}\dfrac{1}{2}, & -1<x<0,\\ \dfrac{1}{4}, & 0\leqslant x<2,\\ 0, & \text{其他}.\end{cases}$$

令 $Y=X^2$，$F(x,y)$ 为二维随机变量 (X,Y) 的分布函数，求：

（1）Y 的概率密度 $f_Y(y)$；

（2）$\mathrm{Cov}(X,Y)$；

（3）$F\left(-\dfrac{1}{2},4\right)$.

第五章

大数定律与中心极限定理

学习目标

了解切比雪夫不等式，独立同分布随机变量的大数定理成立的条件及结论，独立同分布的中心极限定理和棣莫弗—拉普拉斯定理（二项分布以正态分布为极限分布）的应用条件和结论，并会用相关定理近似计算有关随机事件的概率.

第一节　大数定律

第一章曾讲过，事件发生的频率具有稳定性，即随着试验次数的增加，事件发生的频率逐渐稳定于某个常数，而发生偏离这个固定值较大的可能性很小. 例如，独立地抛掷一枚质地均匀的硬币 n 次，当 n 充分大后，出现正面的频率 $\frac{m}{n}$ 与 $\frac{1}{2}$ 很接近（其中 m 表示此 n 次试验中出现正面的次数）. 概率这一概念，正是对频率的这一特征进行抽象而形成的. 在大量的随机现象中，我们不仅发现随机事件的频率具有稳定性，而且发现大量的随机现象的平均结果也具有稳定性. 这就是说，无论个别随机现象的结果以及它们在进行过程中的个别特征如何，大量随机现象的平均结果实际上与每一个个别现象的特征无关，几乎不再是随机的了.

概率中用来阐明大量随机现象平均结果的稳定性的一系列定律称为大数定律. 在引入大数定律之前，我们先学习一个重要的不等式——切比雪夫不等式. 前面已经讲过，方差及标准差是用来衡量随机变量的取值与其数学期望的偏差程度的，随机变量 X 的取值与数学期望 $E(X)$ 的偏差越小，方差 $D(X)$ 与标准差 $\sigma(X)$ 也越小，反之亦然. 因此当 $D(X)$ 与 $\sigma(X)$ 越小时，X 的取值接近 $E(X)$ 的可能性就越大. 下面来估计一下随机事件 $\{|X-E(X)|\geqslant\varepsilon\}$ 的概率.

定理 5.1　（切比雪夫不等式）设随机变量 X 具有有限的方差 $D(X)$，则对 $\forall\varepsilon>0$，有

$$P\{|X-E(X)|\geqslant\varepsilon\}\leqslant\frac{D(X)}{\varepsilon^2}. \tag{5-1}$$

证　不妨设 X 是连续型随机变量，其概率密度为 $f(x)$，则有

$$P\{|X-E(X)|\geqslant\varepsilon\}=\int_{|X-E(X)|\geqslant\varepsilon}f(x)\,\mathrm{d}x\leqslant\int_{|X-E(X)|\geqslant\varepsilon}\frac{|X-E(X)|^2}{\varepsilon^2}f(x)\,\mathrm{d}x$$

$$\leqslant\frac{1}{\varepsilon^2}\int_{-\infty}^{+\infty}[X-E(X)]^2f(x)\,\mathrm{d}x=\frac{D(X)}{\varepsilon^2}.$$

该不等式表明，当 $D(X)$ 很小时，$P\{|X-E(X)|\geqslant\varepsilon\}$ 也很小，即 X 的取值与数学期望 $E(X)$ 的偏差越小．这再次说明方差是描述 X 取值分散程度的一个量.

请读者自己证明 X 是离散型随机变量的情况.

另外，切比雪夫不等式也可表示成

$$P\{|X-E(X)|<\varepsilon\}\geqslant1-\frac{D(X)}{\varepsilon^2}. \tag{5-2}$$

这个不等式给出了在随机变量 X 的分布未知的情况下事件 $\{|X-E(X)|<\varepsilon\}$ 的概率的下限估计.

【例 5-1】　设 X 是掷一颗骰子所出现的点数，若给定 $\varepsilon=1$，2，实际计算 $P\{|X-E(X)|\geqslant\varepsilon\}$，并验证切比雪夫不等式成立.

解　因为 X 的概率分布律是 $P\{X=k\}=\frac{1}{6}(k=1,2,\cdots,6)$，所以

$$E(X)=\frac{7}{2},D(X)=\frac{35}{12}.$$

$$P\left\{\left|X-\frac{7}{2}\right|\geqslant1\right\}=P\{X=1\}+P\{X=2\}+P\{X=5\}+P\{X=6\}=\frac{2}{3};$$

$$P\left\{\left|X-\frac{7}{2}\right|\geqslant2\right\}=P\{X=1\}+P\{X=6\}=\frac{1}{3}.$$

当 $\varepsilon=1$ 时，
$$\frac{D(X)}{\varepsilon^2}=\frac{35}{12}>\frac{2}{3};$$

当 $\varepsilon=2$ 时，
$$\frac{D(X)}{\varepsilon^2}=\frac{1}{4}\times\frac{35}{12}=\frac{35}{48}>\frac{1}{3}.$$

可见切比雪夫不等式成立.

切比雪夫不等式在具体计算中只能给出事件的下限或上限估计，而没有计算出具体值. 即切比雪夫不等式在理论上具有重要意义，但是估计的精度不高.

切比雪夫不等式作为一个理论工具，在大数定律证明中可使证明非常简洁.

定义 5.1　设 $Y_1,Y_2,\cdots,Y_n,\cdots$ 是一个随机变量序列，a 是一个常数，若对于任意正数 ε，有 $\lim\limits_{n\to\infty}P\{|Y_n-a|<\varepsilon\}=1$，则称序列 Y_1，Y_2，…，Y_n，…依概率收敛于 a. 记为 $Y_n\xrightarrow{P}a(n\to\infty)$.

下面介绍四个定理，它们分别反映了算术平均值及频率的稳定性.

定理 5.2（**切比雪夫大数定律**）设 X_1，X_2，…，X_n，…是相互独立的随机变量序列，每一随机变量均存在有限的数学期望 $E(X_1)$，$E(X_2)$，…，$E(X_n)$，…及方差 $D(X_1)$，$D(X_2)$，…，

$D(X_n)$，…，并且对于所有的 $i=1,2,\cdots$ 有 $D(X_i)<l$，其中 l 是与 i 无关的常数，则对任意的 $\varepsilon>0$，有

$$\lim_{n\to\infty}P\left\{\left|\frac{1}{n}\sum_{i=1}^{n}X_i-\frac{1}{n}\sum_{i=1}^{n}E(X_i)\right|<\varepsilon\right\}=1. \tag{5-3}$$

证明 因 $X_1,X_2,\cdots,X_n,\cdots$ 相互独立，所以

$$D\left(\frac{1}{n}\sum_{i=1}^{n}X_i\right)=\frac{1}{n^2}\sum_{i=1}^{n}D(X_i)<\frac{1}{n^2}\cdot nl=\frac{l}{n}.$$

又因

$$E\left(\frac{1}{n}\sum_{i=1}^{n}X_i\right)=\frac{1}{n}E\left(\sum_{i=1}^{n}X_i\right),$$

由式（5-2），对任意的 $\varepsilon>0$，有

$$P\left\{\left|\frac{1}{n}\sum_{i=1}^{n}X_i-\frac{1}{n}\sum_{i=1}^{n}E(X_i)\right|<\varepsilon\right\}\geqslant 1-\frac{l}{n\varepsilon^2},$$

但是任何事件的概率都不会超过1，即

$$1-\frac{l}{n\varepsilon^2}\leqslant P\left\{\left|\frac{1}{n}\sum_{i=1}^{n}X_i-\frac{1}{n}\sum_{i=1}^{n}E(X_i)\right|<\varepsilon\right\}\leqslant 1,$$

因此

$$\lim_{n\to\infty}P\left\{\left|\frac{1}{n}\sum_{i=1}^{n}X_i-\frac{1}{n}\sum_{i=1}^{n}E(X_i)\right|<\varepsilon\right\}=1.$$

该定理表明，当 n 很大时，n 个独立随机变量的平均数这个随机变量的离散程度是很小的. 这意味着，经过算术平均以后得到的随机变量将比较密集地聚集在它的数学期望附近，它与数学期望之差依概率收敛于0.

定理 5.3（切比雪夫大数定律的特殊情况） 设随机变量 $X_1,X_2,\cdots,X_n,\cdots$ 相互独立，且具有相同的数学期望 $E(X_k)=\mu$ 和方差 $D(X_k)=\sigma^2(k=1,2,\cdots)$，做前 n 个随机变量的算术平均 $Y_n=\frac{1}{n}\sum_{k=1}^{n}X_k$，则对任意的 $\varepsilon>0$，有

$$\lim_{n\to\infty}P\{|Y_n-\mu|<\varepsilon\}=1. \tag{5-4}$$

这个结论很有实际意义：人们在进行精密测量时，为了减少随机误差，往往重复测量多次，测得若干实测值 $X_1,X_2,\cdots,X_n,\cdots$，然后用其平均值 $\frac{1}{n}\sum_{i=1}^{n}X_i$ 来代替 μ.

定理 5.4（伯努利大数定律） 设 n_A 是 n 次独立重复试验中事件 A 出现的次数，而 $p(0<p<1)$ 是事件 A 在每次试验中出现的概率，则对 $\forall\varepsilon>0$，有

$$\lim_{n\to\infty}P\left\{\left|\frac{n_A}{n}-p\right|<\varepsilon\right\}=1, \tag{5-5}$$

或

$$\lim_{n\to\infty}P\left\{\left|\frac{n_A}{n}-p\right|\geqslant\varepsilon\right\}=0.$$

证 令随机变量 $X_k=\begin{cases}1, & \text{第 } k \text{ 次试验中 } A \text{ 出现},\\ 0, & \text{第 } k \text{ 次试验中 } A \text{ 不出现}.\end{cases}\quad k=1,2,\cdots.$

由于 X_k 只依赖于第 k 次试验，而每次试验又相互独立，故 $X_1,X_2,\cdots,X_n,\cdots$ 相互独

立；又由于 X_k 服从两点分布，故有 $E(X_k)=p$，$D(X_k)=p(1-p)$，$k=1,2,\cdots$.

由切比雪夫大数定律有

$$\lim_{n\to\infty}P\left\{\left|\frac{1}{n}\sum_{k=1}^{n}X_k-p\right|<\varepsilon\right\}=1,$$

即

$$\lim_{n\to\infty}P\left\{\left|\frac{n_A}{n}-p\right|\geqslant\varepsilon\right\}=0.$$

伯努利大数定律表明，事件发生的频率 $\frac{n_A}{n}$ 依概率收敛于事件 A 的概率 p，这个定理以严格的数学形式表达了频率的稳定性．即当 n 很大时，事件发生的频率与概率有较大偏差的可能性很小．由实际推断原理，在实际应用中，当试验次数很大时，便可以用事件发生的频率来代替事件的概率．

切比雪夫大数定律要求随机变量 $X_1,X_2,\cdots,X_n,\cdots$ 的方差存在，但在随机变量服从相同分布的场合，并不需要这一要求，从而我们有以下定理．

定理 5.5（辛钦大数定律） 设随机变量 $X_1,X_2,\cdots,X_n,\cdots$ 相互独立并服从同一分布，且具有数学期望 $E(X_k)=\mu(k=1,2,\cdots)$，则 $\forall\varepsilon>0$，有

$$\lim_{n\to\infty}P\left\{\left|\frac{1}{n}\sum_{k=1}^{n}X_k-\mu\right|<\varepsilon\right\}=1. \tag{5-6}$$

显然，伯努利大数定律是辛钦大数定律的特殊情况．

这一定律使算术平均值的法则有了理论依据．实际应用中往往用某物体的某一指标值的一系列实测值的算术平均值来作为该指标值的近似值．

第二节　中心极限定理

正态分布在随机变量的各种分布中占有特别重要的地位．在某些条件下，即使原来并不服从正态分布的一些独立的随机变量，它们的和的分布，当随机变量的个数无限增加时，也是趋于正态分布的．在概率论中，把研究在什么条件下大量独立随机变量和的分布以正态分布为极限的这一类定理称为中心极限定理．

定理 5.6（独立同分布的中心极限定理） 设随机变量 $X_1,X_2,\cdots,X_n,\cdots$ 相互独立，服从同一分布，且具有数学期望 $E(X_k)=\mu$，方差 $D(X_k)=\sigma^2>0(k=1,2,\cdots)$，则随机变量

$$Y_n=\frac{\sum_{k=1}^{n}X_k-E\left(\sum_{k=1}^{n}X_k\right)}{\sqrt{D\left(\sum_{k=1}^{n}X_k\right)}}=\frac{\sum_{k=1}^{n}X_k-n\mu}{\sqrt{n}\sigma}$$

的分布函数 $F_n(x)$ 对于任意 x 满足

$$\lim_{n\to\infty}F_n(x)=\lim_{n\to\infty}P\left\{\frac{\sum_{k=1}^{n}X_k-n\mu}{\sqrt{n}\sigma}\leqslant x\right\}=\int_{-\infty}^{x}\frac{1}{\sqrt{2\pi}}e^{-\frac{t^2}{2}}dt. \tag{5-7}$$

从定理 5.6 的结论可知，当 n 充分大时，近似地，有

$$Y_n = \frac{\sum_{k=1}^{n} X_k - n\mu}{\sqrt{n\sigma^2}} \sim N(0,1).$$

或者说，当 n 充分大时，近似地，有

$$\sum_{k=1}^{n} X_k \sim N(n\mu, n\sigma^2). \quad (5-8)$$

如果用 X_1，X_2，…，X_n，…表示相互独立的各随机因素，假定它们都服从相同的分布（不论服从什么分布），且都有有限的期望与方差（每个因素的影响有一定限度），则式（5－8）说明，作为和式 $\sum_{k=1}^{n} X_k$ 这个随机变量，当 n 充分大时，便近似地服从正态分布.

【例 5－2】 一个螺丝钉的质量是一个随机变量，期望值是 100 克，标准差是 10 克，求一盒（100 个）同型号螺丝钉的质量超过 10.2 千克的概率.

解 设一盒质量为 X，盒中第 i 个螺丝钉的质量为 X_i（$i=1$，2，…，100）. 由题意知：X_1，X_2，…，X_{100} 相互独立，$E(X_i)=100$，$\sqrt{D(X_i)}=10$，则有 $X = \sum_{i=1}^{n} X_i$，且

$$E(X) = 100 \cdot E(X_i) = 10\,000(\text{克}), \sqrt{D(X)} = 100(\text{克}).$$

根据定理 5.6，有

$$P\{X > 10\,200\} = P\left\{\frac{X-10\,000}{100} > \frac{10\,200-10\,000}{100}\right\} = 1 - P\left\{\frac{X-10\,000}{100} \leqslant 2\right\}$$
$$\approx 1 - \Phi(2) = 1 - 0.977\,2 = 0.022\,8.$$

定理 5.7 （**李雅普诺夫定理**）设随机变量 X_1，X_2，…，X_n，…相互独立，其数学期望和方差分别为 $E(X_k)=\mu_k$，$D(X_k)=\sigma_k^2>0(k=1,2,\cdots)$.

记 $B_n^2 = \sum_{k=1}^{n} \sigma_k^2$，若存在正数 δ，使得当 $n\to\infty$ 时，有 $\frac{1}{B_n^{2+\delta}}\sum_{k=1}^{n} E\{|X_k-\mu_k|^{2+\delta}\} \to 0$，则随机变量

$$Z_n = \frac{\sum_{k=1}^{n} X_k - E(\sum_{k=1}^{n} X_k)}{\sqrt{D(\sum_{k=1}^{n} X_k)}} = \frac{\sum_{k=1}^{n} X_k - \sum_{k=1}^{n} \mu_k}{B_n}$$

的分布函数 $F_n(x)$ 对于任意 x 满足

$$\lim_{n\to\infty} F_n(x) = \lim_{n\to\infty} P\left\{\frac{\sum_{k=1}^{n} X_k - \sum_{k=1}^{n} \mu_k}{B_n} \leqslant x\right\} = \int_{-\infty}^{x} \frac{1}{\sqrt{2\pi}} e^{-\frac{t^2}{2}} dt. \quad (5-9)$$

这个定理说明，当 n 很大时，随机变量 $Z_n = \frac{\sum_{k=1}^{n} X_k - \sum_{k=1}^{n} \mu_k}{B_n}$ 近似地服从正态分布 $N(0,1)$. 因此，当 n 很大时，$\sum_{k=1}^{n} X_k = B_n Z_n + \sum_{k=1}^{n} \mu_k$ 近似地服从 $N(\sum_{k=1}^{n} \mu_k, B_n^2)$. 这表明无论

随机变量 $X_k(k=1,2,\cdots)$ 具有怎样的分布，只要满足定理条件，则它们的和 $\sum\limits_{k=1}^{n} X_k$，当 n 很大时，就近似地服从正态分布．而在许多实际问题中，所考虑的随机变量往往可以表示成多个独立的随机变量之和，因而它们常常近似地服从正态分布．这就是正态随机变量在概率论与数理统计中占有重要地位的主要原因，也是生活中经常会遇到正态随机变量的原因.

在数理统计中我们将看到，中心极限定理是大样本统计推断的理论基础.

定理 5.8　设随机变量 X 服从参数为 n，$p(0<p<1)$ 的二项分布，则

(1)［**拉普拉斯定理**］局部极限定理：当 n 充分大时，

$$P\{X=k\}\approx\frac{1}{\sqrt{2\pi npq}}\mathrm{e}^{-\frac{(k-np)^2}{2npq}}=\frac{1}{\sqrt{npq}}\varphi\left(\frac{k-np}{\sqrt{npq}}\right).\tag{5-10}$$

其中 $p+q=1$，$k=0$，1，2，…，n，$\varphi(x)=\frac{1}{\sqrt{2\pi}}\mathrm{e}^{-\frac{x^2}{2}}$.

(2)［**棣莫弗—拉普拉斯定理**］积分极限定理：对于任意的 x，恒有

$$\lim_{n\to\infty}P\left\{\frac{X-np}{\sqrt{np(1-p)}}\leqslant x\right\}=\int_{-\infty}^{x}\frac{1}{\sqrt{2\pi}}\mathrm{e}^{-\frac{t^2}{2}}\mathrm{d}t.\tag{5-11}$$

这个定理表明，二项分布以正态分布为极限．当 n 充分大时，我们可以利用上两式来近似地计算二项分布的概率.

【例 5-3】　一船舶在某海区航行，已知每遭受一次波浪的冲击，纵摇角大于3°的概率为 $p=\frac{1}{3}$，若船舶遭受了 90 000 次波浪冲击，问：其中有 29 500 ~ 30 500 次纵摇角大于 3°的概率是多少？

解　设 $A=\{$纵摇角大于 3°$\}$，$P(A)=p=\frac{1}{3}$，X 表示在 90 000 次波浪冲击中 A 发生的次数，则 $X\sim B\left(90\ 000,\ \frac{1}{3}\right)$．由定理 5.8 得

$$\begin{aligned}P\{29\ 500<X\leqslant 30\ 500\}&=P\left\{\frac{29\ 500-np}{\sqrt{np(1-p)}}<\frac{X-np}{\sqrt{np(1-p)}}\leqslant\frac{30\ 500-np}{\sqrt{np(1-p)}}\right\}\\&=P\left\{\frac{29\ 500-90\ 000\times\frac{1}{3}}{\sqrt{90\ 000\times\frac{1}{3}\left(1-\frac{1}{3}\right)}}<\frac{X-90\ 000\times\frac{1}{3}}{\sqrt{90\ 000\times\frac{1}{3}\left(1-\frac{1}{3}\right)}}\right.\\&\qquad\left.\leqslant\frac{30\ 500-90\ 000\times\frac{1}{3}}{\sqrt{90\ 000\times\frac{1}{3}\left(1-\frac{1}{3}\right)}}\right\}\\&\approx\Phi\left(\frac{5\sqrt{2}}{2}\right)-\Phi\left(-\frac{5\sqrt{2}}{2}\right)=0.995.\end{aligned}$$

正态分布和泊松分布虽然都是二项分布的极限分布，但前者只要求 $n\to\infty$，而后者以 $n\to\infty$，同时 $p\to 0$，$np\to\lambda$ 为条件，显然后者条件更为苛刻．一般来说，对于 n 很大，p 很小的二项分布（$np\leqslant 5$），用正态分布来近似不如用泊松分布计算精确.

【例 5-4】 每颗炮弹命中飞机的概率为 0.01，求 500 发炮弹中命中 5 发的概率.

解 500 发炮弹中命中飞机的炮弹数目 X 服从二项分布，$n=500$，$p=0.01$，$np=5$，$\sqrt{npq}\approx 2.2$.

下面用三种方法计算并加以比较：

(1) 用二项分布公式计算：

$$P\{X=5\}=C_{500}^{5}\times 0.01^{5}\times 0.99^{495}=0.17635.$$

(2) 用泊松公式计算，直接查表可得

$$np=\lambda=5, k=5, P_5(5)\approx 0.175467.$$

(3) 用拉普拉斯局部极限定理计算：

$$P\{X=5\}=\frac{1}{\sqrt{npq}}\varphi\left(\frac{5-np}{\sqrt{npq}}\right)\approx 0.1793.$$

可见，后者不如前者精确.

小 结

本章介绍了切比雪夫不等式、四个大数定律和三个中心极限定理. 切比雪夫不等式给出了随机变量 X 的分布未知，只知道 $E(X)$ 和 $D(X)$ 的情况下，对事件 $\{|X-E(X)|\leqslant\varepsilon\}$ 概率的下限估计.

人们在长期实践中认识到频率具有稳定性，即当试验次数增大时，频率稳定在一个常数的附近. 这一事实显示了可以用一个数来表征事件发生的可能性的大小. 这使人们认识到概率是客观存在的，进而由频率的三条性质的启发抽象地给出了概率的定义，因而频率的稳定性是概率定义的客观基础. 伯努利大数定律则以严密的数学形式论证了频率的稳定性.

中心极限定理表明，在相当一般的条件下，当独立随机变量的个数增加时，其和的分布趋于正态分布. 它阐明了正态分布的重要性. 中心极限定理也揭示了为什么在实际应用中会经常遇到正态分布，也就是揭示了产生正态分布变量的源泉. 另外，它提供了独立同分布随机变量之和 $\sum_{k=1}^{n}X_k$（其中 X_k 的方差存在）的近似分布，只要和式中加项的个数充分大，就可以不必考虑和式中的随机变量服从什么分布，都可以用正态分布来近似，这在应用上是有效和重要的.

习题五

1. 设随机变量 X 服从参数为 $\frac{1}{2}$ 的指数分布，根据切比雪夫不等式估计 $P\left(\left|X-\frac{1}{2}\right|\geqslant 1\right)$ 的值.

2. 若 $E(X)=12, D(X)=9$，用切比雪夫不等式估计 $P\{6<X<18\}\geqslant$________.

3. 已知 $E(X)=10, D(X)=4$，由切比雪夫不等式得 $P\{|X-10|\geqslant c\}\leqslant 0.04$，则 $c=$________.

4. 随机地掷 6 颗骰子，利用切比雪夫不等式估计 6 颗骰子出现点数之和在 15 点到 27 点之间的概率.

5. 设 X_k ($k=1, 2, \cdots, 100$) 是相互独立的随机变量，且 $E(X_k)=1, D(X_k)=2.4(k=1,2,\cdots,100)$，$Z=\sum_{k=1}^{100} X_k$，则由中心极限定理得 $P\{Z>90\}\approx$ ________.

6. 设 X_k ($k=1, 2, \cdots, 50$) 是相互独立的随机变量，它们都服从区间 $(-1, 1)$ 内的均匀分布，用中心极限定理计算 $P\{\sum_{k=1}^{50} X_k \geqslant 2\}=$ ________.

7. 一本书共300页，每页中印刷错误数都服从参数为0.2的泊松分布，求这本书的印刷错误总数不多于70的概率.

8. 在次品率为 $\frac{1}{6}$ 的一大批产品中，任意抽取300件产品，利用中心极限定理计算抽取的产品中次品件数在40与60之间的概率.

9. 有一批钢材，其中80%的长度不小于3米，现从钢材中随机抽取100根，试用中心极限定理求小于3米的钢材不超过30根的概率.

10. 在人寿保险公司里有3 000个同龄的人参加人寿保险. 在一年内每人的死亡率为0.1%，参加保险的人在一年内的第一天交付保险费10元，死亡时家属可以从保险公司领取2 000元. 试用中心极限定理求保险公司亏本的概率.

第六章

数理统计的基本概念

学习目标

(1) 了解数理统计的基本思想.

(2) 理解统计量的概念.

(3) 掌握常见统计量的抽样分布，掌握正态总体的样本均值与样本方差的分布.

前面五章的研究属于概率论的范畴. 我们已经看到，随机变量及其概率分布全面地描述了随机现象的统计规律性. 在概率论的许多实际问题中，概率分布通常被假定为已知的，而一切计算及推理均基于这个已知的分布进行. 从本章开始，我们将进入本课程的第二部分——数理统计的学习. 数理统计和概率论一样，都是研究随机现象统计规律性的学科，只不过概率论着重从理论上研究随机变量的一般规律性，而数理统计则研究如何运用概率论的基本理论，通过对样本的搜集、整理和分析，去估计或推断总体的某些性质或数字特征.

数理统计的内容很丰富，本书在介绍完数理统计的基本概念后，只介绍参数估计、假设检验等基础应用部分.

本章首先讨论总体、样本及统计量的基本概念，然后介绍几个常用的统计量及抽样分布.

第一节　随机样本

一、总体和样本

在数理统计中，我们将研究对象的全体所组成的集合称为总体，总体中的每一个元素称为个体. 对多数实际问题，总体中的个体是一些实际存在的人或物. 比如，我们要研究某大学的学生的身高情况，则该大学的全体学生的身高构成问题的总体，而每一个学生的身高即一个个体. 事实上，每个学生有许多特征，如性别、年龄、身高、体重、民族、籍贯等，而在该问题中，我们关心的只是该学生的身高，对其他的特征暂不予考虑. 这样，每个学生（个体）所具有的数量指标值——身高就是个体，而将所有身高全体看成总体. 这样，若抛开实际问题，总体就是一堆数，这堆数有大有小，有的出现的机会多，有的出现的机会少，因此，用一个概率分布去描述和归纳总体是恰当的. 从这个意义上看，总体就是一个分布，而其数量指标就是服从这个分布的随机变量. 以后说“从总体中抽样”与“从某分布中抽样”是同一个意思.

【例 6－1】 考察某厂的产品质量，将其产品分为合格品与不合格品，以 0 记为合格品，以 1 记为不合格品，则总体 = {该厂生产的全部合格品与不合格品} = {由 0 或 1 组成的一堆数}.

若以 p 表示这一堆数中 1 的比例（不合格品率），则该总体可由一个 0－1 分布表示，如表 6.1 所示.

表 6.1

X	0	1
P	$1-p$	p

不同的 p 反映了总体间的差异. 例如，两个生产同类产品的工厂的产品总体分布如表 6.2（a）、表 6.2（b）所示.

表 6.2（a）

X	0	1
P	0.983	0.017

表 6.2（b）

X	0	1
P	0.915	0.085

我们可以看到，第一个工厂的产品质量优于第二个工厂. 实际中，分布中的不合格品率是未知的，如何对之进行估计是统计学要研究的问题.

定义 6.1 设总体 X 是具有分布函数 F 的随机变量，若 X_1，X_2，…，X_n 是与 X 具有同一分布函数 $F(x)$ 且相互独立的随机变量，则称 X_1，X_2，…，X_n 为从分布函数 F（或总体 F，或总体 X）得到的容量为 n 的简单随机样本，简称样本. 它们的观察值 x_1，x_2，…，x_n 称为样本值，又称为 X 的 n 个独立的观察值.

若 X_1，X_2，…，X_n 为总体 X 的一个样本，X 的分布函数为 $F(x)$，因为随机变量 X_1，X_2，…，X_n 是相互独立的，并且与总体 X 有相同的分布函数 $F(x)$，则 X_1，X_2，…，X_n 的联合分布函数为

$$F^*(x_1,x_2,\cdots,x_n) = \prod_{i=1}^{n} F(x_i).$$

若 X 为离散型随机变量且具有分布律 $P\{X=x_i\}=p_i, i=1,2,\cdots$，则随机变量 X_1，X_2，…，X_n 的联合概率分布律为

$$P^*(x_1,x_2,\cdots,x_n) = \prod_{i=1}^{n} P(x_i).$$

若 X 为连续型随机变量且具有概率密度 $f(x)$，则随机变量 X_1，X_2，…，X_n 的联合概率密度为

$$f^*(x_1,x_2,\cdots,x_n) = \prod_{i=1}^{n} f(x_i).$$

搜集到的资料如果未经组织和整理，通常是没有什么价值的，这时需要对样本进行整理，编制成对实际工作有用的形式——频数分布表.

【例 6－2】 某工厂的劳资部门为了研究该厂工人的收入情况，收集了工人的工资资料，表 6. 3 记录了该厂 30 名工人未经整理的工资数值.

表 6. 3

工人序号	工资/元	工人序号	工资/元	工人序号	工资/元
1	530	11	595	21	480
2	420	12	435	22	525
3	550	13	490	23	535
4	455	14	485	24	605
5	545	15	515	25	525
6	455	16	530	26	475
7	550	17	425	27	530
8	535	18	530	28	640
9	495	19	505	29	555
10	470	20	525	30	505

下面，我们以例 6－2 为例介绍频数分布表的制作方法.

表 6. 1 是 30 个工人月工资的原始资料，这些数据可以记为 x_1，x_2，…，x_{30}. 对于这些观测数据：

第一步，确定最大值 $x_{\max}$ 和最小值 $x_{\min}$，根据表 6. 3，有 $x_{\max}=640$，$x_{\min}=420$.

第二步，分组．即确定每一收入组的界限和组数. 在实际工作中，第一组下限一般取一个小于 $x_{\min}$ 的数（例如取 400），最后一组上限取一个大于 $x_{\max}$ 的数（例如取 650）．然后从 400 元到 650 元分成相等的若干段，比如分成 5 段，每一段就对应于一个收入组. 于是，表 6. 3 资料对应的频数分布表如表 6. 4 所示.

表 6. 4

组限	频数	累计频数
400～450	3	3
450～500	8	11
500～550	13	24
550～600	4	28
600～650	2	30

注：每组数包含上限，不包含下限.

二、统计量

样本是总体的反映，样本中含有总体的信息，但是这些信息较为分散，不能直接用于解决我们所要研究的问题．在实际应用中，往往需要把样本所含的信息进行数学上的加工而使其浓缩起来，从而解决问题．针对不同的问题构造样本的适当函数，利用这些样本的函数进行统计推断.

定义 6.2　设 X_1，X_2，…，X_n 是来自总体 X 的一个样本，$g(X_1,X_2,\cdots,X_n)$ 是 X_1，X_2，…，X_n 的函数，若 g 中不含任何未知参数，则称 $g(X_1,X_2,\cdots,X_n)$ 是一个统计量.

设 x_1，x_2，…，x_n 是相应于样本 X_1，X_2，…，X_n 的样本值，则称 $g(x_1,x_2,\cdots,x_n)$ 是 $g(X_1,X_2,\cdots,X_n)$ 的观察值.

下面我们定义一些常用的统计量．设 X_1，X_2，…，X_n 是来自总体 X 的一个样本，x_1，x_2，…，x_n 是这一样本的观察值．定义

样本均值　$\overline{X}=\dfrac{1}{n}\sum\limits_{i=1}^{n}X_i$；

样本方差　$S^2=\dfrac{1}{n-1}\sum\limits_{i=1}^{n}(X_i-\overline{X})^2=\dfrac{1}{n-1}\left(\sum\limits_{i=1}^{n}X_i^2-n\overline{X}^2\right)$；

样本标准差　$S=\sqrt{S^2}=\sqrt{\dfrac{1}{n-1}\sum\limits_{i=1}^{n}(X_i-\overline{X})^2}$；

样本 k 阶（原点）矩　$A_k=\dfrac{1}{n}\sum\limits_{i=1}^{n}X_i^k,k=1,2,\cdots$；

样本 k 阶中心矩　$B_k=\dfrac{1}{n}\sum\limits_{i=1}^{n}(X_i-\overline{X})^k,k=2,3,\cdots$.

它们的观察值分别为

$$\bar{x}=\frac{1}{n}\sum_{i=1}^{n}x_i;$$

$$s^2=\frac{1}{n-1}\sum_{i=1}^{n}(x_i-\bar{x})^2=\frac{1}{n-1}\left(\sum_{i=1}^{n}x_i^2-n\bar{x}^2\right);$$

$$s=\sqrt{s^2}=\sqrt{\frac{1}{n-1}\sum_{i=1}^{n}(x_i-\bar{x})^2};$$

$$a_k=\frac{1}{n}\sum_{i=1}^{n}x_i^k,k=1,2,\cdots;$$

$$b_k=\frac{1}{n}\sum_{i=1}^{n}(x_i-\bar{x})^k,k=2,3,\cdots.$$

这些观察值仍分别称为样本均值、样本方差、样本标准差、样本 k 阶矩、样本 k 阶中心矩.

【例 6－3】　从一批机器零件毛坯中随机抽取 8 件，测得其质量（单位：千克）为：230，243，185，240，228，196，246，200.

（1）写出总体、样本、样本值；

（2）求样本观测值的均值、方差及二阶原点矩（到小数第二位）.

解 (1) 总体为该批机器零件质量 X；样本为 X_1，X_2，…，X_8；样本值为 230，243，185，240，228，196，246，200.

(2) $\bar{x}=\frac{1}{n}\sum_{i=1}^{n}x_i=\frac{1}{8}(230+243+\cdots+200)=221$(千克)；

$$s^2=\frac{1}{n-1}\sum_{i=1}^{n}(x_i-\bar{x})^2=\frac{1}{8-1}\sum_{i=1}^{8}(x_i-221)^2$$
$$=\frac{1}{7}[9^2+22^2+(-36)^2+19^2+7^2+(-25)^2+25^2+(-21)^2]$$
$$=566(\text{千克})；$$
$$a_2=\frac{1}{n}\sum_{i=1}^{n}x_i^2=\frac{1}{8}(230^2+243^2+\cdots+200^2)=49\ 336.25(\text{千克}).$$

第二节 抽样分布

统计量是样本的函数，它是一个随机变量. 当取得总体 X 的样本 X_1，X_2，…，X_n 后，在运用统计量进行统计推断时，常常需要先明确统计量所服从的分布. 统计量的分布称为抽样分布. 抽样分布提供了有关统计量的长远而稳定的信息，是进行统计推断的重要工具. 一般来说，要确定某个统计量的分布是比较困难的，有时甚至是不可能的，但是对于来自正态总体的几个常用统计量的分布，已经得到一系列重要的结果.

下面就来介绍由标准正态分布衍生出来的分布：χ^2 分布、t 分布、F 分布. 这三个分布在统计学中有着非常重要的应用价值，常常称之为“三大统计分布”.

一、χ^2 分布

设 X_1，X_2，…，X_n 是来自正态总体 $N(0,1)$ 的样本，则统计量

$$\chi^2=X_1^2+X_2^2+\cdots+X_n^2$$

服从自由度为 n 的 χ^2 分布，记为 $\chi^2\sim\chi^2(n)$.

$\chi^2(n)$分布的概率密度函数为

$$f(y)=\begin{cases}\frac{1}{2^{n/2}\Gamma(n/2)}y^{n/2-1}\mathrm{e}^{-y/2}, & y>0,\\ 0, & \text{其他}.\end{cases}$$

$f(y)$的图形如图 6.1 所示.

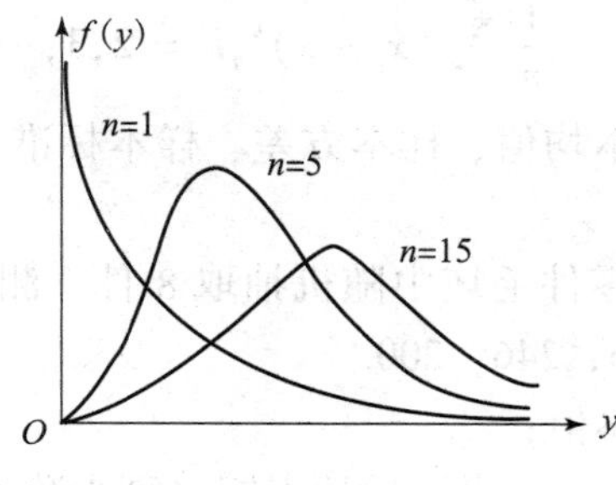

图 6.1

χ^2 分布具有以下性质：

（1）如果$\chi_1^2 \sim \chi^2(n_1)$，$\chi_2^2 \sim \chi^2(n_2)$，且$\chi_1^2$，$\chi_2^2$ 相互独立，则

$$\chi_1^2 + \chi_2^2 \sim \chi^2(n_1 + n_2),$$

即χ^2 分布关于自由度具有可加性.

（2）如果$\chi^2 \sim \chi^2(n)$，则有

$$E(\chi^2) = n, D(\chi^2) = 2n.$$

证　只证（2）. 由于 $X_i \sim N$（0，1），故

$$E(X_i) = 0, E(X_i^2) = D(X_i) = 1,$$

$$E(X_i^4) = \frac{1}{\sqrt{2\pi}}\int_{-\infty}^{+\infty} x^4 e^{-\frac{x^2}{2}} dx = 3,$$

$$D(X_i^2) = E(X_i^4) - [E(X_i^2)]^2 = 3 - 1 = 2, i = 1,2,\cdots,n.$$

于是

$$E(\chi^2) = E\left(\sum_{i=1}^{n} X_i^2\right) = \sum_{i=1}^{n} E(X_i^2) = n,$$

$$D(\chi^2) = D\left(\sum_{i=1}^{n} X_i^2\right) = \sum_{i=1}^{n} D(X_i^2) = 2n.$$

对于给定的常数 α，$0<\alpha<1$，称满足条件

$$P\{\chi^2 > \chi_\alpha^2(n)\} = \int_{\chi_\alpha^2(n)}^{+\infty} f(y)\,dy = \alpha$$

的点$\chi_\alpha^2(n)$为$\chi^2(n)$分布的上 α 分位点，如图 6.2 所示.

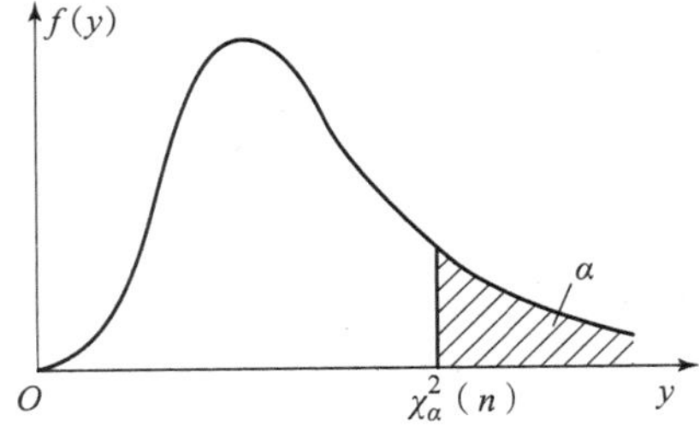

图 6.2

对于不同的 α，n，都能从书末附表 5 中查到上 α 分位点的值. 例如对于 $\alpha=0.05$，$n=16$，查附表得$\chi_{0.05}^2(16)=26.296$. 但该表只详列到 $n=45$. 当 $n>45$ 时，费歇尔（Fisher）曾证明

$$\chi_\alpha^2(n) \approx \frac{1}{2}(z_\alpha + \sqrt{2n-1})^2,$$

其中，z_α 是标准正态分布的上 α 分位点．它的值由附表 1 查得. 例如

$$\chi_{0.05}^2(50) \approx \frac{1}{2}(1.645 + \sqrt{99})^2 = 67.221.$$

二、*t* 分布

设 $X \sim N$（0，1），$Y \sim \chi^2(n)$，且 X 与 Y 相互独立，则称随机变量

$$t = \frac{X}{\sqrt{Y/n}}$$

服从自由度为 n 的 t 分布，记为 $t \sim t(n)$.

t 分布的概率密度为

$$h(t) = \frac{\Gamma[(n+1)/2]}{\sqrt{n\pi}\Gamma(n/2)}\left(1+\frac{t^2}{n}\right)^{-(n+1)/2}, \quad -\infty < t < +\infty.$$

证明略.

图 6.3 中画出了当 $n=1$，$n=10$ 时 $h(t)$ 的图形. $h(t)$ 的图形关于 $t=0$ 对称，当 n 无限增大时，t 分布的概率密度将趋向于标准正态分布的概率密度. 实际上只要 n 足够大，两者的差异就很小了. 但对于较小的 n，t 分布与 $N(0,1)$ 分布相差很大（见附表 4）.

对于给定的常数 α，$0<\alpha<1$，称满足条件

$$P\{t > t_\alpha(n)\} = \int_{t_\alpha(n)}^{+\infty} h(t)\,\mathrm{d}t = \alpha$$

的点 $t_\alpha(n)$ 为 $t(n)$ 分布的上 α 分位点（见图 6.4）.

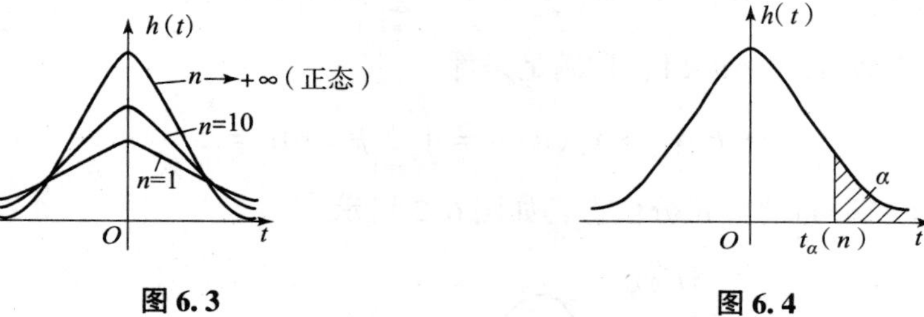

图 6.3　　图 6.4

由 t 分布的上 α 分位点的定义及 $h(t)$ 图形的对称性知

$$t_{1-\alpha}(n) = -t_\alpha(n).$$

t 分布的上 α 分位点可从附表 4 查得. 在 $n>45$ 时，就用正态分布近似：

$$t_\alpha(n) \approx z_\alpha.$$

三、F 分布

设 $X \sim \chi^2(n_1)$，$Y \sim \chi^2(n_2)$，且 X 与 Y 相互独立，则称随机变量

$$F = \frac{X/n_1}{Y/n_2}$$

服从自由度为（n_1，n_2）的 F 分布，记作 $F \sim F(n_1, n_2)$，其中 n_1 称为第一自由度，n_2 称为第二自由度.

F 分布的概率密度为

$$\Psi(y) = \begin{cases} \dfrac{\Gamma[(n_1+n_2)/2](n_1/n_2)^{n_1/2} y^{(n_1/2)-1}}{\Gamma(n_1/2)\Gamma(n_2/2)[1+(n_1 y/n_2)]^{(n_1+n_2)/2}}, & y>0, \\ 0, & \text{其他}. \end{cases}$$

证明略.

$\Psi(y)$ 的图形如图 6.5 所示.

F 分布经常被用来对两个样本方差进行比较. 它是方差分析的一个基本分布, 也被用于回归分析中的显著性检验.

对于给定的常数 α, $0<\alpha<1$, 称满足条件

$$P\{F > F_{\alpha}(n_1,n_2)\} = \int_{F_{\alpha}(n_1,n_2)}^{+\infty} \Psi(y)\,\mathrm{d}y = \alpha$$

的点 $F_{\alpha}(n_1,n_2)$ 为 $F(n_1,n_2)$ 分布的上 α 分位点(见图 6.6). F 分布的上 α 分位点可查附表 6.

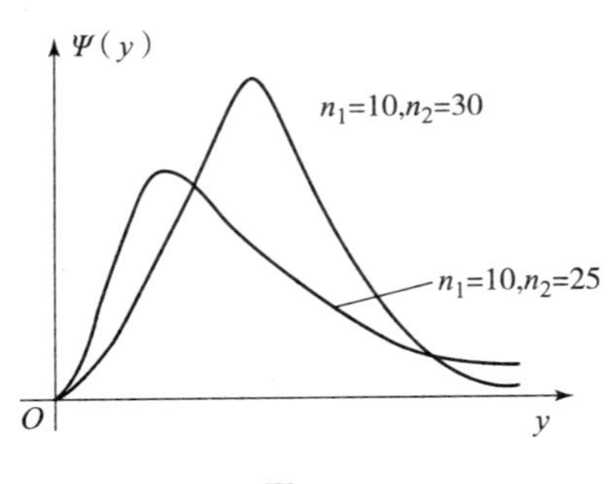

图 6.5

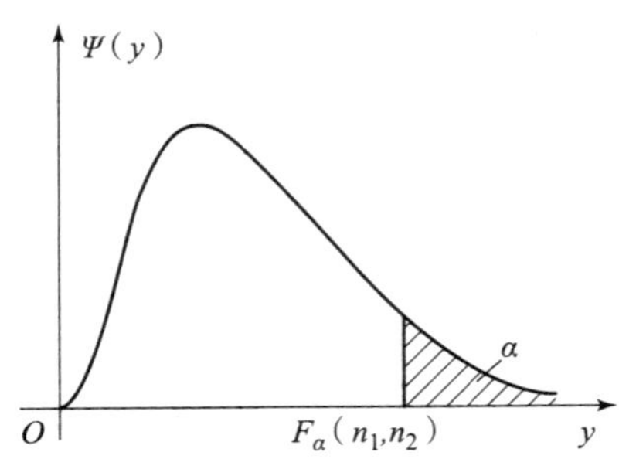

图 6.6

F 分布的上 α 分位点有如下性质:

$$F_{1-\alpha}(n_1,n_2) = \frac{1}{F_{\alpha}(n_2,n_1)}.$$

这个性质常用来求 F 分布表中,即附表 6 中没有包括的数值. 例如由附表 6 查得 $F_{0.05}(10,15)=2.54$,由上述性质求得

$$F_{0.95}(15,10) = \frac{1}{F_{0.05}(10,15)} = \frac{1}{2.54} = 0.394.$$

四、正态总体的抽样分布

设总体 X 服从正态分布 $N(\mu,\sigma^2)$, $X_1,X_2,\cdots,X_n$ 是取自于总体 X 的一个简单样本,对于样本均值 $\overline{X}$ 总有

$$E(\overline{X}) = \mu,$$

$$D(\overline{X}) = \frac{\sigma^2}{n},$$

$$\overline{X} \sim N(\mu,\sigma^2/n).$$

对于正态总体 $N(\mu,\sigma^2)$ 的样本方差 S^2, 有以下性质:

定理 6.1　设 X_1, X_2, $\cdots$, X_n 为来自正态总体 $N(\mu,\sigma^2)$ 的样本, $\overline{X}$ 为样本均值, S^2 为样本方差, 则有

(1) $\dfrac{(n-1)S^2}{\sigma^2} \sim \chi^2(n-1)$;

(2) $\overline{X}$ 与 S^2 独立.

证明略.

定理 6.2　设 X_1, X_2, $\cdots$, X_n 为来自正态总体 $N(\mu,\sigma^2)$ 的样本, $\overline{X}$ 为样本均值, S^2 为样本方差, 则有

$$\frac{\overline{X}-\mu}{S/\sqrt{n}} \sim t(n-1).$$

证 因为

$$\frac{\overline{X}-\mu}{\sigma/\sqrt{n}} \sim N(0,1),$$

$$\frac{(n-1)S^2}{\sigma^2} \sim \chi^2(n-1),$$

且两者相互独立，由 t 分布的定义知

$$\frac{\overline{X}-\mu}{\sigma/\sqrt{n}} \Bigg/ \sqrt{\frac{(n-1)S^2}{\sigma^2(n-1)}} \sim t(n-1).$$

化简上式左边，即有

$$\frac{\overline{X}-\mu}{S/\sqrt{n}} \sim t(n-1).$$

【例 6－4】 设总体 X 服从 $N(62,\ 100)$，为使样本均值大于 60 的概率不小于 0.95，问：样本容量 n 至少取多大？

解 设需要样本容量为 n，则

$$\frac{\overline{X}-\mu}{\sigma/\sqrt{n}} = \frac{\overline{X}-\mu}{\sigma}\cdot\sqrt{n} \sim N(0,1),$$

$$P\{\overline{X}>60\} = P\left\{\frac{\overline{X}-62}{10}\cdot\sqrt{n} > \frac{60-62}{10}\cdot\sqrt{n}\right\}.$$

查标准正态分布表，得 $\Phi(1.64)\approx 0.95$. 所以

$$0.2\sqrt{n} \geqslant 1.64, n \geqslant 67.24.$$

故样本容量至少为 68.

【例 6－5】 某镇有 25 000 户家庭，他们中 10% 没有汽车. 今有 1 600 户家庭的随机样本，问：在样本中 9% 和 11% 之间的家庭没有汽车的概率是多少？

解 我们关心的问题是每个家庭没有汽车的情况. 故设

$$X_i = \begin{cases} 1, \text{第 } i \text{ 个样本家庭无汽车}; \\ 0, \text{第 } i \text{ 个样本家庭有汽车}. \end{cases} (i=1,2,\cdots,n, n=1\,600)$$

按假设条件，$X_i(1\leqslant i\leqslant n, n=1\,600)$ 都服从参数为 0,1 的 0－1 分布，

故 $\mu=E(Y_i)=0.1$，$\sigma^2=D(X_i)=0.1\times 0.9$. 因 $n \ll N(N=25\,000)$，故可以近似地看成有放回抽样，从而 X_1，…，X_n 独立. 由中心极限定理知 $X_1+X_2+\cdots+X_n \sim N(np,npq)$. 则 $\overline{X} \sim N\left(\mu,\frac{\sigma^2}{n}\right)$.

定理 6.3 设 X_1，X_2，…，X_{n_1} 与 Y_1，Y_2，…，Y_{n_2} 分别是来自正态总体 $N(\mu_1,\sigma^2)$，$N(\mu_2,\sigma^2)$ 的样本，且这两个样本相互独立. 设 $\overline{X}=\frac{1}{n_1}\sum_{i=1}^{n_1}X_i, \overline{Y}=\frac{1}{n_2}\sum_{i=1}^{n_2}Y_i$ 分别是这两个样本的样本均值，$S_1^2=\frac{1}{n_1-1}\sum_{i=1}^{n_1}(X_i-\overline{X})^2, S_2^2=\frac{1}{n_2-1}\sum_{i=1}^{n_2}(Y_i-\overline{Y})^2$ 分别是这两个样本的样本方差，则有

$$\frac{(\overline{X}-\overline{Y})-(\mu_1-\mu_2)}{S_w\sqrt{1/n_1+1/n_2}}\sim t(n_1+n_2-2),$$

其中

$$S_w^2=\frac{(n_1-1)S_1^2+(n_2-1)S_2^2}{n_1+n_2-2}.$$

本节介绍的三个常用统计量及三个定理，在下面各章中都起着重要的作用. 应注意的是，它们都是在总体为正态总体这一大前提下得到的.

【例 6-6】 设总体 $X\sim N(150,400)$，$Y\sim N(125,625)$，且 X，Y 相互独立，现从两总体中分别抽取容量为 5 的样本，样本均值分别为 $\overline{X}$，$\overline{Y}$，求 $P\{\overline{X}-\overline{Y}\leqslant 0\}$.

解 因为

$$U=\frac{(\overline{X}-\overline{Y})-(\mu_1-\mu_2)}{\sqrt{\sigma_1^2/n_1+\sigma_2^2/n_2}}=\frac{(\overline{X}-\overline{Y})-25}{\sqrt{205}}\sim N(0,1),$$

故

$$P\{\overline{X}-\overline{Y}\leqslant 0\}=P\left\{\frac{(\overline{X}-\overline{Y})-25}{\sqrt{205}}\leqslant-\frac{25}{\sqrt{205}}\right\}$$

$$=P\{U\leqslant -1.75\}=\Phi(-1.75)=0.040\ 1.$$

小　结

本章介绍了数理统计中的一些重要的基本概念——总体、样本、统计量、抽样分布，这些基本概念是学习统计推断的基础.

在数理统计中，我们将研究对象的全体所组成的集合称为总体，总体中的每一个元素称为个体. 总体中的每一个个体是某一随机变量 X 的值，因此一个总体对应于一个随机变量 X，我们统称为总体 X，设 X_1，X_2，…，X_n 是来自总体 X 的一个随机变量，则 X_1，X_2，…，X_n 相互独立，且与总体 X 同分布.

统计量是样本的函数，它是一个随机变量，是统计推断的一个重要工具，在数理统计中的地位相当重要. 样本均值 $\overline{X}=\frac{1}{n}\sum_{i=1}^{n}X_i$ 和样本方差 $S^2=\frac{1}{n-1}\sum_{i=1}^{n}(X_i-\overline{X})^2$ 是两个重要的统计量.

统计量的分布称作抽样分布. 由标准正态分布衍生出来的三个抽样分布——χ^2 分布、t 分布、F 分布，在统计学中有着非常重要的应用价值，是进行统计推断的重要工具. 正态总体下的抽样分布定理是已经得到的系列重要成果，应当熟记.

习题六

1. 设总体 $X\sim N(60,15^2)$，从总体 X 中抽取一个容量为 100 的样本，求样本均值与总体均值之差的绝对值大于 3 的概率.

2. 从正态总体 $N(4.2,5^2)$ 中抽取容量为 n 的样本，若要求其样本均值位于区间（2.2，6.2）内的概率不小于 0.95，则样本容量 n 至少取多大？

3. 设某厂生产的灯泡的使用寿命 $X\sim N(1\ 000,\sigma^2)$（单位：小时），随机抽取一容量为

9 的样本，并测得样本均值及样本方差. 但是由于工作上的失误，事后失去了此试验的结果，只记得样本方差为 $S^2=100^2$，试求 $P(\overline{X}>1\,062)$.

4. 从一正态总体中抽取容量为 10 的样本，假定有 2% 的样本均值与总体均值之差的绝对值在 4 以上，求总体的标准差.

5. 设总体 $X\sim N(\mu,16)$，X_1，X_2，…，X_{10}是来自总体 X 的一个容量为 10 的简单随机样本，S^2 为其样本方差，且 $P(S^2>a)=0.1$，求 a 值.

6. 设总体 X 服从标准正态分布，X_1，X_2，…，X_n 是来自总体 X 的一个简单随机样本，试问：统计量

$$Y=\frac{\left(\frac{n}{5}-1\right)\sum\limits_{i=1}^{5}X_i^2}{\sum\limits_{i=6}^{n}X_i^2},n>5$$

服从何种分布？

7. 求总体 $X\sim N(20,3)$ 的容量分别为 10，15 的两个独立随机样本平均值差的绝对值大于 0.3 的概率.

8. 设总体 $X\sim N(0,\sigma^2)$，X_1，X_2，…，X_{10}，…，X_{15} 为总体的一个样本，则 $Y=\dfrac{X_1^2+X_2^2+\cdots+X_{10}^2}{2(X_{11}^2+X_{12}^2+\cdots+X_{15}^2)}$服从________分布，参数为__________.

9. 设总体 $X\sim N(\mu_1,\sigma^2)$，总体 $Y\sim N(\mu_2,\sigma^2)$，X_1，X_2，…，X_{n_1}和 Y_1，Y_2，…，X_{n_2} 分别是来自总体 X 和 Y 的简单随机样本，则

$$E\left[\frac{\sum\limits_{i=1}^{n_1}(X_i-\overline{X})^2+\sum\limits_{j=1}^{n_2}(Y_j-\overline{Y})^2}{n_1+n_2-2}\right]=\underline{\qquad\qquad}.$$

10. 设总体 $X\sim N(\mu,\sigma^2)$，X_1，X_2，…，$X_{2n}(n\geqslant 2)$是总体 X 的一个样本，$\overline{X}=\dfrac{1}{2n}\sum\limits_{i=1}^{2n}X_i$，令 $Y=\sum\limits_{i=1}^{n}(X_i+X_{n+i}-2\overline{X})^2$，求 $E(Y)$.

11. 设总体 X 的概率密度为$f(x)=\dfrac{1}{2}\mathrm{e}^{-|x|}(-\infty<x<+\infty)$，$X_1$，$X_2$，…，$X_n$ 为总体 X 的简单随机样本，其样本方差为 S^2，求 $E(S^2)$.

第七章

参数估计

学习目标

(1) 了解点估计、估计量与估计值的概念，了解衡量估计量的评价标准：无偏性、有效性、一致性.

(2) 理解点估计的思想和方法，理解区间估计的概念.

(3) 掌握参数的矩估计法、极大似然估计法，会求正态总体均值与方差的置信区间.

统计推断是数理统计学的重要内容，统计推断的基本问题可以分为两大类：统计估计和假设检验. 统计估计又分为参数估计和非参数估计. 实际工作中遇到的问题是如何选取样本，以及根据样本对总体的种种统计特征做出判断. 一般碰到的问题大致分为两类：第一，随机变量（总体）的分布往往可以根据经验来判断其类型 $F(x;\theta)$，但确切的形式并不知道，也就是说总体分布中的参数 θ 未知；第二，在有些情况下我们所关心的不是总体的分布，而只是总体的某些数字特征，特别是数学期望 μ 和方差 σ^2，或者对有些随机变量来说，如果知道了这些数字特征，则其分布就被这些数字特征完全确定了. 因此，要根据样本信息来估计总体的参数，我们把这类问题称为参数估计问题.

参数估计一般有两种方法：一种是点估计，就是以样本的某一函数值作为总体中未知参数的估计；另一种是区间估计，就是在一定的可信程度上给出总体参数的某个估计范围.

第一节 点估计

所谓参数的点估计，是指据样本把总体的未知参数估计为某个确定的量或者某个确定的值. 具体从一个简单的实例来看.

引例 某地水稻面积为 10 000 亩，随机抽取 4 块稻田，亩产（单位：千克）分别为 300，350，400，450，求该地平均亩产量及总产量的估计.

设平均亩产量为μ，样本均值$\overline{X}=375$，平均亩产量估计$\hat{\mu}=\overline{X}=375$，总产量的估计为10 000$\hat{\mu}$.

设总体X的分布函数为$F(x;\theta)$，其中θ是未知参数. X_1，X_2，…，X_n是总体X的一个样本，x_1，x_2，…，x_n是相应的样本值. 构造一个统计量$\hat{\theta}(X_1, X_2, \cdots, X_n)$作为参数$\theta$的估计，用它的观察值$\hat{\theta}(x_1, x_2, \cdots, x_n)$作为未知参数的估计值，称$\hat{\theta}(X_1, X_2, \cdots, X_n)$为$\theta$的估计量，称$\hat{\theta}(x_1, x_2, \cdots, x_n)$为$\theta$的估计值.

构造估计量$\hat{\theta}(X_1, X_2, \cdots, X_n)$的方法很多，下面介绍两种常用的方法：矩估计法和极大似然估计法.

一、矩估计法

矩估计法是一种古老、经典的参数估计方法，它是英国统计学家皮尔逊于1894年首创的，沿用至今.

矩估计法的一般原则是：用样本矩估计总体矩，若估计结果不够良好，再做适当调整.

设总体X的分布函数为$F(x;\theta_1,\theta_2,\cdots,\theta_k)$，其中参数$\theta_1$，$\theta_2$，…，$\theta_k$均未知，$X_1$，$X_2$，…，$X_n$是来自总体$X$的一个样本．假设总体$X$的前$k$阶矩存在，则

$$\mu_l = E(X^l) \quad (1 \leqslant l \leqslant k).$$

一般来说，它们是θ_1，θ_2，…，θ_k的函数，即

$$\mu_l = \mu_l(\theta_1,\theta_2,\cdots,\theta_k) \quad (1 \leqslant l \leqslant k).$$

同时，样本k阶原点矩$A_k = \dfrac{1}{n}\sum\limits_{i=1}^{n} X_i^k$. 由第五章辛钦大数定律知，样本矩$A_l = \dfrac{1}{n}\sum\limits_{i=1}^{n} X_i^l$依概率收敛于相应的总体矩$\mu_l = E(X^l)$，我们就用样本矩作为相应总体矩的估计量，这种估计方法称为矩估计法．具体做法就是令

$$\begin{cases} \mu_1(\theta_1,\theta_2,\cdots,\theta_k) = A_1, \\ \mu_2(\theta_1,\theta_2,\cdots,\theta_k) = A_2, \\ \qquad \cdots \\ \mu_k(\theta_1,\theta_2,\cdots,\theta_k) = A_k. \end{cases}$$

从中求出方程组的解为$\hat{\theta}_1$，$\hat{\theta}_2$，…，$\hat{\theta}_k$，称$\hat{\theta}_l(X_1, X_2, \cdots, X_n)$为参数$\theta_l(1\leqslant l\leqslant k)$的矩估计量，$\hat{\theta}_l(x_1, x_2, \cdots, x_n)$为参数$\theta_l$ $(1\leqslant l\leqslant k)$的矩估计值.

【例 7－1】 设总体$X \sim b(1, p)$，其中p为未知参数. 又设X_1，X_2，…，X_n是来自总体X的一个样本，求p的矩估计量.

解 $\mu_1 = E(X) = p, A_1 = \dfrac{1}{n}\sum\limits_{i=1}^{n} X_i = \overline{X}$，所以参数$p$的矩估计量$\hat{p}=\overline{X}$.

【例 7－2】 设总体X服从$[0, \theta]$上的均匀分布，其中θ为未知参数. 又设X_1，X_2，…，X_n是来自总体X的一个样本，求θ的矩估计量.

解 $\mu = E(X) = \dfrac{\theta}{2}, A_1 = \dfrac{1}{n}\sum\limits_{i=1}^{n} X_i = \overline{X}$，所以参数$\theta$的矩估计量$\hat{\theta}=2\overline{X}$.

【例 7－3】 设总体X的均值μ及方差σ^2都存在，且有$\sigma^2>0$，但是μ与σ^2均未知.

又设 X_1，X_2，…，X_n 是来自总体 X 的一个样本，试求 μ，σ^2 的矩估计量.

解　$A_1=\frac{1}{n}\sum_{i=1}^{n}X_i=\overline{X},\mu_1=E(X);A_2=\frac{1}{n}\sum_{i=1}^{n}X_i^2,\mu_2=E(X^2)$.

所以参数 u、σ^2 的矩估计量分别为 $\hat{\mu}=\frac{1}{n}\sum_{i=1}^{n}X_i=\overline{X},\widehat{\sigma^2}=A_2-A_1^2=\frac{1}{n}\sum_{i=1}^{n}X_i^2-\overline{X}^2=\frac{1}{n}\sum_{i=1}^{n}(X_i-\overline{X})^2=B_2$.

例 7-3 表明，总体均值和总体方差的矩估计量的表达式不因总体分布不同而异，即矩估计法中总体均值的估计量为样本均值，总体方差的估计量为样本二阶中心矩. 例如，总体 $X\sim N(\mu,\sigma^2)$，参数 μ 与 σ^2 均未知，即得 μ，σ^2 的矩估计量分别为

$$\hat{\mu}=\overline{X},\widehat{\sigma^2}=\frac{1}{n}\sum_{i=1}^{n}(X_i-\overline{X})^2.$$

二、极大似然估计法

极大似然估计法通常又称为最大似然估计法，其基本思想是在已经得到试验结果的情况下，取使这个结果出现的可能性达到最大的那个 $\hat{\theta}$ 作为未知参数 θ 真值的估计. 也就是说，当它作为参数 θ 的估计值时，使结果出现的可能性最大，即概率最大.

（1）设总体 X 是离散型的，其分布律为 $P\{X=x\}=p(x;\theta)$，其中 θ 为待估计的参数，假定 x_1，x_2，…，x_n 为样本 X_1，X_2，…，X_n 的一组观测值，则样本 X_1，X_2，…，X_n 取到观测值 x_1，x_2，…，x_n 的概率，即随机事件 $\{X_1=x_1,\ X_2=x_2,\ \cdots,\ X_n=x_n\}$ 发生的概率为

$$\begin{aligned}&P\{X_1=x_1,X_2=x_2,\cdots,X_n=x_n\}\\&=P\{X_1=x_1\}P\{X_2=x_2\}\cdots P\{X_n=x_n\}\\&=p(x_1;\theta)p(x_2;\theta)\cdots p(x_n;\theta)\\&=\prod_{i=1}^{n}p(x_i;\theta).\end{aligned}$$

将 $\prod_{i=1}^{n}p(x_i;\theta)$ 看作参数 θ 的函数，记为 $L(\theta)$，即

$$L(\theta)=\prod_{i=1}^{n}p(x_i;\theta).$$

（2）设总体 X 是连续型的，其概率密度为 $f(x;\theta)$，其中 θ 为待估计的参数，则样本 X_1，X_2，…，X_n 的联合概率密度为

$$f^*(x_1,x_2,\cdots,x_n;\theta)=\prod_{i=1}^{n}f(x_i;\theta).$$

设 x_1，x_2，…，x_n 为样本 X_1，X_2，…，X_n 的一组观测值，则随机点（X_1，X_2，…，X_n）落在点（x_1，x_2，…，x_n）的邻域（边长分别为 dx_1，dx_2，…，dx_n 的 n 维立方体）内的概率近似为 $\prod_{i=1}^{n}f(x_i;\theta)dx_i$，其值随 θ 取值而变化，但因子 $\prod_{i=1}^{n}dx_i$ 不随 θ 的取值而变，故只需考虑函数 $\prod_{i=1}^{n}f(x_i;\theta)$，因此也将 $\prod_{i=1}^{n}f(x_i;\theta)$ 看作参数 θ 的函数，记为 $L(\theta)$，即

$$L(\theta) = \prod_{i=1}^{n} f(x_i;\theta).$$

由上述可知，不管是离散型的总体还是连续型的总体，只要知道了其分布律或概率密度，总可以得到一个关于参数 θ 的函数 $L(\theta)$ ，称之为似然函数.

如前所言，极大似然估计的主要思想就是：如果随机抽得的样本观测值为 x_1，x_2，…，x_n，则应该选取未知参数 θ 的值使得出现该样本的可能性最大，即使得似然函数 $L(\theta)$ 的值最大．也就是说，求参数 θ 的极大似然估计就转化为求似然函数 $L(\theta)$ 的极值点问题. $L(\theta)$ 作为参数 θ 的函数，它在 $\hat{\theta}$ 时最大，则称 $\hat{\theta}$ 为 θ 的极大似然估计，即

$$L(x_1,x_2,\cdots,x_n;\hat{\theta}) = \max_{\theta} L(x_1,x_2,\cdots,x_n;\theta).$$

上述求极值的问题一般是通过求解下面的方程得到的：

$$\frac{\mathrm{d}L(\theta)}{\mathrm{d}\theta} = 0. \tag{7-1}$$

然而，$L(\theta)$ 是 n 个函数的连乘积，求导数比较复杂，而 $\ln L(\theta)$ 是 $L(\theta)$ 的单调增函数，$\ln L(\theta)$ 与 $L(\theta)$ 在同一点处取得极值，于是求解方程（7－1）可以转化为求解方程

$$\frac{\mathrm{d}\ln L(\theta)}{\mathrm{d}\theta} = 0. \tag{7-2}$$

当似然函数是参数向量 θ_1，θ_2，…，θ_k 的函数时，求解方程（7－2）即转化为求解对数似然方程组

$$\begin{cases} \dfrac{\partial \ln L}{\partial \theta_1} = 0, \\ \dfrac{\partial \ln L}{\partial \theta_2} = 0, \\ \cdots \\ \dfrac{\partial \ln L}{\partial \theta_k} = 0. \end{cases} \tag{7-3}$$

【例 7－4】 设总体 $X \sim b(1, p)$，X_1，X_2，…，X_n 是来自总体 X 的一个样本，x_1，x_2，…，x_n 是其一组观测值. 求 p 的极大似然估计量.

解 X 的分布律为 $P\{X=x\} = p^x(1-p)^{1-x}, x=0,1,$

故似然函数为 $$L(p) = \prod_{i=1}^{n} p^{x_i}(1-p)^{1-x_i} = p^{\sum\limits_{i=1}^{n} x_i}(1-p)^{n-\sum\limits_{i=1}^{n} x_i},$$

从而 $$\ln L(p) = (\sum_{i=1}^{n} x_i)\ln p + (n - \sum_{i=1}^{n} x_i)\ln(1-p).$$

令 $\dfrac{\mathrm{d}\ln L(p)}{\mathrm{d}p} = \dfrac{\sum\limits_{i=1}^{n} x_i}{p} - \dfrac{n - \sum\limits_{i=1}^{n} x_i}{1-p} = 0$，解得 p 的极大似然估计值为

$$\hat{p} = \frac{1}{n}\sum_{i=1}^{n} x_i = \bar{x},$$

所以 p 的极大似然估计量为 $\hat{p} = \dfrac{1}{n}\sum\limits_{i=1}^{n} X_i = \overline{X}$，与矩估计量的结果（例 7－1）相同.

【例 7－5】 设总体 $X \sim N(\mu, \sigma^2)$，X_1，X_2，…，X_n 是来自总体 X 的一个样本，x_1，

x_2，…，x_n 是其一组观测值. 求 μ，σ^2 的极大似然估计量.

解

$$L(\mu,\sigma^2)=\prod_{i=1}^{n}\frac{1}{\sqrt{2\pi}\sigma}e^{-\frac{(x_i-\mu)^2}{2\sigma^2}},$$

$$\ln L(\mu,\sigma^2)=-\frac{n}{2}\ln 2\pi-\frac{n}{2}\ln\sigma^2-\frac{1}{2\sigma^2}\sum_{i=1}^{n}(x_i-\mu)^2,$$

令

$$\begin{cases}\dfrac{\partial\ln L}{\partial\mu}=\dfrac{1}{\sigma^2}\displaystyle\sum_{i=1}^{n}(x_i-\mu)=0,\\[2mm]\dfrac{\partial\ln L}{\partial\sigma^2}=\dfrac{1}{2\sigma^4}\displaystyle\sum_{i=1}^{n}(x_i-\mu)^2-\dfrac{n}{2\sigma^2}=0.\end{cases}$$

从而得参数 μ，σ^2 的极大似然估计量分别为 $\hat{\mu}=\overline{X}$，$\hat{\sigma^2}=B_2$，与矩估计量的结果（例 7－3）相同.

【例 7－6】 设总体 X 服从［0，θ］上的均匀分布，X_1，X_2，…，X_n 是来自总体 X 的一个样本，x_1，x_2，…，x_n 是其一组观测值. 求 θ 的极大似然估计量.

解

$$L(\theta)=L(x_1,x_2,\cdots,x_n;\theta)=\begin{cases}\dfrac{1}{\theta^n}, & 0\leqslant x_i\leqslant\theta,\\ 0, & 其他.\end{cases}$$

因为 $0\leqslant x_i\leqslant\theta$，$i=1$，2，…，$n$，所以 $\theta\in[\max\limits_{1\leqslant i\leqslant n}\{x_i\},+\infty)$，从而参数 θ 的极大似然估计量为 $\hat{\theta}=\max\limits_{1\leqslant i\leqslant n}\{X_i\}$，这与矩估计量的结果（例 7－2）不同.

两种点估计方法中，矩估计法直观简单，无须知道总体的分布，但是矩估计法对样本容量有要求，而且有时矩估计量不唯一；极大似然估计法效果比较好，对样本容量无要求，但要知道总体分布，且计算较复杂.

第二节　估计量的评价标准

由前一节可知，对同一个未知参数用不同的估计方法求出的估计量可能不相同，原则上任何统计量都可以作为未知参数的估计量，我们自然会问，采用哪一个估计量效果要好？这就涉及评价估计量的标准问题. 下面介绍三个常用的标准.

一、无偏性

一个好的估计量其不同的估计值应在未知参数真值的附近，由此引出无偏性标准.

设 X_1，X_2，…，X_n 是来自总体 X 的一个样本，θ 是待估计的参数.

定义 7.1 设 $\hat{\theta}=\hat{\theta}$（$X_1$，$X_2$，…，$X_n$）为 θ 的一个估计量，Θ 是 θ 的取值范围. 若对 $\forall\theta\in\Theta$，有 $E(\hat{\theta})=\theta$，则称 $\hat{\theta}$ 为 θ 的无偏估计量.

估计量的无偏性是说，对于某些样本值，由这一估计量得到的估计值相对于真值来说有的偏大，有的则偏小，反复将这一估计量大量使用，就“平均”来说其偏差为零.

在科学技术中，称 $E(\hat{\theta})-\theta$ 为用 $\hat{\theta}$ 估计 θ 时产生的系统误差，无偏估计的实际意义是指估计量没有系统误差，只可能有随机误差.

【例 7-7】 设 X_1，X_2，…，X_n 是来自总体 X 的样本，$E(X)=\mu$. 证明样本均值 $\overline{X}=\frac{1}{n}\sum_{i=1}^{n}X_i$ 是 μ 的无偏估计量.

证 $E(\overline{X})=E\left(\frac{1}{n}\sum_{i=1}^{n}X_i\right)=\frac{1}{n}\sum_{i=1}^{n}E(X_i)=\mu.$

【例 7-8】 设 X_1，X_2，…，X_n 是来自总体 X 的一个样本，$E(X)=\mu,D(X)=\sigma^2$，问：样本方差 $S^2=\frac{1}{n-1}\sum_{i=1}^{n}(X_i-\overline{X})^2$ 及样本二阶中心距 $B_2=\frac{1}{n}\sum_{i=1}^{n}(X_i-\overline{X})^2$ 是否为总体方差 σ^2 的无偏估计?

解 由第六章的结论容易知道 $E(S^2)=\sigma^2$，所以 S^2 是 σ^2 的无偏估计量.

由于

$$B_2=\frac{n-1}{n}S^2,$$

从而

$$E(B_2)=\frac{n-1}{n}\sigma^2\neq\sigma^2,$$

因此 B_2 不是 σ^2 的无偏估计量.

从【例 7-7】、【例 7-8】可以看出，样本均值是总体均值的无偏估计，样本方差是总体方差的无偏估计. 但作为总体方差矩估计量和极大似然估计量的样本二阶中心矩 B_2 不是总体方差的无偏估计．事实上，k 阶样本矩 $A_k=\frac{1}{n}\sum_{i=1}^{n}X_i^k$ 是 k 阶总体矩 $\mu_k=E(X^k)$ 的无偏估计.

一般来说，无偏估计量的函数并不是未知参数相应函数的无偏估计量. 例如，样本方差 S^2 是总体方差 σ^2 的无偏估计量，但是样本标准差 S 不是总体标准差 σ 的无偏估计量.

【例 7-9】 设总体 X 服从参数为 θ 的指数分布，其概率密度为

$$f(x)=\begin{cases}\frac{1}{\theta}e^{-\frac{x}{\theta}}, & x>0,\\ 0, & \text{其他},\end{cases}$$

其中 $\theta>0$ 为未知，X_1，X_2，…，X_n 是来自总体 X 的一个样本，试证 X_1 和 $\overline{X}$ 是 θ 的无偏估计量.

证 由于 $E(X_1)=E(\overline{X})=E(X)=\theta$，因此 X_1 和 $\overline{X}$ 是 θ 的无偏估计量.

由此可见，一个未知参数可以有不同的无偏估计量. 事实上，【例 7-9】中的 X_1，X_2，…，X_n 的每一个都可以作为 θ 的无偏估计量.

二、有效性

对于未知参数 θ，现在来比较 θ 的两个无偏估计量 $\hat{\theta}_1$ 和 $\hat{\theta}_2$，如果在样本容量 n 相同的情况下，$\hat{\theta}_1$ 的观察值较 $\hat{\theta}_2$ 更密集在真值 θ 的附近，我们就认为 $\hat{\theta}_1$ 比 $\hat{\theta}_2$ 理想. 由于方差是随机

变量取值与其数学期望的偏离程度的度量，因此无偏估计以方差小者为好. 这就引出了估计量的有效性这一概念.

定义 7.2　设 $\hat{\theta}_1=\hat{\theta}_1\ (X_1,\ X_2,\ \cdots,\ X_n)$，$\hat{\theta}_2=\hat{\theta}_2\ (X_1,\ X_2,\ \cdots,\ X_n)$ 为 θ 的两个无偏估计量，若对 $\forall\,\theta\in\Theta$，有 $D(\hat{\theta}_1)\leqslant D(\hat{\theta}_2)$，且至少对于某一个 $\theta\in\Theta$ 上式中不等号成立，则称 $\hat{\theta}_1$ 较 $\hat{\theta}_2$ 有效.

【例 7-10】　证明例 7-9 中两个无偏估计量 $\overline{X}$ 较 X_1 有效.

证　$D(X_1)=D(X)=\theta^2$，$D(\overline{X})=\dfrac{1}{n}D(X)=\dfrac{1}{n}\theta^2\leqslant D(X)$，所以 $\overline{X}$ 较 X_1 有效.

三、相合性

一个好的估计量应是无偏的，且是具有较小方差的. 不过无偏性和有效性都是在样本容量 n 固定的前提下提出的，我们自然希望当样本容量无限增大时，估计量能在某种意义上无限地接近于待估计参数的真值. 由此引入相合性（一致性）标准.

定义 7.3　设 $\hat{\theta}(X_1,X_2,\cdots,X_n)$ 为未知参数 θ 的估计量，若当 $n\to+\infty$ 时，$\hat{\theta}\ (X_1,\ X_2,\ \cdots,\ X_n)$ 依概率收敛于 θ，即对任意的 $\varepsilon>0$，均有

$$\lim_{n\to+\infty}P\{|\hat{\theta}_n-\theta|<\varepsilon\}=1,$$

则称 $\hat{\theta}$ 为参数 θ 的相合估计量.

【例 7-11】　设 $D(X)=\sigma^2>0$，则样本方差 $S^2=\dfrac{1}{n-1}\sum\limits_{i=1}^{n}(X_i-\overline{X})^2$ 与样本二阶中心矩 $B_2=\dfrac{1}{n}\sum\limits_{i=1}^{n}(X_i-\overline{X})^2$ 都是 σ^2 的相合估计量.

由辛钦大数定律知，样本均值 $\overline{X}$ 是总体均值 μ 的相合估计量. 实际上，样本矩 $A_k=\dfrac{1}{n}\sum\limits_{i=1}^{n}X_i^k$ 都是相应总体矩 $\mu_k=E(X^k)$ 的相合估计量. 进一步，若待估参数 $\theta=g(\mu_1,\mu_2,\cdots,\mu_k)$，其中 g 为连续函数，则 θ 的矩估计量 $\hat{\theta}=g(\hat{\mu}_1,\hat{\mu}_2,\cdots,\hat{\mu}_k)$ 是 $g(\mu_1,\mu_2,\cdots,\mu_k)$ 的相合估计量.

相合性是对一个估计量的基本要求，若估计量不是相合的，那么不论将样本容量 n 取多大，都不能将 θ 估计得足够准确，这样的估计量就是不可取的.

第三节　区间估计

一、区间估计的概念

第一节讨论了参数的点估计，但是对于一个未知量，人们在测量或计算时，并不仅限于得到参数的近似值，还需估计误差，即要求知道近似值的精确程度. 因此，对于待估计参数 θ，除了求出它的点估计 $\hat{\theta}$ 外，我们还希望估计出一个范围，并希望知道这个范围包含参数 θ 真值的可信程度. 这种形式的估计称为区间估计，这样的区间即所谓的置信区间. 下面给

出置信区间的定义.

设 $\hat{\theta}$ 为未知参数 θ 的估计量，其误差小于某个正数 ε 的概率为 $1-\alpha(0<\alpha<1)$，即

$$P\{|\hat{\theta}-\theta|<\varepsilon\}=1-\alpha.$$

这表明，随机区间 $(\hat{\theta}-\varepsilon,\hat{\theta}+\varepsilon)$ 包含参数 θ 真值的概率（可信程度）为 $1-\alpha$，则这个区间 $(\hat{\theta}-\varepsilon,\hat{\theta}+\varepsilon)$ 称为置信区间，$1-\alpha$ 称为置信水平.

定义 7.4 设总体 X 的分布函数为 $F(x,\theta)$，其中 θ 是未知参数. 若对于给定的概率 $1-\alpha(0<\alpha<1)$，存在两个统计量 $\theta_1=\theta_1(X_1,X_2,\cdots,X_n)$ 与 $\theta_2=\theta_2(X_1,X_2,\cdots,X_n)$，使得

$$P\{\theta_1<\theta<\theta_2\}=1-\alpha,$$

则随机区间 (θ_1,θ_2) 称为参数 θ 的置信水平为 $1-\alpha$ 的置信区间，θ_1 称为置信下限，θ_2 称为置信上限.

置信区间的含义是，若反复抽样多次（各次的样本容量相等，均为 n），每一组样本值确定一个区间（θ_1，θ_2），每个这样的区间要么包含 θ 的真值，要么不包含 θ 的真值. 按照伯努利大数定理，在这么多的区间中，包含 θ 真值的约占 $100(1-\alpha)\%$，不包含 θ 真值的约占 $100\alpha\%$. 例如，若 $\alpha=0.01$，反复抽样 1 000 次，则得到的 1 000 个区间中，不包含 θ 真值的约为 10 个.

置信区间的长度表示估计结果的精确性，而置信水平表示估计结果的可靠性. 对于置信水平为 $1-\alpha$ 的置信区间 (θ_1,θ_2)，一方面置信水平 $1-\alpha$ 越大，估计的可靠性越高；另一方面区间（θ_1，θ_2）的长度越小，估计的精确性越好. 但这两方面通常是矛盾的，提高可靠性通常会使精确性下降，而提高精确性通常会使可靠性下降，所以要找两方面的平衡点. 在实际应用中，往往先固定可靠度，再提高估计精确度.

在学习区间估计方法之前，我们先回顾一下标准正态分布的上 α 分位点概念.

设 $X\sim N(0,1)$，若 z_α 满足条件 $P\{X>z_\alpha\}=\alpha(0<\alpha<1)$，则称点 z_α 为标准正态分布的上 α 分位点. 例如求 $z_{0.01}$，按照上 α 分位点定义，我们有 $P\{X>z_{0.01}\}=0.01$，则 $P\{X\leqslant z_{0.01}\}=0.99$，即 $\Phi(z_{0.01})=0.99$，查表可得 $z_{0.01}=2.327$.

【例 7-12】 设 $X\sim N(\mu,\sigma^2)$，μ 未知，σ^2 已知，X_1，X_2，$\cdots$，X_n 为来自总体 X 的一个样本，求 μ 的置信水平为 $1-\alpha$ 的置信区间.

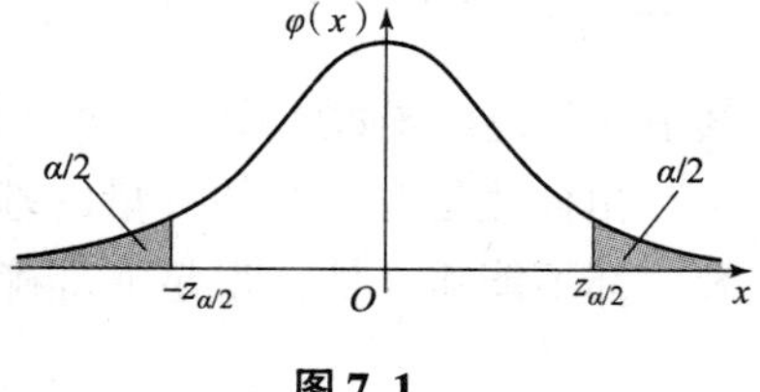

图 7.1

解 如图 7.1 所示，由于 $\dfrac{\overline{X}-\mu}{\sigma/\sqrt{n}}\sim N(0,1)$，对于给定的 α，由上 α 分位点定义查表可得

$$P\left\{\left|\frac{\overline{X}-\mu}{\sigma/\sqrt{n}}\right|<z_{\alpha/2}\right\}=1-\alpha,$$

即

$$P\left\{\overline{X}-\frac{\sigma}{\sqrt{n}}z_{\alpha/2}<\mu<\overline{X}+\frac{\sigma}{\sqrt{n}}z_{\alpha/2}\right\}=1-\alpha,$$

所以 μ 的置信水平为 $1-\alpha$ 的置信区间为

$$\left(\overline{X}-\frac{\sigma}{\sqrt{n}}z_{\alpha/2},\overline{X}+\frac{\sigma}{\sqrt{n}}z_{\alpha/2}\right).$$

值得一提的是，置信水平为 $1-\alpha$ 的置信区间并不是唯一的. 以上例来说，若给定 $\alpha=0.05$，有

$$P\left\{-z_{0.025}<\frac{\overline{X}-\mu}{\sigma/\sqrt{n}}<z_{0.025}\right\}=0.95,$$

则

$$\left(\overline{X}-\frac{\sigma}{\sqrt{n}}z_{0.025},\overline{X}+\frac{\sigma}{\sqrt{n}}z_{0.025}\right) \tag{7-4}$$

是 μ 置信水平为 0.95 的置信区间；同时有 $P\left\{-z_{0.04}<\frac{\overline{X}-\mu}{\sigma/\sqrt{n}}<z_{0.01}\right\}=0.95$，则

$$\left(\overline{X}-\frac{\sigma}{\sqrt{n}}z_{0.01},\overline{X}+\frac{\sigma}{\sqrt{n}}z_{0.04}\right) \tag{7-5}$$

是 μ 置信水平为 0.95 的置信区间. 将式（7－4）与式（7－5）对比，由式（7－4）确定的置信区间长度为 $2\times\frac{\sigma}{\sqrt{n}}z_{0.025}=3.92\times\frac{\sigma}{\sqrt{n}}$，由式（7－5）确定的置信区间长度为 $\frac{\sigma}{\sqrt{n}}(z_{0.04}+z_{0.01})=4.08\times\frac{\sigma}{\sqrt{n}}$. 很明显，由式（7－4）确定的置信区间长度要短. 置信区间长度短表示估计的精确程度高，故由式（7－4）给出的区间较式（7－5）为优. 易知，像标准正态分布那样的总体分布，其概率密度的图形是单峰且对称的，当固定样本容量为 n 时，以形如式（7－4）那样的对称区间的区间长度最短，也就是在准确度一定的前提下此种区间形式精确程度最高，实际应用中我们自然选它. 以下类同情况，不再做说明.

二、单个正态总体参数的区间估计

1. 正态总体均值 μ 的区间估计

设总体 $X\sim N(\mu,\sigma^2)$，X_1，X_2，…，X_n 为 X 的一个样本，$\overline{X}$，S^2 分别是样本均值和样本方差. 给定置信水平为 $1-\alpha$，下面分两种情况进行讨论.

（1）σ^2 已知时，μ 的置信区间：易知 $\overline{X}$ 是 μ 的无偏估计，且有枢轴量 $\frac{\overline{X}-\mu}{\sigma/\sqrt{n}}\sim N(0,1)$.

由标准正态分布的上 α 分位点的定义，有

$$P\left\{\left|\frac{\overline{X}-\mu}{\sigma/\sqrt{n}}\right|<z_{\alpha/2}\right\}=1-\alpha,$$

即

$$P\left\{\overline{X}-\frac{\sigma}{\sqrt{n}}z_{\alpha/2}<\mu<\overline{X}+\frac{\sigma}{\sqrt{n}}z_{\alpha/2}\right\}=1-\alpha.$$

这样，我们就得到 μ 的一个置信水平为 $1-\alpha$ 的置信区间

$$\left(\overline{X}-\frac{\sigma}{\sqrt{n}}z_{\alpha/2},\overline{X}+\frac{\sigma}{\sqrt{n}}z_{\alpha/2}\right),$$

这样的置信区间通常写成

$$\left(\overline{X} \pm \frac{\sigma}{\sqrt{n}} z_{\alpha/2}\right). \tag{7-6}$$

【例 7－13】 某车间生产滚珠，从中随机抽取 10 个，测得滚珠的直径（单位：毫米）如下：

14.6　15.0　14.7　15.1　14.9　14.8　15.0　15.1　15.2　14.8

若滚珠直径服从正态分布 $N(\mu,\sigma^2)$，并且已知 $\sigma=0.16$（毫米），求滚珠直径均值 μ 的置信水平为 0.95 的置信区间.

解 计算样本均值 $\bar{x}=14.92$，置信水平 $1-\alpha=0.95$，查表得 $z_{\alpha/2}=z_{0.025}=1.96$. 由此得 μ 的置信水平为 0.95 的置信区间为

$$\left(\overline{X} \pm \frac{\sigma}{\sqrt{n}} z_{\alpha/2}\right)=\left(14.92 \pm \frac{0.16}{\sqrt{10}} \times 1.96\right),$$

即

$$(14.92-0.099, 14.92+0.099)=(14.821, 15.019).$$

（2）σ^2 未知时，μ 的置信区间：此时不能使用$\left(\overline{X} \pm \frac{\sigma}{\sqrt{n}} z_{\alpha/2}\right)$，因为其中包含未知参数. 考虑到 S^2 是 σ^2 的无偏估计，将上述区间中的 σ 换成 $S=\sqrt{S^2}$. 我们已知枢轴量$\frac{\overline{X}-\mu}{S/\sqrt{n}} \sim t(n-1)$，如图 7.2 所示.

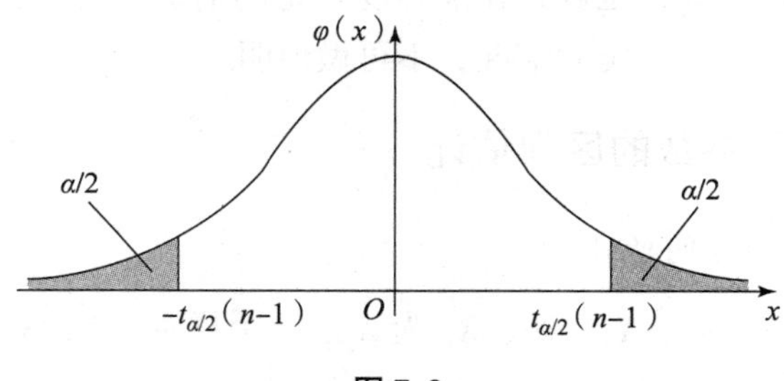

图 7.2

可得

$$P\left\{-t_{\alpha/2}(n-1)<\frac{\overline{X}-\mu}{S/\sqrt{n}}<t_{\alpha/2}(n-1)\right\}=1-\alpha,$$

即

$$P\left\{\overline{X}-\frac{S}{\sqrt{n}} t_{\alpha/2}(n-1)<\mu<\overline{X}+\frac{S}{\sqrt{n}} t_{\alpha/2}(n-1)\right\}=1-\alpha,$$

于是得到 μ 的一个置信水平为 $1-\alpha$ 的置信区间

$$\left(\overline{X} \pm \frac{S}{\sqrt{n}} t_{\alpha/2}(n-1)\right). \tag{7-7}$$

【例 7－14】 在【例 7－13】中，若 σ 未知，求滚珠直径均值 μ 的置信水平为 0.95 的置信区间.

解　计算样本均值 $\bar{x}=14.92$，样本标准差 $s=0.193$；置信水平 $1-\alpha=0.95$，自由度 $n-1=10-1=9$，查表得 $t_{\alpha/2}(n-1)=t_{0.025}(9)=2.26$. 由此得 μ 的置信水平为 0.95 的置信区间为

$$\left(\bar{X}\pm\frac{S}{\sqrt{n}}t_{\alpha/2}(n-1)\right)=\left(14.92\pm\frac{0.193}{\sqrt{10}}\times 2.26\right),$$

即

$$(14.92-0.138,14.92+0.138)=(14.782,15.058).$$

需要说明的是，对比【例 7－13】和【例 7－14】中 μ 的置信区间，可以发现当 σ^2 未知时，μ 的置信区间长度要比 σ^2 已知时的置信区间长度大，这表明当未知条件增多时，估计的精确度变差，这也符合我们的直观感觉.

2. 正态总体方差 σ^2 的区间估计

(1) 如图 7.3 所示，μ 未知时，σ^2 的置信区间：σ^2 的无偏估计为 S^2，且统计量 $\frac{(n-1)S^2}{\sigma^2}\sim\chi^2(n-1)$.

选取分位点 $\chi^2_{1-\alpha/2}$ 和 $\chi^2_{\alpha/2}$ 可得 $P\left\{\chi^2_{1-\alpha/2}(n-1)<\frac{(n-1)S^2}{\sigma^2}<\chi^2_{\alpha/2}(n-1)\right\}=1-\alpha$，即

$$P\left\{\frac{(n-1)S^2}{\chi^2_{\alpha/2}(n-1)}<\sigma^2<\frac{(n-1)S^2}{\chi^2_{1-\alpha/2}(n-1)}\right\}=1-\alpha,$$

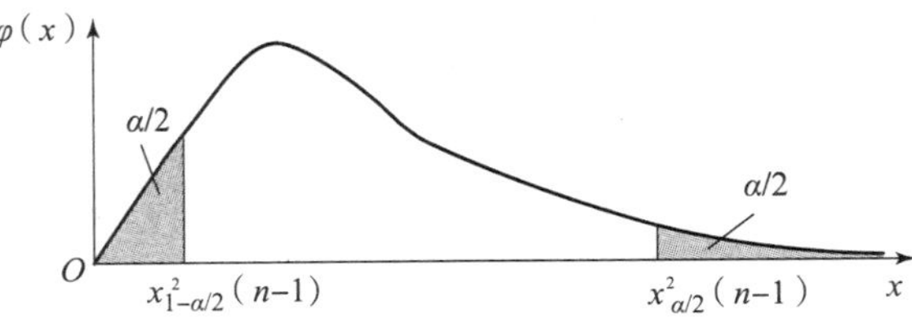

图 7.3

于是得到方差 σ^2 的一个置信水平为 $1-\alpha$ 的置信区间

$$\left(\frac{(n-1)S^2}{\chi^2_{\alpha/2}(n-1)},\frac{(n-1)S^2}{\chi^2_{1-\alpha/2}(n-1)}\right).\tag{7-8}$$

由此，我们还可以得到标准差 σ 的一个置信水平为 $1-\alpha$ 的置信区间

$$\left(\sqrt{\frac{(n-1)S^2}{\chi^2_{\alpha/2}(n-1)}},\sqrt{\frac{(n-1)S^2}{\chi^2_{1-\alpha/2}(n-1)}}\right)=\left(\frac{\sqrt{(n-1)}S}{\sqrt{\chi^2_{\alpha/2}(n-1)}},\frac{\sqrt{(n-1)}S}{\chi^2_{1-\alpha/2}(n-1)}\right).$$

【例 7－15】　在【例 7－13】中，若 μ 未知，求滚珠直径方差 σ^2 的置信水平为 0.95 的置信区间.

解　μ 未知，计算样本方差 $s^2=0.0373$，置信水平 $1-\alpha=0.95$，自由度 $n-1=9$，查表可得 $\chi^2_{\alpha/2}(n-1)=\chi^2_{0.025}(9)=19.0$，$\chi^2_{1-\alpha/2}(n-1)=\chi^2_{0.975}(9)=2.70$，则方差 σ^2 的置信水平为 0.95 的置信区间为

$$\left(\frac{(n-1)S^2}{\chi^2_{\alpha/2}(n-1)},\frac{(n-1)S^2}{\chi^2_{1-\alpha/2}(n-1)}\right)=\left(\frac{9\times 0.037\,3}{19.0},\frac{9\times 0.037\,3}{2.70}\right),$$

即

$$(0.017\,7,0.124\,3).$$

(2) μ 已知时，σ^2 的置信区间：易知 $\frac{1}{\sigma^2}\sum_{i=1}^{n}(X_i-\mu)^2\sim\chi^2(n)$，但是$\chi^2$ 分布的概率密度图形不是对称的，对于已给的置信水平 $1-\alpha$，要想找到最短的置信区间是困难的. 因此，习惯上仍然取对称的分位点$\chi^2_{1-\alpha/2}$和$\chi^2_{\alpha/2}$，由此可得

$$P\left\{\chi^2_{1-\alpha/2}(n)<\frac{1}{\sigma^2}\sum_{i=1}^{n}(X_i-\mu)^2<\chi^2_{\alpha/2}(n)\right\}=1-\alpha,$$

即

$$P\left\{\frac{\sum_{i=1}^{n}(X_i-\mu)^2}{\chi^2_{\alpha/2}(n)}<\sigma^2<\frac{\sum_{i=1}^{n}(X_i-\mu)^2}{\chi^2_{1-\alpha/2}(n)}\right\}=1-\alpha.$$

于是得到方差 σ^2 的一个置信水平为 $1-\alpha$ 的置信区间

$$\left(\frac{\sum_{i=1}^{n}(X_i-\mu)^2}{\chi^2_{\alpha/2}(n)},\frac{\sum_{i=1}^{n}(X_i-\mu)^2}{\chi^2_{1-\alpha/2}(n)}\right).\tag{7-9}$$

【例 7-16】 在【例 7-13】中，若已知 $\mu=14.9$（毫米），求滚珠直径方差 σ^2 的置信水平为 0.95 的置信区间.

解 已知 $\mu=14.9$，置信水平 $1-\alpha=0.95$，自由度 $n=10$，查表得

$$\chi^2_{\alpha/2}(n)=\chi^2_{0.025}(10)=20.5,\ \chi^2_{1-\alpha/2}(n)=\chi^2_{0.975}(10)=3.25,$$

则方差 σ^2 的置信水平为 0.95 的置信区间为

$$\left(\frac{\sum_{i=1}^{n}(X_i-\mu)^2}{\chi^2_{\alpha/2}(n)},\frac{\sum_{i=1}^{n}(X_i-\mu)^2}{\chi^2_{1-\alpha/2}(n)}\right)=\left(\frac{\sum_{i=1}^{10}(x_i-14.9)^2}{20.5},\frac{\sum_{i=1}^{10}(x_i-14.9)^2}{3.25}\right),$$

即

$$\left(\frac{0.34}{20.5},\frac{0.34}{3.25}\right)=(0.016\,6,0.104\,6).$$

在实际问题中，对 σ^2 做估计时，一般均是 μ 未知的情况. 因此，我们重点掌握 μ 未知条件下 σ^2 的置信区间的求解.

三、两个正态总体参数的区间估计

在实际应用中常遇到下面的问题：已知产品的某一质量指标服从正态分布，但由于原料、设备条件、操作人员不同，或者工艺过程的改变等因素，引起总体均值、总体方差有所改变，我们需要知道这些变化有多大，这就需要考虑两个正态总体均值差或方差比的估计问题.

设总体 $X\sim N(\mu_1,\sigma_1^2)$，$Y\sim N(\mu_2,\sigma_2^2)$，且 X 与 Y 独立；又设 X_1，X_2，…，X_{n_1} 为来自总体 X 的样本，Y_1，Y_2，…，Y_{n_2} 为来自总体 Y 的样本，$\overline{X}$，$\overline{Y}$ 分别为总体 X、总体 Y 的样本均

值，S_1^2，S_2^2分别为总体X、总体Y的样本方差．给定置信水平为$1-\alpha$，下面讨论总体均值差$\mu_1-\mu_2$和总体方差比$\frac{\sigma_1^2}{\sigma_2^2}$的区间估计.

1. 两总体均值差$\mu_1-\mu_2$的区间估计

（1）σ_1^2，σ_2^2均已知：由于$\overline{X}$，$\overline{Y}$分别为μ_1，μ_2的无偏估计，于是$\overline{X}-\overline{Y}$也是$\mu_1-\mu_2$的无偏估计，而

$$\overline{X} \sim N\left(\mu_1,\frac{\sigma_1^2}{n_1}\right),\overline{Y} \sim N\left(\mu_2,\frac{\sigma_2^2}{n_2}\right),$$

则

$$\overline{X}-\overline{Y} \sim N\left(\mu_1-\mu_2,\frac{\sigma_1^2}{n_1}+\frac{\sigma_2^2}{n_2}\right).$$

由单个正态总体在方差已知的情形下，μ的置信水平为$1-\alpha$的区间估计见式（7－6），即得$\mu_1-\mu_2$的一个置信水平为$1-\alpha$的置信区间

$$\left(\overline{X}-\overline{Y} \pm \sqrt{\frac{\sigma_1^2}{n_1}+\frac{\sigma_2^2}{n_2}}z_{\alpha/2}\right). \tag{7-10}$$

【例7－17】　设总体$X \sim N(\mu_1,60)$，$Y \sim N(\mu_2,36)$，且X与Y独立，从中分别抽取容量为$n_1=75$，$n_2=50$的样本，且$\bar{x}=82$，$\bar{y}=76$，求$\mu_1-\mu_2$的置信水平为0.95的置信区间.

解　根据已知将数据代入式（7－7），得到$\mu_1-\mu_2$的置信水平为0.95的置信区间为

$$\left(\bar{x}-\bar{y}-z_{\alpha/2}\sqrt{\frac{\sigma_1^2}{n_1}+\frac{\sigma_2^2}{n_2}},\bar{x}-\bar{y}+z_{\alpha/2}\sqrt{\frac{\sigma_1^2}{n_1}+\frac{\sigma_2^2}{n_2}}\right),$$

即

$$(6-2.42,6+2.42)=(3.58,8.42).$$

（2）σ_1^2，σ_2^2均未知，但已知$\sigma_1^2=\sigma_2^2 \triangleq \sigma^2$：由第六章结论可知

$$\frac{(\overline{X}-\overline{Y})-(\mu_1-\mu_2)}{S_w\sqrt{\frac{1}{n_1}+\frac{1}{n_2}}} \sim t(n_1+n_2-2),$$

从而得$\mu_1-\mu_2$的置信水平为$1-\alpha$的置信区间

$$\left(\overline{X}-\overline{Y} \pm t_{\alpha/2}(n_1+n_2-2)S_w\sqrt{\frac{1}{n_1}+\frac{1}{n_2}}\right), \tag{7-11}$$

其中$S_w^2=\frac{(n_1-1)S_1^2+(n_2-1)S_2^2}{n_1+n_2-2}$.

2. 两总体方差比$\frac{\sigma_1^2}{\sigma_2^2}$的区间估计

这里仅给出总体均值μ_1，μ_2未知情形下$\frac{\sigma_1^2}{\sigma_2^2}$的一个置信水平为$1-\alpha$的置信区间的计算公式，$\frac{\sigma_1^2}{\sigma_2^2}$的置信水平为$1-\alpha$的置信区间为

$$\left(\frac{S_1^2}{S_2^2}\frac{1}{F_{\alpha/2}(n_1-1,n_2-1)},\frac{S_1^2}{S_2^2}\frac{1}{F_{1-\alpha/2}(n_1-1,n_2-1)}\right) \tag{7-12}$$

小　结

参数估计问题分为点估计和区间估计. 点估计是选择一个适当的统计量作为未知参数的估计（称为估计量），若已取得一个样本，将样本值代入估计量得到估计量的值，以估计量的值作为未知参数的近似值（称为估计值）.

本章介绍了两种点估计的方法：矩估计法和极大似然估计法.

矩估计法的做法是，以样本矩作为对应总体矩的估计量，而以样本矩的连续函数作为相应的总体矩的连续函数的估计量，从而得到总体未知参数的估计. 具体做法就是令

$$\begin{cases}\mu_1(\theta_1,\theta_2,\cdots,\theta_k)=A_1,\\ \mu_2(\theta_1,\theta_2,\cdots,\theta_k)=A_2,\\ \qquad\cdots\\ \mu_k(\theta_1,\theta_2,\cdots,\theta_k)=A_k.\end{cases}$$

从中求出方程组的解为 $\hat{\theta}_1$，$\hat{\theta}_2$，…，$\hat{\theta}_k$，称 $\hat{\theta}_l(X_1,X_2,\cdots,X_n)$ 为参数 $\theta_l(1\leqslant l\leqslant k)$ 的矩估计量，$\hat{\theta}_l(x_1,x_2,\cdots,x_n)$ 为参数 $\theta_l(1\leqslant l\leqslant k)$ 的矩估计值.

极大似然估计法的基本想法是：如果随机抽得的样本观测值为 x_1，x_2，…，x_n，则应该选取未知参数 θ 的值使得出现该样本的可能性最大，即使得似然函数 $L(\theta)$ 的值最大.

（1）总体为离散型随机变量时，$L(\theta)=\prod\limits_{i=1}^{n}p(x_i;\theta)$；

（2）总体为连续型随机变量时，$L(\theta)=\prod\limits_{i=1}^{n}f(x_i;\theta)$.

对于一个未知参数可以提出不同的估计量，因此自然提出比较估计量好坏的问题，这就需要给出评定估计量好坏的标准. 本章介绍了三个标准：无偏性、有效性、相合性. 重点是无偏性，相合性是对估计量的一个基本要求，不具备相合性的估计量，实际应用中一般不考虑.

点估计不能反映估计的精度，我们引入区间估计.

设 $\hat{\theta}$ 为未知参数 θ 的估计量，其误差小于某个正数 ε 的概率为 $1-\alpha(0<\alpha<1)$，即

$$P\{|\hat{\theta}-\theta|<\varepsilon\}=1-\alpha.$$

这表明，随机区间（$\hat{\theta}-\varepsilon$，$\hat{\theta}+\varepsilon$）包含参数 θ 真值的概率（可信程度）为 $1-\alpha$，则这个区间（$\hat{\theta}-\varepsilon$，$\hat{\theta}+\varepsilon$）称为置信区间，$1-\alpha$ 称为置信水平.

参数的区间估计中一个典型、重要的问题是正态分布总体 $X\sim N(\mu,\sigma^2)$ 中均值 μ 和方差 σ^2 的区间估计，其置信区间的结果如表 7.1 所示.

表 7.1

待估参数	其他参数	枢轴量	置信区间
μ	σ^2 已知	$Z=\dfrac{\overline{X}-\mu}{\sigma/\sqrt{n}}\sim N(0,1)$	$\left(\overline{X}\pm\dfrac{\sigma}{\sqrt{n}}z_{\alpha/2}\right)$
μ	σ^2 未知	$t=\dfrac{\overline{X}-\mu}{S/\sqrt{n}}\sim t(n-1)$	$\left(\overline{X}\pm\dfrac{S}{\sqrt{n}}t_{\alpha/2}(n-1)\right)$
σ^2	μ 未知	$\chi^2=\dfrac{(n-1)S^2}{\sigma^2}\sim\chi^2(n-1)$	$\left(\dfrac{(n-1)S^2}{\chi^2_{\alpha/2}(n-1)},\dfrac{(n-1)S^2}{\chi^2_{1-\alpha/2}(n-1)}\right)$

习题七

1. 设总体 X 服从参数为 λ 的指数分布，X_1，X_2，…，X_n 为来自总体 X 的一个样本，则参数 λ 的矩估计量是________.

2. 对某一距离进行独立测量，设测量值 $X\sim N(\mu,\sigma^2)$，μ 与 σ^2 未知，今测量了 5 次的数据（单位：米）：2 781，2 836，2 807，2 763，2 858，则 μ 的矩估计值为________，σ^2 的矩估计值为________.

3. 设总体 X 服从二项分布 $b(n,\ p)$，p 为未知参数，X_1，X_2，…，X_n 为来自总体 X 的一个样本，则 p 的矩估计量是________.

4. 设总体 X 服从 $[\theta-1,\ \theta+1]$ $(\theta>0)$ 上的均匀分布，X_1，X_2，…，X_n $(n>3)$ 是来自总体 X 的一个样本，则统计量 $(X_1+X_2+X_3)/3$，$\overline{X}$ 都是参数 θ 的________估计量，其中________是 θ 的较有效估计量.

5. 设总体 X 服从正态分布 $N(\mu,\sigma^2)$，$\overline{X}$，S^2 分别是样本均值和样本方差，若 σ^2 已知，则参数 μ 的置信水平为 $1-\alpha$ 的置信区间为________；若 σ^2 未知，则参数 μ 的置信水平为 $1-\alpha$ 的置信区间为________.

6. 设 X_1，X_2，…，X_n 为抽自总体 X 的样本，$E(X)=\mu$，$D(X)=\sigma^2$，则下列可以作为 σ^2 的无偏估计的是（　　）.

A. μ 已知时，$\dfrac{1}{n}\sum\limits_{i=1}^{n}(X_i-\mu)^2$　　B. μ 已知时，$\dfrac{1}{n-1}\sum\limits_{i=1}^{n}(X_i-\mu)^2$

C. μ 未知时，$\dfrac{1}{n}\sum\limits_{i=1}^{n}(X_i-\mu)^2$　　D. μ 未知时，$\dfrac{1}{n-1}\sum\limits_{i=1}^{n}(X_i-\mu)^2$

7. 设 X_1，X_2，X_3，X_4 为来自总体 X 的样本，则下列总体均值的无偏估计中较有效的是（　　）.

A. $\dfrac{1}{3}X_1+\dfrac{1}{6}X_2+\dfrac{1}{6}X_3+\dfrac{1}{3}X_4$　　B. $\dfrac{1}{4}X_1+\dfrac{1}{4}X_2+\dfrac{1}{4}X_3+\dfrac{1}{4}X_4$

C. $\frac{4}{9}X_1+\frac{3}{9}X_2+\frac{1}{9}X_3+\frac{1}{9}X_4$　　D. $\frac{1}{5}X_1+\frac{2}{5}X_2+\frac{1}{5}X_3+\frac{1}{5}X_4$

8. 设总体 $X\sim N(\mu,\sigma^2)$，σ^2 未知，X_1，X_2，…，X_{20} 为来自总体 X 的一个样本，则 μ 的置信水平为 0.95 的置信区间为（　　）.

A. $\left(\overline{X}-z_{0.025}\frac{S}{\sqrt{20}},\overline{X}+z_{0.025}\frac{S}{\sqrt{20}}\right)$

B. $\left(\overline{X}-t_{0.025}(20)\frac{S}{\sqrt{20}},\overline{X}+t_{0.025}(20)\frac{S}{\sqrt{20}}\right)$

C. $\left(\overline{X}-t_{0.025}(19)\frac{S}{\sqrt{20}},\overline{X}+t_{0.025}(19)\frac{S}{\sqrt{20}}\right)$

D. $\left(\overline{X}-z_{0.025}\frac{\sigma}{\sqrt{20}},\overline{X}+z_{0.025}\frac{\sigma}{\sqrt{20}}\right)$

9. 设总体 X 的概率密度为

$$f(x)=\begin{cases}\frac{2}{\theta^2}(\theta-x), & 0<x<\theta,\\ 0, & \text{其他}.\end{cases}$$

X_1，X_2，…，X_n 为来自总体 X 的样本，试求参数 θ 的矩估计量.

10. 设总体 X 的概率密度为 $f(x)=\begin{cases}\frac{1}{\theta}e^{-\frac{x}{\theta}}, & x>0,\\ 0, & x\leqslant 0,\end{cases}$ X_1，X_2，…，X_n 为来自总体 X 的样本，求 θ 的矩估计量和极大似然估计量.

11. 设总体 X 服从 $[a,\ b]$ 上的均匀分布，X_1，X_2，…，X_n 为来自总体 X 的样本，求 a 和 b 的矩估计量.

12. 设总体 X 的分布律为 $P\{x=k\}=\frac{\lambda^k e^{-1}}{k!}$，$k=0$，1，2，…，其中 $\lambda>0$ 为未知参数，X_1，X_2，…，X_n 为来自总体 X 的样本，求 λ 的极大似然估计量.

13. 设总体 X 的概率密度为 $f(x)=\begin{cases}\theta x^{\theta-1}, & 0<x<1,\\ 0, & \text{其他},\end{cases}$ 其中 $\theta>0$，$X_1,X_2,\cdots,X_n$ 为来自总体 X 的样本，求 θ 的矩估计量和极大似然估计量.

14. 设总体 X 的概率密度为 $f(x)=\begin{cases}(\alpha+1)x^{\alpha}, & 0<x<1,\\ 0, & \text{其他},\end{cases}$ 其中 $\alpha>-1$，X_1，X_2，…，X_n 为来自总体 X 的样本，求 α 的矩估计量和极大似然估计量.

15. 设总体 X 服从 $[0,\ \theta]$ 上的均匀分布，其中 $\theta>0$，今得总体 X 的一组样本观测值：0.9，0.8，0.2，0.8，0.4，0.4，0.7，0.6. 求参数 θ 的矩估计值和极大似然估计值，并判断它们是否为 θ 的无偏估计.

16. 设 X_1，X_2 是从正态总体 $N(\mu,\sigma^2)$ 中抽取的样本，

$$\hat{\mu}_1=\frac{2}{3}X_1+\frac{1}{3}X_2,\ \hat{\mu}_2=\frac{1}{4}X_1+\frac{3}{4}X_2,\ \hat{\mu}_3=\frac{1}{2}X_1+\frac{1}{2}X_2,$$

试证 $\hat{\mu}_1$，$\hat{\mu}_2$，$\hat{\mu}_3$ 都是 μ 的无偏估计量，并求出其中最有效的估计量.

17. 设总体 X 的概率密度为 $f(x)=\begin{cases}\dfrac{6x}{\theta^3}(\theta-x), & 0<x<\theta,\\ 0, & 其他,\end{cases}$ $X_1,X_2,\cdots,X_n$ 是取自总体 X 的样本. 求：

(1) θ 的矩估计量 $\hat{\theta}$；

(2) $D(\hat{\theta})$.

18. 设总体 X 的分布函数为

$$F(x)=\begin{cases}1-\dfrac{\alpha^\beta}{x^\beta}, & x>\alpha,\\ 0, & x\leqslant\alpha,\end{cases}$$

其中，未知参数 $\beta>1$，$\alpha>0$，X_1，X_2，…，X_n 为来自总体 X 的样本.

(1) 当 $\alpha=1$ 时，求 β 的矩估计量；

(2) 当 $\alpha=1$ 时，求 β 的极大似然估计量；

(3) 当 $\beta=2$ 时，求 β 的极大似然估计量.

19. 设 X_1，X_2，…，X_n 为正态总体 $N(\mu,\sigma^2)$ 的一个样本，确定常数 c 的值，使 $Q=c\sum\limits_{i=1}^{n-1}(X_{i+1}-X_i)^2$ 为 σ^2 的无偏估计量.

20. 某车间生产的螺钉，其直径服从 $N(\mu,\sigma^2)$，由过去的经验知道 $\sigma^2=0.06$，今随机抽取 6 枚，测得其长度（单位：毫米）如下：

14.7　15.0　14.8　14.9　15.1　15.2

试求 μ 的置信水平为 0.95 的置信区间.

21. 某种袋装食品的质量服从正态分布. 某一天随机地抽取 9 袋检验，质量（单位：克）为

510　485　505　505　490　495　520　515　490

(1) 若已知总体方差 $\sigma^2=8.6^2$，求 μ 的置信水平为 0.90 的置信区间；

(2) 若总体方差未知，求 μ 的置信水平为 0.95 的置信区间.

22. 设某种砖头的抗压强度服从 $N(\mu,\sigma^2)$，今随机抽取 20 块砖头，测得数据（单位：千克/厘米²）如下：

64　69　49　92　55　97　41　84　88　99

84　66　100　98　72　74　87　84　48　81

(1) 求 μ 的置信水平为 0.95 的置信区间；

(2) 求 σ^2 的置信水平为 0.95 的置信区间.

23. 从正态总体 $X\sim N(3.4,6^2)$ 中抽取容量为 n 的样本，如果其样本均值位于区间 (1.4，5.4) 内的概率不小于 0.95，问：n 至少应取多大？（参数见表 7.2）

$$\Phi(z)=\int_{-\infty}^{z}\frac{1}{\sqrt{2\pi}}e^{-t^2/2}dt$$

表 7.2

z	1.28	1.645	1.96	2.33
$\Phi(z)$	0.9	0.95	0.975	0.99

24. 岩石密度的测量误差服从正态分布，随机抽测 12 个样品，得 $s=0.2$，求 σ^2 的置信区间（取定 $\alpha=0.1$）.

25. 某厂分别从两条流水生产线上抽取样本：X_1，X_2，…，X_{12}及 Y_1，Y_2，…，Y_{17}，测得 $\bar{x}=10.6$（克），$\bar{y}=9.5$（克），$s_1^2=2.4$，$s_2^2=4.7$．设两个正态总体的均值分别为 μ_1 和 μ_2，且有相同方差，试求 $\mu_1-\mu_2$ 的置信水平为 0.95 的置信区间.

26. 设两位化验员 A、B 分别独立地对某种化合物各做 10 次测定，测定值的样本方差分别为 $s_A^2=0.5419$，$s_B^2=0.6065$．设两个总体均为正态分布，求方差比$\dfrac{\sigma_A^2}{\sigma_B^2}$的置信水平为 0.95 的置信区间.

第八章

假设检验

学习目标

(1) 了解正态总体参数的假设检验，了解非参数检验的概念.

(2) 理解假设检验的基本思想和基本方法.

(3) 掌握假设检验的基本步骤，会求正态总体均值和方差的假设检验问题.

上一章介绍了参数估计问题，本章介绍统计推断的另一类重要问题：假设检验．假设检验简单来说就是，在总体的分布函数完全未知或只知其形式但不知其参数的情况下，为了推断我们所感兴趣的总体的某些未知特性，提出某些关于总体分布或关于总体参数的假设，然后根据观测所得的样本数据对所提出的假设运用统计分析的方法检验其是否正确，从而做出决策. 假设检验有参数检验与非参数检验之分. 本章重点介绍正态总体参数的假设检验，最后简单介绍一种非参数检验.

第一节　假设检验的基本概念

一、假设检验问题的提法

下面先从几个例子说明假设检验的一般提法.

【例 8-1】　某车间用一台包装机包装葡萄糖，包的袋装糖的质量 $X \sim N(\mu, 0.015^2)$，当机器工作正常时 $\mu = 0.5$ 千克. 某日开工后为检验包装机是否正常，随机地抽取 9 袋包装好的糖，称得净重（单位：千克）为

0.497　0.506　0.518　0.524　0.498　0.511　0.520　0.515　0.512

问：机器是否工作正常？

【例 8-2】　某棉纺厂生产的纱线，其强力服从正态分布，为了比较甲、乙两地生产的

棉花所纺纱线的强力，分别抽取 7 个和 8 个样品测得强力数据为：

甲地：1.55　1.47　1.52　1.60　1.43　1.53　1.54

乙地：1.42　1.49　1.46　1.34　1.38　1.54　1.38　1.51

比较两地棉花所纺纱线的强力和强力的方差有无显著差别.

【例 8－3】　随机抽取 50 名 1975 年 2 月新生男婴的体重（单位：克）如下：

2 520	3 460	2 600	3 320	3 120	3 400	2 900	2 420	3 280	3 100
2 980	3 160	3 100	3 460	2 740	3 060	3 700	3 460	3 500	1 600
3 100	3 700	3 280	2 800	3 120	3 800	3 740	2 940	2 580	2 980
3 700	3 460	2 940	3 300	2 980	3 480	3 220	3 060	3 400	2 680
3 340	2 500	2 960	2 900	4 600	2 780	3 340	2 500	3 300	3 640

能否据此样本认为新生男婴体重 X 服从正态分布？

关于总体分布的各种论断叫作**统计假设**，简称假设，用 H 表示. 作为检验对象的假设称为原假设（又称基本假设），记作 H_0；与原假设对立的称为备择假设（又称对立假设），用 H_1 表示. 上述各例中的原假设与备择假设分别为：

【例 8－1】，$H_0:\mu=\mu_0=0.5;H_1:\mu\neq\mu_0$.

【例 8－2】，$H_0:\mu_1=\mu_2,H_1:\mu_1\neq\mu_2;H_0:\sigma_1^2=\sigma_1^2,H_1:\sigma_1^2\neq\sigma_2^2$.

【例 8－3】，$H_0:X\sim N(\mu,\sigma^2);H_1:X$ 不服从正态分布.

二、假设检验的基本思想

我们以例 8－1 为例说明假设检验的基本思想和步骤.

在【例 8－1】中建立了统计假设 H_0：$\mu=\mu_0=0.5$；H_1：$\mu\neq\mu_0$. 由于要检验的假设涉及总体均值 μ，我们知道 $\overline{X}$ 是 μ 的无偏估计，$\overline{X}$ 的观察值 $\bar{x}$ 的大小在一定程度上反映了 μ 的大小，所以首先设想是否可以借助统计量样本均值 $\overline{X}$ 进行判断. 从抽样结果上看，样本均值 $\bar{x}=0.511$，$\bar{x}=0.511$ 与 $\mu_0=0.5$ 之间有差异. 对此，可以有两种解释：

（1）统计假设 H_0 是正确的，即 $\mu=\mu_0=0.5$，只是抽样的随机性造成了 $\bar{x}$ 与 μ_0 之间的差异；

（2）统计假设 H_0 是不正确的，即 $\mu\neq\mu_0$，由于系统误差，也就是包装机工作不正常，造成了 $\bar{x}$ 与 μ_0 之间的差异.

对于以上两种解释，到底哪一种更为合理？为了回答这个问题，我们适当选择一个小正数 α，称之为**显著性水平**. 在假设 H_0 成立的条件下，确定统计量 $\overline{X}-\mu_0$ 的临界值 λ_α，使得事件 $\{|\overline{X}-\mu_0|>\lambda_\alpha\}$ 为小概率事件，即

$$P\{|\overline{X}-\mu_0|>\lambda_\alpha\}=\alpha. \qquad (8-1)$$

例如，取定显著性水平 $\alpha=0.05$，我们来确定临界值 $\lambda_{0.05}$.

在【例 8－1】中 $X\sim N(\mu,0.015^2)$，当 H_0：$\mu=\mu_0=0.5$ 为真时，$X\sim N(\mu_0,0.015^2)$，于是

$$Z=\frac{\overline{X}-\mu_0}{\sqrt{\sigma^2/n}}\sim N(0,1),$$

因此有

$$P\{|Z|>z_{\alpha/2}\}=\alpha,$$

由式（8－1）得

$$P\left\{|Z|>\frac{\lambda_\alpha}{\sigma/\sqrt{n}}\right\}=\alpha,$$

所以

$$\frac{\lambda_\alpha}{\sigma/\sqrt{n}}=z_{\alpha/2},\ \lambda_\alpha=z_{\alpha/2}\frac{\sigma}{\sqrt{n}},$$

$$\lambda_{0.05}=z_{0.025}\times\frac{0.015}{\sqrt{9}}=1.96\times\frac{0.015}{3}=0.009\ 8,$$

也就是

$$P\{|\overline{X}-\mu_0|>0.009\ 8\}=0.05.$$

我们都知道 $\alpha=0.05$ 很小，根据**实际推断原理**，即小概率事件在一次试验中几乎是不可能发生的，认为当 H_0 为真时，事件 $\{|\overline{X}-\mu_0|>0.009\ 8\}$ 是小概率事件，实际上很少发生，基本不发生．现在抽样的结果是

$$|\overline{x}-\mu_0|=|0.511-0.5|=0.011>0.009\ 8,$$

小概率事件 $\{|\overline{X}-\mu_0|>0.009\ 8\}$ 居然在一次抽样中发生了，说明就此次抽样的结果与假设 H_0 不相符，所以不能不让人怀疑原假设 H_0 的正确性. 所以在显著性水平 $\alpha=0.05$ 的前提下，我们还是更愿意拒绝 H_0，接受 H_1，认为这一天包装机的工作是不正常的.

通过对【例 8－1】的分析，我们知道假设检验的基本思想和原理是实际推断原理，其基本步骤为（见图 8.1）：

(1) 根据实际问题的需要，提出原假设 H_0 和备择假设 H_1；

(2) 选取合适的显著性水平 α（通常选 $\alpha=0.10$，0.05 等），确定样本容量 n；

(3) 构造检验用的统计量 U，当 H_0 为真时，检验统计量 U 的分布为已知，找出**临界值** λ_α，使得 $P\{|U|>\lambda_\alpha\}=\alpha$，称 $|U|>\lambda_\alpha$ 所确定的区域为 H_0 的**拒绝域**，记作 W；

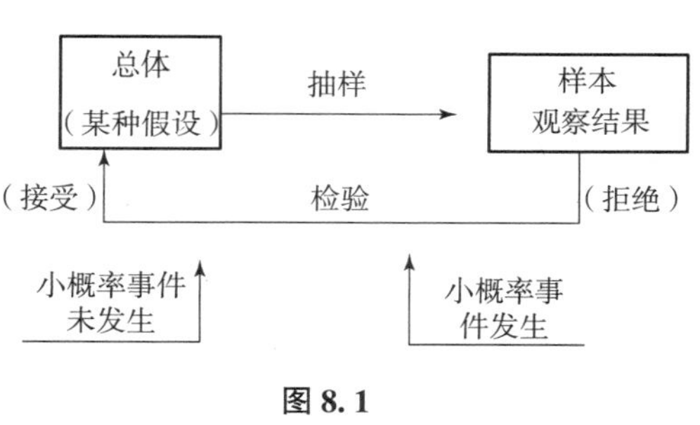

图 8.1

(4) 取样，根据抽样结果计算统计量 U 的观察值 U_0；

(5) 将 U 的观察值 U_0 与临界值 λ_α 比较，若 U_0 落在拒绝域 W 内，则拒绝 H_0 而接受 H_1，否则接受 H_0.

三、检验的两类错误

由于我们是根据样本做出拒绝 H_0 或者接受 H_0 的决定，而样本具有随机性，因此据此做出判断，可能会犯两类错误：一类错误是，当 H_0 为真时，根据观察值的结果却拒绝了 H_0，称这种错误为**第一类错误**，简称为“弃真”，其发生的概率称为犯第一类错误的概率或弃真概率，记为 α，即

$$P\{拒绝 H_0 | H_0 为真\} = \alpha;$$

另一类错误是，当 H_0 不真时，根据观察值的结果却接受了 H_0，称这种错误为**第二类错误**，简称为“取伪”，其发生的概率称为犯第二类错误的概率或取伪概率，记为 β，即

$$P\{接受 H_0 | H_0 为假\} = \beta.$$

具体如表 8.1 所示.

表 8.1

H_0	判断结论		犯错误的概率
真	接受	正确	0
	拒绝	犯第一类错误	α
假	接受	犯第二类错误	β
	拒绝	正确	0

对给定的 H_0 和 H_1，总可以找到很多拒绝域 W，我们当然希望找到这样的拒绝域 W，使得犯两类错误的概率 α 与 β 都很小. 但在样本容量 n 固定时，要使得 α 与 β 同时都很小是不可能的. 一般情况下，要减小犯其中一类错误的概率，会增加犯另一类错误的概率. 通常的做法是控制犯第一类错误的概率不超过某个事先指定的显著性水平 α，而使犯第二类错误的概率也尽可能地小.

第二节　单个正态总体参数的假设检验

设总体 X 服从正态分布 $N(\mu,\sigma^2)$，$X_1,X_2,\cdots,X_n$ 是取自总体 X 的样本，$\overline{X}$ 与 S^2 分别为样本均值与样本方差.

关于均值 μ 的检验是将未知参数 μ 与给定的 μ_0 比较，具体假设为：

$$H_0:\mu=\mu_0;H_1:\mu\neq\mu_0(双边检验).$$

$$\left.\begin{aligned}&H_0:\mu\geqslant\mu_0;H_1:\mu<\mu_0(左检验),\\&H_0:\mu\leqslant\mu_0;H_1:\mu>\mu_0(右检验).\end{aligned}\right\}单边检验$$

关于方差 σ^2 的检验是将未知参数 σ^2 与给定的 σ_0^2 比较，具体假设为：

$$H_0:\sigma^2=\sigma_0^2;H_1:\sigma^2\neq\sigma_0^2(双边检验).$$

$$\left.\begin{aligned}&H_0:\sigma^2\geqslant\sigma_0^2;H_1:\sigma^2<\sigma_0^2(左检验),\\&H_0:\sigma^2\leqslant\sigma_0^2;H_1:\sigma^2>\sigma_0^2(右检验).\end{aligned}\right\}单边检验$$

一、单个正态总体均值的假设检验

1. *方差 $\sigma^2=\sigma_0^2$ 已知，关于均值 μ 的检验（Z 检验法或 U 检验法）*

(1) H_0: $\mu=\mu_0$，H_1: $\mu\neq\mu_0$：由 $\overline{X}\sim N\left(\mu,\dfrac{\sigma^2}{n}\right)$，$\dfrac{\overline{X}-\mu}{\sigma/\sqrt{n}}\sim N(0,1)$，当 H_0 为真时，

$$Z=\frac{\overline{X}-\mu_0}{\sqrt{\sigma^2/n}}\sim N(0,1),$$

对显著性水平 α

$$P\{|Z|>z_{\alpha/2}\}=\alpha,$$

从而有

$$P\{Z\leqslant z_{\alpha/2}\}=1-\frac{\alpha}{2},$$

反查标准正态分布函数表，得双侧 α 分位点 $z_{\alpha/2}$.

利用样本观察值 x_1，x_2，…，x_n 计算统计量 Z 的观察值

$$z_0=\frac{\bar{x}-\mu_0}{\sigma/\sqrt{n}}.$$

若 $|z_0|>z_{\alpha/2}$，则在显著性水平 α 下拒绝原假设 H_0；若 $|z_0|\leqslant z_{\alpha/2}$，则在显著性水平 α 下接受原假设 H_0.

【例 8-4】　食堂小王师傅打饭量 $X\sim N(\mu,0.15^2)$，若 $\mu=4$，则认为其打饭量合格. 他打了 9 次饭，$\overline{X}=3.95$，问他的打饭量是否合格？（$\alpha=0.05$）

解　提出原假设 H_0：$\mu=\mu_0=4$ 和备择假设 H_1：$\mu\neq4$，检验统计量

$$Z=\frac{\overline{X}-\mu_0}{\sigma/\sqrt{n}}\sim N(0,1).$$

对于显著性水平 $\alpha=0.05$，求 $z_{\alpha/2}$ 使 $P\{|Z|>z_{\alpha/2}\}=\alpha$，得 $z_{0.025}=1.96$.

计算统计量 Z 的观察值 $|z_0|=\left|\frac{\bar{x}-\mu_0}{\sigma/\sqrt{n}}\right|=1<1.96$，落在了接受域内，所以在显著性水平 $\alpha=0.05$ 下接受 H_0，即认为食堂小王师傅打饭量合格.

（2）$H_0:\mu\geqslant\mu_0$；$H_1:\mu<\mu_0$：令 $Z^*=\frac{\overline{X}-\mu}{\sigma/\sqrt{n}}\sim N(0,1)$，当 H_0 为真时，

$$Z=\frac{\overline{X}-\mu_0}{\sigma/\sqrt{n}}\geqslant Z^*,$$

对显著性水平 α

$$P\{Z^*<-z_\alpha\}=\alpha,$$

从而有

$$P\{Z<-z_\alpha\}\leqslant P\{Z^*<-z_\alpha\}=\alpha,$$

在显著性水平 α 下 H_0 的拒绝域为

$$\frac{\bar{x}-\mu_0}{\sigma/\sqrt{n}}<-z_\alpha.$$

（3）$H_0:\mu\leqslant\mu_0$；$H_1:\mu>\mu_0$：方法同（2）类似，在显著性水平 α 下 H_0 的拒绝域为 $\frac{\bar{x}-\mu_0}{\sigma/\sqrt{n}}>z_\alpha$.

2. 方差未知，关于均值 μ 的检验（t 检验法）

（1）$H_0:\mu=\mu_0$；$H_1:\mu\neq\mu_0$：由 $\frac{\overline{X}-\mu}{S/\sqrt{n}}\sim t(n-1)$，当 H_0 为真时，

$$t=\frac{\overline{X}-\mu_0}{S/\sqrt{n}}\sim t(n-1),$$

对显著性水平 α

$$P\{|t|>t_{\alpha/2}(n-1)\}=\alpha,$$

从而有

$$P\{t\leqslant t_{\alpha/2}(n-1)\}=1-\frac{\alpha}{2}.$$

反查 t 分布函数表，得双侧 α 分位点 $t_{\alpha/2}(n-1)$，在显著性水平 α 下原假设 H_0 的拒绝域为

$$|t_0|>t_{\alpha/2}(n-1).$$

（2）$H_0:\mu\geqslant\mu_0;H_1:\mu<\mu_0$：方法与方差 $\sigma^2=\sigma_0^2$ 已知类似，在显著性水平 α 下 H_0 的拒绝域为 $\frac{\overline{x}-\mu_0}{s/\sqrt{n}}<-t_\alpha(n-1)$.

（3）$H_0:\mu\leqslant\mu_0;H_1:\mu>\mu_0$：方法与方差 $\sigma^2=\sigma_0^2$ 已知类似，在显著性水平 α 下 H_0 的拒绝域为 $\frac{\overline{x}-\mu_0}{s/\sqrt{n}}>t_\alpha(n-1)$.

【例 8－5】 某种电子元件的寿命 $X\sim N(\mu,\ \sigma^2)$（单位：小时），现测得 16 只元件的寿命为：159，280，101，212，224，379，179，264，222，362，168，250，149，260，485，170. 问：是否有理由认为元件的平均寿命大于 225 小时？（$\alpha=0.05$）

解 $H_0:\mu\leqslant225$；$H_1:\mu>225$，检验统计量 $t=\frac{\overline{X}-225}{S/\sqrt{n}}$，拒绝域 $t>t_\alpha\ (n-1)$，

$$\overline{x}=241.5,s=98.7259,t_{0.05}(15)=1.7531,$$

$$t_0=\frac{\overline{x}-225}{s/\sqrt{n}}=\frac{241.5-225}{98.7259/\sqrt{16}}=0.66<1.7531,$$

所以接受 H_0，即认为电子元件的平均寿命不大于 225.

二、单个正态总体方差的假设检验（χ^2 检验法）

1. 均值未知，方差 σ^2 的检验

（1）$H_0:\sigma^2=\sigma_0^2$；$H_1:\sigma^2\neq\sigma_0^2$：当 H_0 为真时，$\chi^2=\frac{(n-1)S^2}{\sigma_0^2}\sim\chi^2(n-1)$，对显著性水平 α 有

$$P\{\chi^2_{1-\alpha/2}(n-1)<\chi^2<\chi^2_{\alpha/2}(n-1)\}=1-\alpha,$$

在显著性水平 α 下原假设 H_0 的拒绝域为 $\chi^2\leqslant\chi^2_{1-\alpha/2}(n-1)$ 或 $\chi^2\geqslant\chi^2_{\alpha/2}(n-1)$.

（2）$H_0:\sigma^2\geqslant\sigma_0^2;H_1:\sigma^2<\sigma_0^2$：在显著性水平 α 下原假设 H_0 的拒绝域为 $\chi^2\leqslant\chi^2_{1-\alpha}(n-1)$.

（3）$H_0:\sigma^2\leqslant\sigma_0^2;H_1:\sigma^2>\sigma_0^2$：在显著性水平 α 下原假设 H_0 的拒绝域为 $\chi^2\geqslant\chi^2_\alpha(n-1)$.

2. 均值 $\mu=\mu_0$ 已知，方差 σ^2 的检验

如果 $\mu=\mu_0$ 为已知，则选取的检验统计量为 $W_1=\frac{1}{\sigma_0^2}\sum_{i=1}^{n}(X_i-\mu_0)^2$，当 $\sigma^2=\sigma_0^2$ 时，统计

量 $W_1 \sim \chi^2(n)$，其检验过程与 μ 未知情况完全相似，具体如表 8.2 所示.

表 8.2

待检参数	其他参数	原假设 H_0	备择假设 H_1	检验统计量	H_0 中等号成立分布	拒绝域
μ	σ^2 已知	$\mu=\mu_0$	$\mu\neq\mu_0$	$Z=\dfrac{\overline{X}-\mu_0}{\sigma/\sqrt{n}}$	$N(0,1)$	$\lvert Z\rvert>z_{\alpha/2}$
		$\mu\geqslant\mu_0$	$\mu<\mu_0$			$Z<-z_{\alpha}$
		$\mu\leqslant\mu_0$	$\mu>\mu_0$			$Z>z_{\alpha}$
μ	σ^2 未知	$\mu=\mu_0$	$\mu\neq\mu_0$	$t=\dfrac{\overline{X}-\mu_0}{S/\sqrt{n}}$	$t(n-1)$	$\lvert t\rvert>t_{\alpha/2}(n-1)$
		$\mu\geqslant\mu_0$	$\mu<\mu_0$			$t<-t_{\alpha}(n-1)$
		$\mu\leqslant\mu_0$	$\mu>\mu_0$			$t>t_{\alpha}(n-1)$
σ^2	μ 未知	$\sigma^2=\sigma_0^2$	$\sigma^2\neq\sigma_0^2$	$\chi^2=\dfrac{(n-1)S^2}{\sigma_0^2}$	$\chi^2(n-1)$	$\chi^2>\chi^2_{\alpha/2}(n-1)$ 或 $\chi^2<\chi^2_{1-\alpha/2}(n-1)$
		$\sigma^2\geqslant\sigma_0^2$	$\sigma^2<\sigma_0^2$			$\chi^2<\chi^2_{1-\alpha}(n-1)$
		$\sigma^2\leqslant\sigma_0^2$	$\sigma^2>\sigma_0^2$			$\chi^2>\chi^2_{\alpha}(n-1)$
σ^2	$\mu=\mu_0$ 已知	$\sigma^2=\sigma_0^2$	$\sigma^2\neq\sigma_0^2$	$\chi^2=\dfrac{\sum\limits_{i=1}^{n}(X_i-\mu_0)^2}{\sigma_0^2}$	$\chi^2(n)$	$\chi^2>\chi^2_{\alpha/2}(n)$ 或 $\chi^2<\chi^2_{1-\alpha/2}(n)$
		$\sigma^2\geqslant\sigma_0^2$	$\sigma^2<\sigma_0^2$			$\chi^2<\chi^2_{1-\alpha}(n)$
		$\sigma^2\leqslant\sigma_0^2$	$\sigma^2>\sigma_0^2$			$\chi^2>\chi^2_{\alpha}(n)$

第三节　两个正态总体参数的假设检验

在实际工作中,除了用到单个正态总体的均值和方差的检验问题,还经常碰到两个正态总体的比较问题.

一、两个正态总体均值的假设检验

1. 方差已知,关于均值的检验(Z 检验法或 U 检验法)

设总体 $X\sim N(\mu_1,\sigma_1^2)$，$Y\sim N(\mu_2,\sigma_2^2)$，$X$ 与 Y 独立，且 σ_1^2 与 σ_2^2 已知，要检验

$$H_0:\mu_1=\mu_2;H_1:\mu_1\neq\mu_2\text{（双边检验）}.$$

从总体 X 与 Y 中抽取容量分别为 n_1 和 n_2 的样本 X_1，X_2，…，X_{n_1} 及 Y_1，Y_2，…，Y_{n_2}，由于

$$\overline{X}\sim N\left(\mu_1,\frac{\sigma_1^2}{n_1}\right),\ \overline{Y}\sim N\left(\mu_2,\frac{\sigma_2^2}{n_2}\right),$$

又 $\overline{X}$ 与 $\overline{Y}$ 相互独立，所以 $\overline{X}-\overline{Y}$ 服从正态分布，即

$$\overline{X}-\overline{Y}\sim N\left(\mu_1-\mu_2,\frac{\sigma_1^2}{n_1}+\frac{\sigma_2^2}{n_2}\right),$$

从而
$$\frac{(\overline{X}-\overline{Y})-(\mu_1-\mu_2)}{\sqrt{\frac{\sigma_1^2}{n_1}+\frac{\sigma_2^2}{n_2}}}\sim N(0,1).$$

我们按如下步骤对假设检验问题 $H_0:\mu_1=\mu_2$；$H_1:\mu_1\neq\mu_2$ 做出判断：

（1）选取检验统计量 $Z=\dfrac{\overline{X}-\overline{Y}}{\sqrt{\sigma_1^2/n_1+\sigma_2^2/n_2}}$，当 H_0 成立时，$Z\sim N(0,\ 1)$；

（2）对于显著性水平 α，查标准正态分布表找 $z_{\alpha/2}$，使
$$P\{|Z|>z_{\alpha/2}\}=\alpha;$$

（3）由样本观察值计算 Z 的观察值 z_0：
$$z_0=\frac{\overline{x}-\overline{y}}{\sqrt{\sigma_1^2/n_1+\sigma_2^2/n_2}};$$

（4）做出判断：若 $|z_0|>z_{\alpha/2}$，则拒绝 H_0，接受 H_1；若 $|z_0|\leqslant z_{\alpha/2}$，则接受 H_0.

2. *方差未知，但已知 $\sigma_1^2=\sigma_2^2\triangleq\sigma^2$，关于均值的检验（$t$ 检验法）*

设总体 $X\sim N(\mu_1,\sigma_1^2)$，$Y\sim N(\mu_2,\sigma_2^2)$，$X$ 与 Y 独立，且 σ_1^2 与 σ_2^2 未知，但已知 $\sigma_1^2=\sigma_2^2\triangleq\sigma^2$. 要检验
$$H_0:\mu_1=\mu_2;H_1:\mu_1\neq\mu_2(\text{双边检验}).$$

从总体 X 与 Y 中抽取容量分别为 n_1 和 n_2 的样本 X_1，X_2，…，X_{n_1} 及 Y_1，Y_2，…，Y_{n_2}，则
$$t=\frac{(\overline{X}-\overline{Y})-(\mu_1-\mu_2)}{S_w\sqrt{\frac{1}{n_1}+\frac{1}{n_2}}}\sim t(n_1+n_2-2),$$
其中，$S_w^2=\dfrac{(n_1-1)S_1^2+(n_2-1)S_2^2}{n_1+n_2-2}$，$S_1^2$ 与 S_2^2 分别为 X 与 Y 的样本方差.

当 H_0 为真时，$t=\dfrac{\overline{X}-\overline{Y}}{S_w\sqrt{\frac{1}{n_1}+\frac{1}{n_2}}}\sim t(n_1+n_2-2)$. 对于给定的显著性水平 α，查 t 分布表找 $t_{\alpha/2}(n_1+n_2-2)$，使
$$P\{|t|>t_{\alpha/2}(n_1+n_2-2)\}=\alpha.$$

由样本观察值计算 t 的观察值 $t_0=\dfrac{\overline{x}-\overline{y}}{S_w\sqrt{\frac{1}{n_1}+\frac{1}{n_2}}}$，若 $|t_0|>t_{\alpha/2}(n_1+n_2-2)$，则拒绝 H_0，接受 H_1；若 $|t_0|\leqslant t_{\alpha/2}(n_1+n_2-2)$，则接受 H_0.

二、两个正态总体方差的假设检验（*F* 检验法）

设正态总体 $X\sim N(\mu_1,\sigma_1^2)$，$Y\sim N(\mu_2,\sigma_2^2)$，$X$ 与 Y 独立，X_1，X_2，…，X_{n_1} 为来自总体 X 的样本，Y_1，Y_2，…，Y_{n_2} 为来自总体 Y 的样本，S_1^2 与 S_2^2 分别为 X 与 Y 的样本方差，且 μ_1 与 μ_2 未知，现要检验假设
$$H_0:\sigma_1^2=\sigma_2^2;H_1:\sigma_1^2\neq\sigma_2^2(\text{双边检验}).$$

选取检验统计量 $F=\dfrac{S_1^2}{S_2^2}$，当 H_0 为真时，

$$F=\frac{S_1^2}{S_2^2}\sim F(n_1-1,n_2-1).$$

对于给定的显著性水平 α，查 F 分布表找 $F_{1-\alpha/2}(n_1-1,n_2-1)$ 与 $F_{\alpha/2}(n_1-1,n_2-1)$，使

$$P\{F_{1-\alpha/2}(n_1-1,n_2-1)\leqslant F\leqslant F_{\alpha/2}(n_1-1,n_2-1)\}=1-\alpha.$$

由样本观察值计算 F 的观察值 $f_0=\dfrac{s_1^2}{s_2^2}$，从而得假设 H_0 的接受域为

$$F_{1-\alpha/2}(n_1-1,n_2-1)\leqslant f_0\leqslant F_{\alpha/2}(n_1-1,n_2-1),$$

具体如表 8.3 所示. 拒绝域为 $f_0<F_{1-\alpha/2}(n_1-1,n_2-1)$ 或 $f_0>F_{\alpha/2}(n_1-1,n_2-1)$.

表 8.3

待检参数	其他参数	原假设 H_0	备择假设 H_1	检验统计量	H_0 中等号成立分布	拒绝域
μ_1,μ_2	σ_1^2,σ_2^2 已知	$\mu_1=\mu_2$	$\mu_1\neq\mu_2$	$Z=\dfrac{\overline{X}-\overline{Y}}{\sqrt{\dfrac{\sigma_1^2}{n_1}+\dfrac{\sigma_2^2}{n_2}}}$	$N(0,1)$	$\lvert z\rvert>z_{\alpha/2}$
		$\mu_1\geqslant\mu_2$	$\mu_1<\mu_2$			$z<-z_\alpha$
		$\mu_1\leqslant\mu_2$	$\mu_1>\mu_2$			$z>z_\alpha$
μ_1,μ_2	$\sigma_1^2=\sigma_2^2$ 未知	$\mu_1=\mu_2$	$\mu_1\neq\mu_2$	$t=\dfrac{\overline{X}-\overline{Y}}{S_w\sqrt{\dfrac{1}{n_1}+\dfrac{1}{n_2}}}$	$t(n_1+n_2-2)$	$\lvert t\rvert>t_{\alpha/2}(n_1+n_2-2)$
		$\mu_1\geqslant\mu_2$	$\mu_1<\mu_2$			$t<-t_\alpha(n_1+n_2-2)$
		$\mu_1\leqslant\mu_2$	$\mu_1>\mu_2$			$t>t_\alpha(n_1+n_2-2)$
σ_1^2,σ_2^2	μ_1,μ_2 未知	$\sigma_1^2=\sigma_2^2$	$\sigma_1^2\neq\sigma_2^2$	$F=\dfrac{S_1^2}{S_2^2}$	$F(n_1-1,$ $n_2-1)$	$F>F_{\alpha/2}(n_1-1,n_2-1)$ 或 $F<F_{1-\alpha/2}(n_1-1,n_2-1)$
		$\sigma_1^2\geqslant\sigma_2^2$	$\sigma_1^2<\sigma_2^2$			$F<F_{1-\alpha}(n_1-1,n_2-1)$
		$\sigma_1^2\leqslant\sigma_2^2$	$\sigma_1^2>\sigma_2^2$			$F>F_\alpha(n_1-1,n_2-1)$
σ_1^2,σ_2^2	μ_1,μ_2 已知	$\sigma_1^2=\sigma_2^2$	$\sigma_1^2\neq\sigma_2^2$	$F=\dfrac{n_2\sum_{i=1}^{n_1}(X_i-\mu_1)^2}{n_1\sum_{j=1}^{n_2}(Y_j-\mu_2)^2}$	$F(n_1,n_2)$	$F>F_{\alpha/2}(n_1,n_2)$ 或 $F<F_{1-\alpha/2}(n_1,n_2)$
		$\sigma_1^2\geqslant\sigma_2^2$	$\sigma_1^2<\sigma_2^2$			$F<F_{1-\alpha}(n_1,n_2)$
		$\sigma_1^2\leqslant\sigma_2^2$	$\sigma_1^2>\sigma_2^2$			$F>F_\alpha(n_1,n_2)$

【例 8-6】　设各届学生概率统计成绩服从正态分布，为比较 02 届本科学生的概率统计平均成绩是否较 01 届有所提高，分别从两届学生试卷中独立随机抽取 10 份：

01 届：78　72　76　74　77　78　76　75　76　77

02 届：71　81　77　79　80　79　79　77　77　82

问：02 届本科学生的概率统计平均成绩是否较 01 届有所提高？（取 $\alpha=0.05$）

解　$\bar{x}=75.9$，$s_1^2=3.433\ 3$，$\bar{y}=78.2$，$s_2^2=9.288\ 8$，$s_w^2=6.361$.

(1) 提出假设 $H_0:\sigma_1^2=\sigma_2^2$；$H_1:\sigma_1^2\neq\sigma_2^2$.

检验统计量 $F=\dfrac{S_1^2}{S_2^2}$，拒绝域 $F>F_{0.025}(9,9)$ 或 $F<F_{0.975}(9,9)$，

$$F_{0.025}(9,9)=4.03,\ F_{0.975}(9,9)=0.248,\ f_0=\frac{s_1^2}{s_2^2}=\frac{3.4333}{9.2888}=0.37,$$

$0.248<0.37<4.03$，所以接受 H_0.

（2）提出假设 $H_0:\mu_1\geqslant\mu_2$；$H_1:\mu_1<\mu_2$.

在 $\sigma_1^2=\sigma_2^2$ 的前提下

$$t=\frac{\overline{X}-\overline{Y}}{S_w\sqrt{\dfrac{1}{n_1}+\dfrac{1}{n_2}}}\sim t(n_1+n_2-2),$$

H_0 的拒绝域为：$t<-t_{0.05}$（18），

$$t_{0.05}(18)=1.7341,\ t_0=\frac{75.9-78.2}{\sqrt{6.361}\times\sqrt{\dfrac{1}{10}+\dfrac{1}{10}}}=-2.039<-1.7341,$$

所以拒绝 H_0，即认为 02 届本科学生的概率统计平均成绩较 01 届有所提高.

第四节　非参数假设检验

前两节我们讨论的假设检验问题都认为总体分布类型即总体分布的函数形式是已知的. 但在实际应用中，有时候关于总体分布信息知道的很少，不能确定其分布类型. 在这种情况下我们需要解决其他类型的假设检验问题，诸如根据样本信息对总体分布函数 $F(x)$ 的类型进行检验，对两个总体 X 与 Y 的独立性进行推断，等等，这都属于非参数假设检验.

这里我们主要介绍总体分布的假设检验，例如检验假设“总体服从正态分布”. 本节仅介绍 χ^2 检验法.

χ^2 检验法是在总体分布为未知时，根据样本值 x_1，x_2，…，x_n 来检验关于总体分布的假设

$$H_0:\text{总体 } X \text{ 的分布函数为 } F(x),$$
$$H_1:\text{总体 } X \text{ 的分布函数不是 } F(x) \tag{8-2}$$

的一种方法.

若总体 X 为离散型，则假设（8-2）相当于

$$H_0:\text{总体 } X \text{ 的分布律为 } P\{X=x_i\}=p_i, i=1,2,\cdots;$$
$$H_1:H_0 \text{ 不成立，即至少存在一个 } i, \text{使 } P\{X=x_i\}\neq p_i. \tag{8-3}$$

若总体 X 为连续型，则假设（8-2）相当于

$$H_0:\text{总体 } X \text{ 的概率密度为 } f(x). \tag{8-4}$$

在用 χ^2 检验法检验假设 H_0 时，若在假设 H_0 下的形式已知，而其参数值未知，此时需要先用极大似然估计法估计参数，然后再做检验.

χ^2 检验法的基本思想和步骤：

（1）建立统计假设.

H_0：总体 X 的分布函数为 $F(x)=F_0(x)$；

H_1:总体 X 的分布函数不是 $F_0(x)$.

(2) 用 $k-1$ 个实数 $t_1<t_2<\cdots<t_{k-2}<t_{k-1}$ 将实数轴分为 k 个互不相容的区间：$(-\infty, t_1]$，$(t_1, t_2]$，…，$(t_{k-2}, t_{k-1}]$，(t_{k-1}, t_k). 记 p_i 为分布函数为 $F_0(x)$ 的总体 X 在第 i 个区间取值的概率，即 $p_1=P\{X\leqslant t_1\}=F_0(t_1), p_2=P\{t_1<X\leqslant t_2\}=F_0(t_2)-F_0(t_1), \cdots, p_{k-1}=P\{t_{k-2}<X\leqslant t_{k-1}\}=F_0(t_{k-1})-F_0(t_{k-2}), p_k=P\{X>t_{k-1}\}=1-F_0(t_{k-1})$.

记 n_i 为 n 个样本观察值中落在第 i 个区间中的个数. 由大数定律知，如果样本容量 n 充分大（一般要求 n 至少为 50，最好 $n>100$），在 H_0 成立的条件下，$\left|\frac{n_i}{n}-p_i\right|$ 的值应该比较小，皮尔逊使用

$$\chi^2=\sum_{i=1}^{k}\frac{(n_i-np_i)^2}{np_i}$$

作为检验 H_0 的统计量，并证明了如下定理.

定理 8.1　若 n 充分大（$n\geqslant 50$），则当 H_0 为真时（不论 H_0 中的分布为什么分布），统计量 $\chi^2=\sum_{i=1}^{k}\frac{(n_i-np_i)^2}{np_i}$ 总是近似地服从自由度为 $k-r-1$ 的 χ^2 分布，其中 r 为待估计的参数的个数.

(3) 对于给定的显著性水平 α，查 χ^2 分布表确定分位数 λ，使 λ 满足

$$P\{\chi^2>\lambda\}=P\left\{\sum_{i=1}^{k}\frac{(n_i-np_i)^2}{np_i}>\lambda\right\}=\alpha,$$

从而确定该检验的拒绝域为 $\chi^2>\chi^2_\alpha(k-r-1)$.

(4) 由样本值 $x_1, x_2, \cdots, x_n$ 计算 χ^2 的值，并与 $\chi^2_\alpha(k-r-1)$ 比较.

(5) 做出判断：若 $\chi^2>\chi^2_\alpha(k-r-1)$，则拒绝 H_0，即不能认为总体的分布函数为 $F_0(x)$；否则，接受 H_0.

【例 8-7】　在某一实验中，每隔一定时间观测一次某种铀所放射的到达计数器上的 α 粒子数 X，共观测了 100 次，得结果如表 8.4 所示.

表 8.4

i	0	1	2	3	4	5	6	7	8	9	10	11	Σ
n_i	1	5	16	17	26	11	9	9	2	1	2	1	100

其中，n_i 为观测到 i 个粒子的次数. 从理论上考虑，X 应服从泊松分布，问：这种理论上的推断是否符合实际？(取显著性水平 $\alpha=0.05$)

解　原假设 H_0:X 服从泊松分布 $P\{X=i\}=\frac{e^{-\lambda}\lambda^i}{i!}, i=0,1,\cdots$.

λ 的极大似然估计值为　$\hat{\lambda}=\bar{x}=4.2$.

当 H_0 为真时，$P\{X=i\}$ 的估计值 $\hat{p}=\frac{e^{-4.2}4.2^i}{i!}$，$i=0, 1, \cdots$.

χ^2 的计算如表 8.5 所示.

表 8.5

i	n_i	$\hat{p}_i$	$n\hat{p}_i$	$n\hat{p}_i - n_i$	$\frac{(n\hat{p}_i - n_i)^2}{n\hat{p}_i}$
0	1	0. 015	1. 5	1. 8	0. 415
1	5	0. 063	6. 3		
2	16	0. 132	13. 2	−2. 8	0. 594
3	17	0. 185	18. 5	1. 5	0. 122
4	26	0. 194	19. 4	−6. 6	2. 245
5	11	0. 163	16. 3	5. 3	1. 723
6	9	0. 114	11. 4	2. 4	0. 505
7	9	0. 069	6. 9	−2. 1	0. 639
8	2	0. 036	3. 6	0. 5	0. 038 5
9	1	0. 017	1. 7		
10	2	0. 007	0. 7		
11	1	0. 003	0. 3		
≥12	0	0. 002	0. 2		
Σ					6. 281 5

查表可得$\chi^2_{0.05}=12.592$，由于$\chi^2=6.821\,5<12.592$，故在显著性水平 $\alpha=0.05$ 下接受 H_0，即认为理论上的推断符合实际.

【例 8－8】 自 1965 年 1 月 1 日至 1971 年 2 月 9 日共 2 231 天中，全世界记录到的里氏震级 4 级和 4 级以上地震计 162 次，统计如表 8.6 所示.

表 8.6

两次地震间隔天数	0～4	5～9	10～19	20～24	25～29	30～34	35～39	≥40
出现的频数	50	31	17	10	8	6	6	8

试检验相继两次地震间隔天数是否服从指数分布.（取显著性水平 $\alpha=0.05$）

解 原假设 H_0:X 的概率密度为 $f(x)=\begin{cases}\lambda e^{-\lambda x}, & x>0,\\ 0, & x\leqslant 0.\end{cases}$

λ 的极大似然估计值为

$$\hat{\lambda}=0.072\,6.$$

X 是连续型随机变量，将 X 可能取值的空间 $(0,\ +\infty)$ 分为 $k=9$ 个互不重叠的子区间 A_1，A_2，…，A_9，当 H_0 为真时，X 的分布函数为 $F(x)=\begin{cases}1-e^{-0.072\,6x}, & x>0,\\ 0, & x\leqslant 0,\end{cases}$ 由上式可得概率 $p_i=P\{X\in A_i\}$ 的估计值 $\hat{p}$，计算结果如表 8.7 所示.

表 8.7

i	A_i	n_i	$\hat{p}_i$	$n\hat{p}_i$	$n\hat{p}_i-n_i$	$\dfrac{(n\hat{p}_i-n_i)^2}{n\hat{p}_i}$
1	(0，4.5]	50	0.278 8	45.165 6	−4.834 4	0.571 5
2	(4.5，9.5]	31	0.219 6	35.575 2	4.575 2	0.588 4
3	(9.5，14.5]	26	0.152 7	24.737 4	−1.262 6	0.064 4
4	(14.5，19.5]	17	0.106 2	17.204 4	0.204 4	0.002 4
5	(19.5，24.5]	10	0.073 9	11.971 8	1.971 8	0.324 8
6	(24.5，29.5]	8	0.051 4	8.326 8	0.326 8	0.012 6
7	(29.5，34.5]	6	0.035 8	5.799 6	−0.200 4	0.006 9
8	(34.5，39.5]	6	0.024 8	4.017 6	−0.780 8	0.046 1
9	(39.5，+∞)	8	0.056 8	9.201 6		
Σ						1.563 1

查表可得$\chi^2_{0.05}(7)=14.067$，由于$\chi^2=1.563\,1<14.067$，故在显著性水平$\alpha=0.05$下接受H_0，即认为X服从指数分布.

小　结

统计推断就是由样本信息来推断总体，它主要包括两个基本问题：参数估计和假设检验. 上一章讲述了参数估计，本章讨论了假设检验问题.

有关总体分布的未知参数或未知分布形式的种种论断叫统计假设. 一般统计假设分为原假设H_0和备择假设H_1（与原假设对立的假设），假设检验就是根据样本提供的信息做出“接受H_0，拒绝H_1”或“拒绝H_0，接受H_1”的判断.

假设检验的基本思想是小概率事件原理，即小概率事件在一次试验中几乎不会发生. 假设检验是依据样本信息来推断总体的，由于样本的随机性，当H_0为真时，可能会做出拒绝H_0而接受H_1的错误判断（称为第一类错误或弃真错误）；当H_0不为真时，可能会做出接受H_0而拒绝H_1的错误判断（称为第二类错误或取伪错误）. 当样本容量n固定时，无法同时控制犯两类错误的概率. 在假设检验中，主要控制（减少）犯第一类错误的概率.

单个、两个正态总体均值、方差的检验是本章的重点，要求掌握，具体检验法及其拒绝域详见表 8.2 和表 8.3.

习题八

1. U检验、t检验都是关于________的假设检验. 当________已知时，用U检验；当________未知时，用t检验.

2. 设总体$X\sim N(\mu,\sigma^2)$，μ，σ^2未知，X_1，X_2，…，X_n是来自该总体的样本，记$\overline{X}=$

$\frac{1}{n}\sum_{i=1}^{n}X_i, Q = \sum_{i=1}^{n}(X_i - \overline{X})^2$，则对假设检验 $H_0:\mu=\mu_0 \leftrightarrow H_1:\mu\neq\mu_0$ 使用的 t 统计量，$t=$________（用 $\overline{X}$，Q 表示），其拒绝域为________.

3. 设总体 $X\sim N(\mu_1,\sigma_1^2)$，总体 $Y\sim N(\mu_2,\sigma_2^2)$，其中 σ_1^2，σ_2^2 未知，但是有 $\sigma_1^2=\sigma_2^2$. 设 X_1，X_2，…，X_{n_1}是来自总体 X 的样本，Y_1，Y_2，…，Y_{n_2}是来自总体 Y 的样本，两样本独立，则对于假设检验 $H_0:\mu_1=\mu_2\leftrightarrow H_1:\mu_1\neq\mu_2$，使用的统计量为________，它服从的分布为________.

4. 设总体 $X\sim N(\mu,\sigma^2)$，μ 未知，X_1，X_2，…，X_n 是来自该总体的样本，样本方差为 S^2，对 $H_0:\sigma^2\geqslant16\leftrightarrow H_1:\sigma^2<16$，其检验统计量为________，拒绝域为________.

5. 某青工以往的记录是：平均每加工100个零件，有60个是一等品，今年考核他，在他加工零件中随机抽取100件，发现有70个是一等品. 这个成绩是否说明该青工的技术水平有了显著性的提高（取 $\alpha=0.05$）？对此问题，假设检验问题应设为（　　）.

A. $H_0:p\geqslant0.6\leftrightarrow H_1:p<0.6$　　B. $H_0:p\leqslant0.6\leftrightarrow H_1:p>0.6$

C. $H_0:p=0.6\leftrightarrow H_1:p\neq0.6$　　D. $H_0:p\neq0.6\leftrightarrow H_1:p=0.6$

6. 已知某炼铁厂的铁水含碳量在正常情况下服从正态分布 $N(4.55,0.108)$. 现在测了5炉铁水，其含碳量（单位：%）分别为

4.28　4.40　4.42　4.35　4.37

问：若标准差不改变，总体平均值有无显著性变化？（$\alpha=0.05$）

7. 某天开工时，需要检验自动包装机工作是否正常，根据以往的经验，其装包的质量在正常情况下服从正态分布 $N(100,1.5^2)$（单位：千克），且方差不会改变，现抽测了9包，其质量为：99.3，98.7，100.5，101.2，98.3，99.7，99.5，102.0，100.5. 问：这天包装机工作是否正常？（$\alpha=0.05$）

8. 某种产品的质量服从正态分布 $N(12,1)$（单位：克），更新设备后，为了解某种产品的质量在更新设备后的情况，从新生产的产品中随机地抽取100个，测得样本均值 $\bar{x}=12.5$，如果方差没有变化，问：设备更新后产品的平均质量是否有显著变化？（$\alpha=0.1$）

9. 用热敏电阻测温仪间接测量地热勘探井底温度，设测量值 $X\sim N(\mu,\sigma^2)$（单位：℃），今重复测量7次，测得温度如下：112，113.4，111.2，112，114.5，112.9，113.6，而温度的真值为 $\mu_0=112.6$. 问：用热敏电阻测温仪间接测量温度有无系统误差？（$\alpha=0.05$）

10. 某厂生产的维尼纶纤度服从正态分布，标准差为0.048，某日抽取5根样品，测得其纤度分别为1.32，1.55，1.36，1.40，1.44. 问：这天生产的维尼纶纤度的均方差是否有显著变化？（$\alpha=0.01$）

11. 测量某种溶液中的水分，从它的10个测定值得出 $\bar{x}=0.452$（%），$s=0.037$（%）. 设测定值总体为正态，μ 为总体均值，σ 为总体标准差，试在水平 $\alpha=0.05$ 下检验：

（1）$H_0:\sigma=0.05(\%)\leftrightarrow H_1:\sigma<0.05(\%)$；

（2）$H_0:\sigma=0.04(\%)\leftrightarrow H_1:\sigma<0.04(\%)$.

12. 对两种导线的电阻进行试验，分别随机抽取两种导线各96根，测得电阻的平均值分别为8.86，9.87（单位：欧），方差分别为 2.01^2，2.14^2. 问：在显著性水平 $\alpha=0.05$ 下两种导线的电阻有无显著差异？

13. 用新旧两种仪器间接测量硬度（单位：千克/厘米^2），分别重复测量，得数据如下：旧仪器：134，139，141，128，133；新仪器：136，140，135，131，139. 已知数据都服从正态分布，旧仪器、新仪器测量值的标准差分别为 5 千克/厘米^2 和 3 千克/厘米^2. 试问新仪器测量值是否比旧仪器的测量值要小？（$\alpha=0.05$）

14. 某砖瓦厂拟采用新工艺生产砖，抽取老工艺下生产的砖 6 块，测量并算得其抗断强度的平均值为 29.16 千克/厘米^2，抽取新工艺下生产的砖 9 块，测得抗断强度的平均值为 31.13 千克/厘米^2. 已知砖的抗断强度都服从正态分布，老工艺的标准差为 1.3 千克/厘米^2，新工艺的标准差为 1.1 千克/厘米^2. 试问：这批新砖的抗断强度是否比以往的要高？（$\alpha=0.05$）

15. 对两批同类电子元件的电阻进行测试，各抽 6 件，测得结果如下（单位：欧）：A 批：0.140，0.138，0.143，0.141，0.144，0.137；B 批：0.135，0.140，0.142，0.136，0.138，0.141. 已知元件的电阻服从正态分布，设 $\alpha=0.05$.

问：(1) 两批电子元件的电阻的方差是否相等？

(2) 两批电子元件的平均电阻是否有显著差异？

16. 从甲、乙两种集成电路板各抽取 50 块和 52 块，进行抗磁化率测定，计算两种电路板抗磁化率的样本方差分别为 0.013 9，0.005 3. 在显著性水平 0.05 下判断两种电路板抗磁化率的方差是否有显著差别？

附表

附表1　几种常用的概率分布

名称	参数	分布律或概率密度	数学期望	方差
0－1分布	$0<p<1$	$P\{X=k\}=p^k(1-p)^{1-k}$, $k=0,1$	p	$p(1-p)$
二项分布	$n\geqslant 1$ $0<p<1$	$P\{X=k\}=C_n^k p^k(1-p)^{n-k}$ $k=0,1,\cdots,n$	np	$np(1-p)$
负二项分布	$r\geqslant 1$ $0<p<1$	$P\{X=k\}=C_{k-1}^{r-1}p^r(1-p)^{k-r}$, $k=r,r+1,\cdots$	$\frac{r}{p}$	$\frac{r(1-p)}{p^2}$
几何分布	$0<p<1$	$P\{X=k\}=(1-p)^{k-1}p$, $k=1,2,\cdots$	$\frac{1}{p}$	$\frac{1-p}{p^2}$
超几何分布	N,M,n $(M\leqslant N,n\leqslant M)$	$P\{X=k\}=\frac{C_M^k C_{N-M}^{n-k}}{C_N^n}$, $k=0,1,\cdots,n$	$\frac{nM}{N}$	$\frac{nM}{N}\left(1-\frac{M}{N}\right)\left(\frac{N-n}{N-1}\right)$
泊松分布	$\lambda>0$	$P\{X=k\}=\frac{\lambda^k e^{-\lambda}}{k!}$, $k=0,1,\cdots$	λ	λ
均匀分布	$a<b$	$f(x)=\begin{cases}\frac{1}{b-a}, & a<x<b,\\ 0, & 其他\end{cases}$	$\frac{a+b}{2}$	$\frac{(b-a)^2}{12}$
正态分布	μ 为实数，$\sigma>0$	$f(x)=\frac{1}{\sqrt{2\pi}\sigma}e^{-\frac{(x-\mu)2}{2\sigma2}}$	μ	σ^2

续表

名称	参数	分布律或概率密度	数学期望	方差
Γ 分布	$\alpha>0,\beta>0$	$f(x)=\begin{cases}\dfrac{1}{\beta^{\alpha}\Gamma(\alpha)}x^{\alpha-1}\mathrm{e}^{-\frac{x}{\beta}}, & x>0,\\ 0, & \text{其他}\end{cases}$	$\alpha\beta$	$\alpha\beta^2$
指数分布	$\theta>0$	$f(x)=\begin{cases}\dfrac{1}{\theta}\mathrm{e}^{-\frac{x}{\theta}}, & x>0,\\ 0, & \text{其他}\end{cases}$	θ	θ^2
χ^2 分布	$n\geqslant1$	$f(x)=\begin{cases}\dfrac{1}{2^{(n/2)}\Gamma(n/2)}x^{n/2-1}\mathrm{e}^{-x/2}, x>0,\\ 0, & \text{其他}\end{cases}$	n	$2n$
威布尔分布	$\eta>0,\beta>0$	$f(x)=\begin{cases}\dfrac{\beta}{\eta}\left(\dfrac{x}{\eta}\right)^{\beta-1}\mathrm{e}^{-\left(\frac{x}{\eta}\right)^{\beta}}, & x>0,\\ 0, & \text{其他}\end{cases}$	$\eta\Gamma\left(\dfrac{1}{\beta}+1\right)$	$\eta^2\left\{\Gamma\left(\dfrac{2}{\beta}+1\right)-\left[\Gamma\left(\dfrac{1}{\beta}+1\right)\right]^2\right\}$
瑞利分布	$\sigma>0$	$f(x)=\begin{cases}\dfrac{x}{\sigma^2}\mathrm{e}^{-x2/(2\sigma2)}, & x>0,\\ 0, & \text{其他}\end{cases}$	$\sqrt{\dfrac{\pi}{2}}\sigma$	$\dfrac{4-\pi}{2}\sigma^2$
β 分布	$\alpha>0,\beta>0$	$f(x)=\begin{cases}\dfrac{\Gamma(\alpha+\beta)}{\Gamma(\alpha)\Gamma(\beta)}x^{\alpha-1}(1-x)^{\beta-1}, & 0<x<1,\\ 0, & \text{其他}\end{cases}$	$\dfrac{\alpha}{\alpha+\beta}$	$\dfrac{\alpha\beta}{(\alpha+\beta)^2(\alpha+\beta+1)}$
对数正态分布	μ 为实数，$\sigma>0$	$f(x)=\begin{cases}\dfrac{1}{\sqrt{2\pi}\sigma x}\mathrm{e}^{-\frac{(\ln x-\mu)2}{2\sigma2}}, & x>0,\\ 0, & \text{其他}\end{cases}$	$\mathrm{e}^{\mu+\frac{\sigma2}{2}}$	$\mathrm{e}^{2\mu+\sigma2}(\mathrm{e}^{\sigma2}-1)$
柯西分布	a 为实数，$\lambda>0$	$f(x)=\dfrac{1}{\pi}\dfrac{1}{\lambda^2+(x-a)^2}$	不存在	不存在
t 分布	$n\geqslant1$	$f(x)=\dfrac{\Gamma\left(\dfrac{n+1}{2}\right)}{\sqrt{n\pi}\Gamma(n/2)}\left(1+\dfrac{x^2}{n}\right)^{-(n+1)/2}$	$0,(n>1)$	$\dfrac{n}{n-2},n>2$
F 分布	n_1,n_2	$f(x)=\begin{cases}\dfrac{\Gamma[(n_1+n_2)/2]}{\Gamma(n_1/2)\Gamma(n_2/2)}\left(\dfrac{n_1}{n_2}\right)\left(\dfrac{n_1}{n_2}x\right)^{\frac{n_1}{2}-1}\cdot\left(1+\dfrac{n_1}{n_2}x\right)^{-(n_1+n_2)/2}, & x>0,\\ 0, & \text{其他}\end{cases}$	$\dfrac{n_2}{n_2-2}$，$n_2>2$	$\dfrac{2n_2^2(n_1+n_2-2)}{n_1(n_2-2)^2(n_2-4)}$，$n_1>0,n_2>4$

附表 2　标准正态分布

$$\Phi(z) = \int_{-\infty}^{z} \frac{1}{\sqrt{2\pi}} e^{-\frac{u^2}{2}} du = P\{Z \leqslant z\}$$

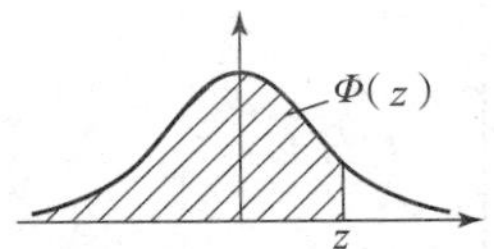

z	0.00	0.01	0.02	0.03	0.04	0.05	0.06	0.07	0.08	0.09
0.0	0.500 0	0.504 0	0.508 0	0.512 0	0.516 0	0.519 9	0.523 9	0.527 9	0.531 9	0.535 9
0.1	0.539 8	0.543 8	0.547 8	0.551 7	0.555 7	0.559 6	0.563 6	0.567 5	0.571 4	0.575 3
0.2	0.579 3	0.583 2	0.587 1	0.591 0	0.594 8	0.598 7	0.602 6	0.606 4	0.610 3	0.614 1
0.3	0.617 9	0.621 7	0.625 5	0.629 3	0.633 1	0.636 8	0.640 6	0.644 3	0.648 0	0.651 7
0.4	0.655 4	0.659 1	0.662 8	0.666 4	0.670 0	0.673 6	0.677 2	0.680 8	0.684 4	0.687 9
0.5	0.691 5	0.695 0	0.698 5	0.701 9	0.705 4	0.708 8	0.712 3	0.715 7	0.719 0	0.722 4
0.6	0.725 7	0.729 1	0.732 4	0.735 7	0.738 9	0.742 2	0.745 4	0.748 6	0.751 7	0.754 9
0.7	0.758 0	0.761 1	0.764 2	0.767 3	0.770 3	0.773 4	0.776 4	0.779 4	0.782 3	0.758 2
0.8	0.788 1	0.791 0	0.793 9	0.796 7	0.799 5	0.802 3	0.805 1	0.807 8	0.810 6	0.813 3
0.9	0.815 9	0.818 6	0.821 2	0.823 8	0.826 4	0.828 9	0.831 5	0.834 0	0.836 5	0.838 9
1.0	0.841 3	0.843 8	0.846 1	0.848 5	0.850 8	0.853 1	0.855 4	0.857 7	0.859 9	0.862 1
1.1	0.864 3	0.866 5	0.868 6	0.870 8	0.872 9	0.874 9	0.877 0	0.879 0	0.881 0	0.883 0
1.2	0.884 9	0.886 9	0.888 8	0.890 7	0.892 5	0.894 4	0.896 2	0.898 0	0.899 7	0.901 5
1.3	0.903 2	0.904 9	0.906 6	0.908 2	0.909 9	0.911 5	0.913 1	0.914 7	0.916 2	0.917 7
1.4	0.919 2	0.920 7	0.922 2	0.923 6	0.925 1	0.926 5	0.927 8	0.929 2	0.930 6	0.931 9
1.5	0.933 2	0.934 5	0.935 7	0.937 0	0.938 2	0.939 4	0.940 6	0.941 8	0.943 0	0.944 1
1.6	0.945 2	0.946 3	0.947 4	0.948 4	0.949 5	0.950 5	0.951 5	0.952 5	0.953 5	0.954 5
1.7	0.955 4	0.956 4	0.957 3	0.958 2	0.959 1	0.959 9	0.960 8	0.961 6	0.962 5	0.963 3
1.8	0.964 1	0.964 8	0.965 6	0.966 4	0.967 1	0.967 8	0.968 6	0.969 3	0.970 0	0.970 6
1.9	0.971 3	0.971 9	0.972 6	0.973 2	0.973 8	0.974 4	0.975 0	0.975 6	0.976 2	0.976 7
2.0	0.977 2	0.977 8	0.978 3	0.978 8	0.979 3	0.979 8	0.980 3	0.980 8	0.981 2	0.981 7
2.1	0.982 1	0.982 6	0.983 0	0.983 4	0.983 8	0.984 2	0.984 6	0.985 0	0.985 4	0.985 7
2.2	0.986 1	0.986 4	0.986 8	0.987 1	0.987 4	0.987 8	0.988 1	0.988 4	0.988 7	0.989 0
2.3	0.989 3	0.989 6	0.989 8	0.990 1	0.990 4	0.990 6	0.990 9	0.991 1	0.991 3	0.991 6
2.4	0.991 8	0.992 0	0.992 2	0.992 5	0.992 7	0.992 9	0.993 1	0.993 2	0.993 4	0.993 6
2.5	0.993 8	0.994 0	0.994 1	0.994 3	0.994 5	0.994 6	0.994 8	0.994 9	0.995 1	0.995 2
2.6	0.995 3	0.995 5	0.995 6	0.995 7	0.995 9	0.996 0	0.996 1	0.996 2	0.996 3	0.996 4
2.7	0.996 5	0.996 6	0.996 7	0.996 8	0.996 9	0.997 0	0.997 1	0.997 2	0.997 3	0.997 4
2.8	0.997 4	0.997 5	0.997 6	0.997 7	0.997 7	0.997 8	0.997 9	0.997 9	0.998 0	0.998 1
2.9	0.998 1	0.998 2	0.998 2	0.998 3	0.998 4	0.998 4	0.998 5	0.998 5	0.998 6	0.998 6
3.0	0.998 7	0.999 0	0.999 3	0.999 5	0.999 7	0.999 8	0.999 8	0.999 9	0.999 9	1.000 0

注：表中末行系函数值 $\Phi(3.0), \Phi(3.1), \cdots, \Phi(3.9)$.

附表 3　泊松分布

$$1 - F(x-1) = \sum_{k=x}^{+\infty} \frac{\lambda^k}{k!} e^{-\lambda}$$

x	$\lambda = 0.2$	$\lambda = 0.3$	$\lambda = 0.4$	$\lambda = 0.5$	$\lambda = 0.6$
0	1.000 000 0	1.000 000 0	1.000 000 0	1.000 000 0	1.000 000 0
1	0.181 269 2	0.259 181 8	0.329 680 0	0.323 469	0.451 188
2	0.017 523 1	0.036 936 3	0.061 551 9	0.090 204	0.121 901
3	0.001 148 5	0.003 599 5	0.007 926 3	0.014 388	0.023 115
4	0.000 056 8	0.000 265 8	0.000 776 3	0.001 752	0.003 358
5	0.000 002 3	0.000 015 8	0.000 061 2	0.000 172	0.000 394
6	0.000 000 1	0.000 000 8	0.000 004 0	0.000 014	0.000 039
7			0.000 000 2	0.000 000 1	0.000 000 3

x	$\lambda = 0.7$	$\lambda = 0.8$	$\lambda = 0.9$	$\lambda = 1.0$	$\lambda = 1.2$
0	1.000 000 0	1.000 000 0	1.000 000 0	1.000 000 0	1.000 000 0
1	0.503 415	0.550 671	0.593 430	0.632 121	0.698 806
2	0.155 805	0.191 208	0.227 518	0.264 241	0.337 373
3	0.034 142	0.047 423	0.062 857	0.080 301	0.120 513
4	0.005 753	0.009 080	0.013 459	0.018 988	0.033 769
5	0.000 786	0.001 411	0.002 344	0.003 660	0.007 746
6	0.000 090	0.000 184	0.000 343	0.000 594	0.001 500
7	0.000 009	0.000 021	0.000 043	0.000 083	0.000 251
8	0.000 001	0.000 002	0.000 005	0.000 010	0.000 037
9				0.000 001	0.000 005
10					0.000 001

x	$\lambda = 1.4$	$\lambda = 1.6$	$\lambda = 1.8$	$\lambda = 2.0$	
0	1.000 000	1.000 000	1.000 000	1.000 000	
1	0.753 403	0.798 103	0.834 701	0.864 665	
2	0.408 167	0.475 069	0.537 163	0.593 994	
3	0.166 502	0.216 642	0.269 379	0.323 323	
4	0.053 725	0.078 813	0.108 708	0.142 876	
5	0.014 253	0.023 682	0.036 407	0.052 652	
6	0.003 201	0.006 040	0.010 378	0.016 563	
7	0.000 622	0.001 336	0.002 569	0.004 533	
8	0.000 107	0.000 260	0.000 562	0.001 096	
9	0.000 016	0.000 045	0.000 110	0.000 237	
10	0.000 002	0.000 007	0.000 019	0.000 046	
11		0.000 001	0.000 003	0.000 008	
12				0.000 001	

续表

x	λ=2.5	λ=3.0	λ=3.5	λ=4.0	λ=4.5	λ=5.0
0	1.000 000	1.000 000	1.000 000	1.000 000	1.000 000	1.000 000
1	0.917 915	0.950 213	0.969 803	0.981 684	0.988 891	0.993 262
2	0.712 703	0.800 852	0.864 112	0.908 422	0.938 901	0.959 572
3	0.456 187	0.576 810	0.679 153	0.761 897	0.826 422	0.875 348
4	0.242 424	0.352 768	0.463 367	0.566 530	0.657 704	0.734 974
5	0.108 822	0.184 737	0.274 555	0.371 163	0.467 896	0.559 507
6	0.042 021	0.083 918	0.142 386	0.214 870	0.297 070	0.384 039
7	0.014 187	0.033 509	0.065 288	0.110 674	0.168 949	0.237 817
8	0.004 247	0.011 905	0.026 739	0.051 134	0.086 586	0.133 372
9	0.001 140	0.003 803	0.009 874	0.021 363	0.040 257	0.068 094
10	0.000 277	0.001 102	0.003 315	0.008 132	0.017 093	0.031 828
11	0.000 062	0.000 292	0.001 019	0.002 840	0.006 669	0.013 695
12	0.000 013	0.000 071	0.000 289	0.000 915	0.002 404	0.005 453
13	0.000 002	0.000 016	0.000 076	0.000 274	0.000 805	0.002 019
14		0.000 003	0.000 019	0.000 076	0.000 252	0.000 698
15		0.000 001	0.000 004	0.000 020	0.000 074	0.000 226
16			0.000 001	0.000 005	0.000 020	0.000 069
17				0.000 001	0.000 005	0.000 020
18					0.000 001	0.000 005
19						0.000 001

附表 4　t 分布

$$P\{t(n) > t_{\alpha}(n)\} = \alpha$$

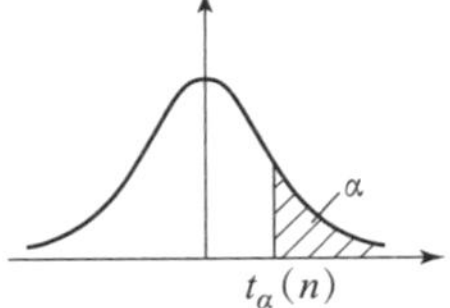

n	$\alpha=0.25$	0.10	0.05	0.025	0.01	0.005
1	1.000 0	3.077 7	6.313 8	12.706 2	31.820 7	63.657 4
2	0.816 5	1.885 6	2.920 0	4.302 7	6.964 6	9.924 8
3	0.764 9	1.637 7	2.353 4	3.182 4	4.540 7	5.840 9
4	0.740 7	0.533 2	2.131 8	2.776 4	3.746 9	4.604 1
5	0.726 7	1.475 9	2.015 0	2.570 6	3.364 9	4.032 2
6	0.717 6	1.439 8	1.943 2	2.446 9	3.142 7	3.707 4
7	0.711 1	1.414 9	1.894 6	2.364 6	2.998 0	3.499 5
8	0.706 4	1.396 8	1.859 5	2.306 0	2.896 5	3.355 4
9	0.702 7	1.383 0	1.833 1	2.262 2	2.821 4	3.249 8
10	0.699 8	1.372 2	1.812 5	2.228 1	2.763 8	3.169 3
11	0.697 4	1.363 4	1.795 9	2.201 0	2.718 1	3.105 8
12	0.695 5	1.356 2	1.782 3	2.178 8	2.681 0	3.054 5
13	0.693 8	1.350 2	1.770 9	2.160 4	2.650 3	3.012 3
14	0.692 4	1.345 0	1.761 3	2.144 8	2.624 5	2.976 8
15	0.691 2	1.340 6	1.753 1	2.131 5	2.602 5	2.946 7
16	0.690 1	1.336 8	1.745 9	2.119 9	2.583 5	2.920 8
17	0.689 2	1.333 4	1.739 6	2.109 8	2.566 9	2.898 2
18	0.688 4	1.330 4	1.734 1	2.100 9	2.552 4	2.878 4
19	0.687 6	1.327 7	1.729 1	2.093 0	2.539 5	2.860 9
20	0.687 0	1.325 3	1.724 7	2.086 0	2.528 0	2.845 3
21	0.686 4	1.323 2	1.720 7	2.079 6	2.517 7	2.831 4
22	0.685 8	1.321 2	1.717 1	2.073 9	2.508 3	2.818 8
23	0.685 3	1.319 5	1.713 9	2.068 7	2.499 9	2.807 3
24	0.684 8	1.317 8	1.710 9	2.063 9	2.492 2	2.796 9
25	0.684 4	1.316 3	1.708 1	2.059 5	2.485 1	2.787 4
26	0.684 0	1.315 0	1.705 6	2.055 5	2.478 6	2.778 7
27	0.683 7	1.313 7	1.703 3	2.051 8	2.472 7	2.770 7
28	0.683 4	1.312 5	1.701 1	2.048 4	2.464 1	2.763 3
29	0.683 0	1.311 4	1.699 1	2.045 2	2.462 0	2.756 4
30	0.682 8	1.310 4	1.697 3	2.042 3	2.457 3	2.750 0
31	0.682 5	1.309 5	1.695 5	2.039 5	2.452 8	2.744 0
32	0.682 2	1.308 6	1.693 9	2.036 9	2.448 7	2.738 5
33	0.682 0	1.307 7	1.692 4	2.034 5	2.444 8	2.733 3
34	0.681 8	1.307 0	1.690 9	2.032 2	2.441 1	2.728 4
35	0.681 6	1.306 2	1.689 6	2.030 1	2.437 7	2.723 8
36	0.681 4	1.305 5	1.688 3	2.028 1	2.434 5	2.719 5
37	0.681 2	1.304 9	1.687 1	2.026 2	2.431 4	2.715 4
38	0.681 0	1.304 2	1.686 0	2.024 4	2.428 6	2.711 6
39	0.680 8	1.303 6	1.684 9	2.022 7	2.425 8	2.707 9
40	0.680 7	1.303 1	1.683 9	2.021 1	2.423 3	2.704 5
41	0.680 5	1.302 5	1.682 9	2.019 5	2.420 8	2.701 2
42	0.680 4	1.302 0	1.682 0	2.018 1	2.418 5	2.698 1
43	0.680 2	1.301 6	1.681 1	2.016 7	2.416 3	2.695 1
44	0.680 1	1.301 1	1.680 2	2.015 4	2.414 1	2.692 3
45	0.680 0	1.300 6	1.679 4	2.014 1	2.412 1	2.689 6

附表 5　χ^2 分布表

$$P\{\chi^2(n) > \chi_\alpha^2(n)\} = \alpha$$

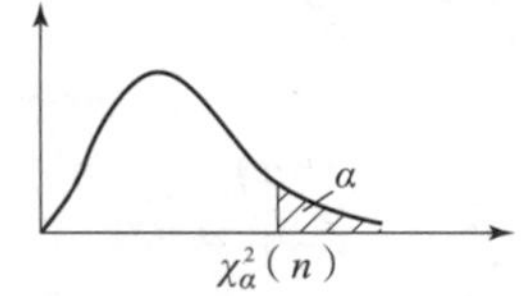

n	$\alpha=0.995$	0.99	0.975	0.95	0.90	0.75
1	—	—	0.001	0.004	0.016	0.102
2	0.010	0.020	0.051	0.103	0.211	0.575
3	0.072	0.115	0.216	0.352	0.584	1.213
4	0.207	0.297	0.484	0.711	1.064	1.923
5	0.412	0.554	0.831	1.145	1.610	2.675
6	0.676	0.872	1.237	1.635	2.204	3.455
7	0.989	1.239	1.690	2.167	2.833	4.255
8	1.344	1.646	2.180	2.733	3.490	5.071
9	1.735	2.088	2.700	3.325	4.168	5.899
10	2.156	2.558	3.247	3.940	4.865	6.737
11	2.603	3.053	3.816	4.575	5.578	7.584
12	3.074	3.571	4.404	5.226	6.304	8.438
13	3.565	4.107	5.009	5.892	7.042	9.299
14	4.075	4.660	5.629	6.571	7.790	10.165
15	4.601	5.229	6.262	7.261	8.547	11.037
16	5.142	5.812	6.908	7.962	9.312	11.912
17	5.697	6.408	7.564	8.672	10.085	12.792
18	6.265	7.015	8.231	9.390	10.865	13.675
19	6.844	7.633	8.907	10.117	11.651	14.562
20	7.434	8.260	9.591	10.851	12.443	15.452
21	8.034	8.897	10.283	11.591	13.240	16.344
22	8.643	9.542	10.982	12.338	14.042	17.240
23	9.260	10.196	11.689	13.091	14.848	18.137
24	9.886	10.856	12.401	13.848	15.659	19.037
25	10.520	11.524	13.120	14.611	16.473	19.939
26	11.160	12.198	13.844	15.379	17.292	20.843
27	11.808	12.879	14.573	16.151	18.114	21.749
28	12.461	13.565	15.308	16.928	18.939	22.657
29	13.121	14.257	16.047	17.708	19.768	23.567
30	13.787	14.954	16.791	18.493	20.599	24.478
31	14.458	15.655	17.539	19.281	21.434	25.390
32	15.134	16.362	18.291	20.072	22.271	26.304
33	15.815	17.074	19.047	20.867	23.110	27.219
34	16.501	17.789	19.806	21.664	23.952	28.186
35	17.192	18.509	20.569	22.465	24.797	29.054
36	17.887	19.233	21.336	23.269	25.643	29.973
37	18.586	19.960	22.106	24.075	26.492	30.893
38	19.289	20.691	22.878	24.884	27.343	31.815
39	19.996	21.426	23.654	25.695	28.196	32.737
40	20.707	22.164	24.433	26.509	29.051	33.660
41	21.421	22.906	25.215	27.326	29.907	34.585
42	22.138	23.650	25.999	28.144	30.765	35.510
43	22.859	24.398	26.785	28.965	31.625	36.436
44	23.584	25.148	27.575	29.787	32.487	37.363
45	24.311	25.901	28.366	30.612	33.350	38.291

续表

n	$\alpha=0.25$	0.10	0.05	0.025	0.01	0.005
1	1.323	2.706	3.841	5.024	6.635	7.879
2	2.773	4.605	5.991	7.378	9.210	10.597
3	4.108	6.251	7.815	9.348	11.345	12.838
4	5.385	7.779	9.488	11.143	13.277	14.860
5	6.626	9.236	11.071	12.833	15.086	16.750
6	7.841	10.645	12.592	14.449	16.812	18.548
7	9.037	12.017	14.067	16.013	18.475	20.278
8	10.219	13.362	15.507	17.535	20.090	21.955
9	11.389	14.684	16.919	19.023	21.666	23.589
10	12.549	15.987	18.307	20.483	23.209	25.188
11	13.701	17.275	19.675	21.920	24.725	26.757
12	14.845	18.549	21.026	23.337	26.217	28.299
13	15.984	19.812	22.362	24.736	27.688	29.819
14	17.117	21.064	23.685	26.119	29.141	31.319
15	18.245	22.307	24.996	27.488	30.578	32.801
16	19.369	23.542	26.296	28.845	32.000	34.267
17	20.489	24.769	27.587	30.191	33.409	35.718
18	21.605	25.989	28.869	31.526	34.805	37.156
19	22.718	27.204	30.144	32.852	36.191	38.582
20	23.828	28.412	31.410	34.170	37.566	39.997
21	24.935	29.615	32.671	35.479	38.932	41.401
22	26.039	30.813	33.924	36.781	40.289	42.796
23	27.141	32.007	35.172	38.076	41.638	44.181
24	28.241	33.196	36.415	39.364	42.980	45.559
25	29.339	34.382	37.652	40.646	44.314	46.928
26	30.435	35.563	38.885	41.923	45.642	48.290
27	31.528	36.741	40.113	43.194	46.963	49.645
28	32.620	37.916	41.337	44.461	48.278	50.993
29	33.711	39.087	42.557	45.722	49.588	52.336
30	34.800	40.256	43.773	46.979	50.892	53.672
31	35.887	41.422	44.985	48.232	52.191	55.003
32	36.973	42.585	46.194	49.480	53.486	56.328
33	38.058	43.745	47.400	50.725	54.776	57.648
34	39.141	44.903	48.602	51.966	56.061	58.964
35	40.223	46.059	49.802	53.203	57.342	60.275
36	41.304	47.212	50.998	54.437	58.619	61.581
37	42.383	48.363	52.192	55.668	59.892	62.883
38	43.462	49.513	53.384	56.896	61.162	64.181
39	44.539	50.660	54.572	58.120	62.428	65.476
40	45.616	51.805	55.758	59.342	63.691	66.766
41	46.692	52.949	56.942	60.561	64.950	68.053
42	47.766	54.090	58.124	61.777	66.206	69.336
43	48.840	55.230	59.304	62.990	67.459	70.616
44	49.913	56.369	60.481	64.201	68.710	71.893
45	50.985	57.505	61.656	35.410	69.957	73.166

附表 6　F 分布

$P\{F(n_1,n_2) > F_\alpha(n_1,n_2)\} = \alpha \qquad \alpha = 0.10$

n_2 \ n_1	1	2	3	4	5	6	7	8	9	10	12	15	20	24	30	40	60	120	+∞
1	39.86	49.50	53.59	55.83	57.24	58.20	58.91	59.44	59.86	60.19	60.71	61.22	61.74	62.00	62.26	62.53	62.79	63.06	63.33
2	8.53	9.00	9.16	9.24	9.29	9.33	9.35	9.37	9.38	9.39	9.41	9.42	9.44	9.45	9.46	9.47	9.47	9.48	9.49
3	5.54	5.46	5.39	5.34	5.31	5.28	5.27	5.25	5.24	5.23	5.22	5.20	5.18	5.18	5.17	5.16	5.15	5.14	5.13
4	4.54	4.32	4.19	4.11	4.05	4.01	3.98	3.95	3.94	3.92	3.90	3.87	3.84	3.83	3.82	3.80	3.79	3.78	3.76
5	4.06	3.78	3.62	3.52	3.45	3.40	3.37	3.34	3.32	3.30	3.27	3.24	3.21	3.19	3.17	3.16	3.14	3.12	3.10
6	3.78	3.46	3.29	3.18	3.11	3.05	3.01	2.98	2.96	2.94	2.90	2.87	2.84	2.82	2.80	2.78	2.76	2.74	2.72
7	3.59	3.26	3.07	2.96	2.88	2.83	2.78	2.75	2.72	2.70	2.67	2.63	2.59	2.58	2.56	2.54	2.51	2.49	2.47
8	3.46	3.11	2.92	2.81	2.73	2.67	2.62	2.59	2.56	2.54	2.50	2.46	2.42	2.40	2.38	2.36	2.34	2.32	2.29
9	3.36	3.01	2.81	2.69	2.61	2.55	2.51	2.47	2.44	2.42	2.38	2.34	2.30	2.28	2.25	2.23	2.21	2.18	2.16
10	3.29	2.92	2.73	2.61	2.52	2.46	2.41	2.38	2.35	2.32	2.28	2.24	2.20	2.18	2.16	2.13	2.11	2.08	2.06
11	3.23	2.86	2.66	2.54	2.45	2.39	2.34	2.30	2.27	2.25	2.21	2.17	2.12	2.10	2.08	2.05	2.03	2.00	1.97
12	3.18	2.81	2.61	2.48	2.39	2.33	2.28	2.24	2.21	2.19	2.15	2.10	2.06	2.04	2.01	1.99	1.96	1.93	1.90
13	3.14	2.76	2.56	2.43	2.35	2.28	2.23	2.20	2.16	2.14	2.10	2.05	2.01	1.98	1.96	1.93	1.90	1.88	1.85
14	3.10	2.73	2.52	2.39	2.31	2.24	2.19	2.15	2.12	2.10	2.05	2.01	1.96	1.94	1.91	1.89	1.86	1.83	1.80
15	3.07	2.70	2.49	2.36	2.27	2.21	2.16	2.12	2.09	2.06	2.02	1.97	1.92	1.90	1.87	1.85	1.82	1.79	1.76
16	3.05	2.67	2.46	2.33	2.24	2.18	2.13	2.09	2.06	2.03	1.99	1.94	1.89	1.87	1.84	1.81	1.78	1.75	1.72
17	3.03	2.64	2.44	2.31	2.22	2.15	2.10	2.06	2.03	2.00	1.96	1.91	1.86	1.84	1.81	1.78	1.75	1.72	1.69
18	3.01	2.62	2.42	2.29	2.20	2.13	2.08	2.04	2.00	1.98	1.93	1.89	1.84	1.81	1.78	1.75	1.72	1.69	1.66
19	2.99	2.61	2.40	2.27	2.18	2.11	2.06	2.02	1.98	1.96	1.91	1.86	1.81	1.79	1.76	1.73	1.70	1.67	1.63
20	2.97	2.59	2.38	2.25	2.16	2.09	2.04	2.00	1.96	1.94	1.89	1.84	1.79	1.77	1.74	1.71	1.68	1.64	1.61
21	2.96	2.57	2.36	2.23	2.14	2.08	2.02	1.98	1.95	1.92	1.87	1.83	1.78	1.75	1.72	1.69	1.66	1.62	1.59
22	2.95	2.56	2.35	2.22	2.13	2.06	2.01	1.97	1.93	1.90	1.86	1.81	1.76	1.73	1.70	1.67	1.64	1.60	1.57
23	2.94	2.55	2.34	2.21	2.11	1.05	1.99	1.95	1.92	1.89	1.84	1.80	1.74	1.72	1.69	1.66	1.62	1.59	1.55
24	2.93	2.54	2.33	2.19	2.10	2.04	1.98	1.94	1.91	1.88	1.83	1.78	1.73	1.70	1.67	1.64	1.61	1.57	1.53

续表

$\alpha = 0.10$

n_2 \ n_1	1	2	3	4	5	6	7	8	9	10	12	15	20	24	30	40	60	120	$+\infty$
25	2.92	2.53	2.32	2.18	2.09	2.02	1.97	1.93	1.89	1.87	1.82	1.77	1.72	1.69	1.66	1.63	1.59	1.56	1.52
26	2.91	2.52	2.31	2.17	2.08	2.01	1.96	1.92	1.88	1.86	1.81	1.76	1.71	1.68	1.65	1.61	1.58	1.54	1.50
27	2.90	2.51	2.30	2.17	2.07	2.00	1.95	1.91	1.87	1.85	1.80	1.75	1.70	1.67	1.64	1.60	1.57	1.53	1.49
28	2.89	2.50	2.29	2.16	2.06	2.00	1.94	1.90	1.87	1.84	1.79	1.74	1.69	1.66	1.63	1.59	1.56	1.52	1.48
29	2.89	2.50	2.28	2.15	2.06	1.99	1.93	1.89	1.86	1.83	1.78	1.73	1.68	1.65	1.62	1.58	1.55	1.51	1.47
30	2.88	2.49	2.28	2.14	2.05	1.98	1.93	1.88	1.85	1.82	1.77	1.72	1.67	1.64	1.61	1.57	1.54	1.50	1.46
40	2.84	2.44	2.23	2.09	2.00	1.93	1.87	1.83	1.79	1.76	1.71	1.66	1.61	1.57	1.54	1.51	1.47	1.42	1.38
60	2.79	2.39	2.18	2.04	1.95	1.87	1.82	1.77	1.74	1.71	1.66	1.60	1.54	1.51	1.48	1.44	1.40	1.35	1.29
120	2.75	2.35	2.13	1.99	1.90	1.82	1.77	1.72	1.68	1.65	1.60	1.55	1.48	1.45	1.41	1.37	1.32	1.26	1.19
$+\infty$	2.71	2.30	2.08	1.94	1.85	1.77	1.72	1.67	1.63	1.60	1.55	1.49	1.42	1.38	1.34	1.30	1.24	1.17	1.00

$\alpha = 0.05$

n_2 \ n_1	1	2	3	4	5	6	7	8	9	10	12	15	20	24	30	40	60	120	$+\infty$
1	161.4	199.5	215.7	224.6	230.2	234.0	236.8	238.9	240.5	241.9	243.9	245.9	248.0	249.1	250.1	251.1	252.2	253.3	254.3
2	18.51	19.00	19.16	19.25	19.30	19.33	19.35	19.37	19.38	19.40	19.41	19.43	19.45	19.45	19.46	19.47	19.48	19.49	19.50
3	10.13	9.55	9.28	9.12	9.01	8.94	8.89	8.85	8.81	8.79	8.74	8.70	8.66	8.64	8.62	8.59	8.57	8.55	8.53
4	7.71	6.94	6.59	6.39	6.26	6.16	6.09	6.04	6.00	5.96	5.91	5.86	5.80	5.77	5.75	5.72	5.69	5.66	5.63
5	6.61	5.79	5.41	5.19	5.05	4.95	4.88	4.82	4.77	4.74	4.68	4.62	4.56	4.53	4.50	4.46	4.43	4.40	4.36
6	5.99	5.14	4.76	4.53	4.39	4.28	4.21	4.15	4.10	4.06	4.00	3.94	3.87	3.84	3.81	3.77	3.74	3.70	3.67
7	5.59	4.74	4.35	4.12	3.97	3.87	3.79	3.73	3.68	3.64	3.57	3.51	3.44	3.41	3.38	3.34	3.30	3.27	3.23
8	5.32	4.46	4.07	3.84	3.69	3.58	3.50	3.44	3.39	3.35	3.28	3.22	3.15	3.12	3.08	3.04	3.01	2.97	2.93
9	5.12	4.26	3.86	3.63	3.48	3.37	3.29	3.23	3.18	3.14	3.07	3.01	2.94	2.90	2.86	2.83	2.79	2.75	2.71
10	4.96	4.10	3.71	3.48	3.33	3.22	3.14	3.07	3.02	2.98	2.91	2.85	2.77	2.74	2.70	2.66	2.62	2.58	2.54
11	4.84	3.98	3.59	3.36	3.20	3.09	3.01	2.95	2.90	2.85	2.79	2.72	2.65	2.61	2.57	2.53	2.49	2.45	2.40
12	4.75	3.89	3.49	3.26	3.11	3.00	2.91	2.85	2.80	2.75	2.69	2.62	2.54	2.51	2.47	2.43	2.38	2.34	2.30
13	4.67	3.81	3.41	3.18	3.03	2.92	2.83	2.77	2.71	2.67	2.60	2.53	2.46	2.42	2.38	2.34	2.30	2.25	2.21
14	4.60	3.74	3.34	3.11	2.96	2.85	2.76	2.70	2.65	2.60	2.53	2.46	2.39	2.35	2.31	2.27	2.22	2.18	2.13

续表

$\alpha=0.05$

n_2 \ n_1	1	2	3	4	5	6	7	8	9	10	12	15	20	24	30	40	60	120	+∞
15	4.54	3.68	3.29	3.06	2.90	2.79	2.71	2.64	2.59	2.54	2.48	2.40	2.33	2.29	2.25	2.20	2.16	2.11	2.07
16	4.49	3.63	3.24	3.01	2.85	2.74	2.66	2.59	2.54	2.49	2.42	2.35	2.28	2.24	2.19	2.15	2.11	2.06	2.01
17	4.45	3.59	3.20	2.96	2.81	2.70	2.61	2.55	2.49	2.45	2.38	2.31	2.23	2.19	2.15	2.10	2.06	2.01	1.96
18	4.41	3.55	3.16	2.93	2.77	2.66	2.58	2.51	2.46	2.41	2.34	2.27	2.19	2.15	2.11	2.06	2.02	1.97	1.92
19	4.38	3.52	3.13	2.90	2.74	2.63	2.54	2.48	2.42	2.38	2.31	2.23	2.16	2.11	2.07	2.03	1.98	1.93	1.88
20	4.35	3.49	3.10	2.87	2.71	2.60	2.51	2.45	2.39	2.35	2.28	2.20	2.12	2.08	2.04	1.99	1.95	1.90	1.84
21	4.32	3.47	3.07	2.84	2.68	2.57	2.49	2.42	2.37	2.32	2.25	2.18	2.10	2.05	2.01	1.96	1.92	1.87	1.81
22	4.30	3.44	3.05	2.82	2.66	2.55	2.46	2.40	2.34	2.30	2.23	2.15	2.07	2.03	1.98	1.94	1.89	1.84	1.78
23	4.28	3.42	3.03	2.80	2.64	2.53	2.44	2.37	2.32	2.27	2.20	2.13	2.05	2.01	1.96	1.91	1.86	1.81	1.76
24	4.26	3.40	3.01	2.78	2.62	2.51	2.42	2.36	2.30	2.25	2.18	2.11	2.03	1.98	1.94	1.89	1.84	1.79	1.73
25	4.24	3.39	2.99	2.76	2.60	2.49	2.40	2.34	2.28	2.24	2.16	2.09	2.01	1.96	1.92	1.87	1.82	1.77	1.71
26	4.23	3.37	2.98	2.74	2.59	2.47	2.39	2.32	2.27	2.22	2.15	2.07	1.99	1.95	1.90	1.85	1.80	1.75	1.69
27	4.21	3.35	2.96	2.73	2.57	2.46	2.37	2.31	2.25	2.20	2.13	2.06	1.97	1.93	1.88	1.84	1.79	1.73	1.67
28	4.20	3.34	2.95	2.71	2.56	2.45	2.36	2.29	2.24	2.19	2.12	2.04	1.96	1.91	1.87	1.82	1.77	1.71	1.65
29	4.18	3.33	2.93	2.70	2.55	2.43	2.35	2.28	2.22	2.18	2.10	2.03	1.94	1.90	1.85	1.81	1.75	1.70	1.64
30	4.17	3.32	2.92	2.69	2.53	2.42	2.33	2.27	2.21	2.16	2.09	2.01	1.93	1.89	1.84	1.79	1.74	1.68	1.62
40	4.08	3.23	2.84	2.61	2.45	2.34	2.25	2.18	2.12	2.08	2.00	1.92	1.84	1.79	1.74	1.69	1.64	1.58	1.51
60	4.00	3.15	2.76	2.53	2.37	2.25	2.17	2.10	2.04	1.99	1.92	1.84	1.75	1.70	1.65	1.59	1.53	1.47	1.39
120	3.92	3.07	2.68	2.45	2.29	2.17	2.09	2.02	1.96	1.91	1.83	1.75	1.66	1.61	1.55	1.50	1.43	1.35	1.25
+∞	3.84	3.00	2.60	2.37	2.21	2.10	2.01	1.94	1.88	1.83	1.75	1.67	1.57	1.52	1.46	1.39	1.32	1.22	1.00

α = 0.025

续表

n_2 \ n_1	1	2	3	4	5	6	7	8	9	10	12	15	20	24	30	40	60	120	+∞
1	647.8	799.5	864.2	899.6	921.8	937.1	948.2	956.7	963.3	968.6	976.7	984.9	993.1	997.2	1 001	1 006	1 010	1 014	1 018
2	38.51	39.00	39.17	39.25	39.30	39.33	39.36	39.37	39.39	39.40	39.41	39.43	39.45	39.46	39.46	39.47	39.48	39.40	39.50
3	17.44	16.04	15.44	15.10	14.88	14.73	14.62	14.54	14.47	14.42	14.34	14.25	14.17	14.12	14.08	14.04	13.99	13.95	13.90
4	12.22	10.65	9.98	9.60	9.36	9.20	9.07	8.98	8.90	8.84	8.75	8.66	8.56	8.51	8.46	8.41	8.36	8.31	8.26
5	10.01	8.43	7.76	7.39	7.15	6.98	6.85	6.76	6.68	6.62	6.52	6.43	6.33	6.28	6.23	6.18	6.12	6.07	6.02
6	8.81	7.26	6.60	6.23	5.99	5.82	5.70	5.60	5.52	5.46	5.37	5.27	5.17	5.12	5.07	5.01	4.96	4.90	4.85
7	8.07	6.54	5.89	5.52	5.29	5.12	4.99	4.90	4.82	4.76	4.67	4.57	4.47	4.42	4.36	4.31	4.25	4.20	4.14
8	7.57	6.06	5.42	5.05	4.82	4.65	4.53	4.43	4.36	4.30	4.20	4.10	4.00	3.95	3.89	3.84	3.78	3.73	3.67
9	7.21	5.71	5.08	4.72	4.48	4.23	4.20	4.10	4.03	3.96	3.87	3.77	3.67	3.61	3.56	3.51	3.45	3.39	3.33
10	6.94	5.46	4.83	4.47	4.24	4.07	3.95	3.85	3.78	3.72	3.62	3.52	3.42	3.37	3.31	3.26	3.20	3.14	3.08
11	6.72	5.26	4.63	4.28	4.04	3.88	3.76	3.66	3.59	3.53	3.43	3.33	3.23	3.17	3.12	3.06	3.00	2.94	2.88
12	6.55	5.10	4.47	4.12	3.89	3.73	3.61	3.51	3.44	3.37	3.28	3.18	3.07	3.02	2.96	2.91	2.85	2.79	2.72
13	6.41	4.97	4.35	4.00	3.77	3.60	3.48	3.39	3.31	3.25	3.15	3.05	2.95	2.89	2.84	2.78	2.72	2.66	2.60
14	6.30	4.86	4.24	3.89	3.66	3.50	3.38	3.29	3.21	3.15	3.05	2.95	2.84	2.79	2.73	2.67	2.61	2.55	2.49
15	6.20	4.77	4.15	3.80	3.58	3.41	3.29	3.20	3.12	3.06	2.96	2.86	2.76	2.70	2.64	2.59	2.52	2.46	2.40
16	6.12	4.69	4.08	3.73	3.50	3.34	3.22	3.12	3.05	2.99	2.89	2.79	2.68	2.63	2.57	2.51	2.45	2.38	2.32
17	6.04	4.62	4.01	3.66	3.44	3.28	3.26	3.06	2.98	2.92	2.82	2.72	2.62	2.56	2.50	2.44	2.38	2.32	2.25
18	5.98	4.56	3.95	3.61	3.38	3.22	3.10	3.01	2.93	2.87	2.77	2.67	2.56	2.50	2.44	2.38	2.32	2.26	2.19
19	5.92	4.51	3.90	3.56	3.33	3.17	3.05	2.96	2.88	2.82	2.72	2.62	2.51	2.45	2.39	2.33	2.27	2.20	2.13
20	5.87	4.46	3.86	3.51	3.29	3.13	3.01	2.91	2.84	2.77	2.68	2.57	2.46	2.41	2.35	2.29	2.22	2.16	2.09
21	5.83	4.42	3.82	3.48	3.25	3.09	2.97	2.87	2.80	2.73	2.64	2.53	2.42	2.37	2.31	2.25	2.18	2.11	2.04
22	5.79	4.38	3.78	3.44	3.22	3.05	2.73	2.84	2.76	2.70	2.60	2.50	2.39	2.33	2.27	2.21	2.14	2.08	2.00
23	5.75	4.35	3.75	3.41	3.18	3.02	2.90	2.81	2.73	2.67	2.57	2.47	2.36	2.30	2.24	2.18	2.11	2.04	1.97
24	5.72	4.32	3.72	3.38	3.15	2.99	2.87	2.78	2.70	2.64	2.54	2.44	2.33	2.27	2.21	2.15	2.08	2.01	1.94

续表

n_2 \ n_1	1	2	3	4	5	6	7	8	9	10	12	15	20	24	30	40	60	120	$+\infty$
										$\alpha=0.025$									
25	5.69	4.29	3.69	3.35	3.13	2.97	2.85	2.75	2.68	2.61	2.51	2.41	2.30	2.24	2.18	2.12	2.05	1.98	1.91
26	5.66	4.27	3.67	3.33	3.10	2.94	2.82	2.73	2.65	2.59	2.49	2.39	2.28	2.22	2.16	2.09	2.03	1.95	1.88
27	5.63	4.24	3.65	3.31	3.08	2.92	2.80	2.71	2.63	2.57	2.47	2.36	2.25	2.19	2.13	2.07	2.00	1.93	1.85
28	5.61	4.22	3.63	3.29	3.06	2.90	2.78	2.69	2.61	2.55	2.45	2.34	2.23	2.17	2.11	2.05	1.98	1.91	1.83
29	5.59	4.20	3.61	3.27	3.04	2.88	2.76	2.67	2.59	2.53	2.43	2.32	2.21	2.15	2.09	2.03	1.96	1.89	1.81
30	5.57	4.18	3.59	3.25	3.03	2.87	2.75	2.65	2.57	2.51	2.41	2.31	2.20	2.14	2.07	2.01	1.94	1.87	1.79
40	5.42	4.05	3.46	3.13	3.90	2.74	2.62	2.53	2.45	2.39	2.29	2.18	2.07	2.01	1.94	1.88	1.80	1.72	1.64
60	5.29	3.93	3.34	3.01	2.79	2.63	2.51	2.41	2.33	2.27	3.17	2.06	1.94	1.88	1.82	1.74	1.67	1.58	1.48
120	5.15	3.80	3.23	2.89	2.67	2.52	2.39	2.30	2.22	2.16	2.05	1.94	1.82	1.76	1.69	1.61	1.53	1.43	1.31
$+\infty$	5.02	3.69	3.12	2.79	2.57	2.41	2.29	2.19	2.11	2.05	1.94	1.83	1.71	1.64	1.57	1.48	1.39	1.27	1.00
										$\alpha=0.01$									
1	4 052	4 999.5	5 403	5 625	5 764	5 859	5 928	5 982	6 022	6 056	6 106	6 157	6 209	6 235	6 261	6 287	6 313	6 339	6 366
2	98.50	99.00	99.17	99.25	99.30	99.33	99.36	99.37	99.39	99.40	99.42	99.43	99.45	99.46	99.47	99.47	99.48	99.49	99.50
3	34.12	30.82	29.46	28.71	28.24	27.91	27.67	27.49	27.35	27.23	27.05	26.87	26.69	26.60	26.50	26.41	26.32	26.22	26.13
4	21.20	18.00	16.69	15.98	15.52	15.21	14.98	14.80	14.66	14.55	14.37	24.20	14.02	13.93	13.84	13.75	13.65	13.56	13.46
5	16.26	13.27	12.06	11.39	10.97	10.67	10.46	10.29	10.16	10.05	9.89	9.72	9.55	9.47	9.38	9.29	9.20	9.11	9.02
6	13.75	10.93	9.78	9.15	8.75	8.47	8.26	8.10	7.98	7.87	7.72	7.56	7.40	7.31	7.23	7.14	7.06	6.97	6.88
7	12.25	9.55	8.45	7.85	7.46	7.19	6.99	6.84	6.72	6.62	6.47	6.31	6.16	6.07	5.99	5.91	5.82	5.74	5.65
8	11.26	8.65	7.59	7.01	6.63	6.37	6.18	6.03	5.91	5.81	5.67	5.52	5.36	5.28	5.20	5.12	5.03	4.95	4.86
9	10.56	8.02	6.99	6.42	6.06	5.80	5.61	5.47	5.35	5.26	5.11	4.96	4.81	4.73	4.65	4.57	4.48	4.40	4.31
10	10.04	7.56	6.55	5.99	5.64	5.39	5.20	5.06	4.94	4.85	4.71	4.56	4.41	4.33	4.25	4.17	4.08	4.00	3.91
11	9.65	7.21	6.22	5.67	5.32	5.07	4.89	4.74	4.63	4.54	4.40	4.25	4.10	4.02	3.94	3.86	3.78	3.69	3.60
12	9.33	6.93	5.95	5.41	5.06	4.82	4.64	4.50	4.39	4.30	4.16	4.01	3.86	3.78	3.70	3.62	3.54	3.45	3.36
13	9.07	6.70	5.74	5.21	4.86	4.62	4.44	4.30	4.19	4.10	3.96	3.82	3.66	3.59	3.51	3.43	3.34	3.25	3.17
14	8.86	6.51	5.56	5.04	4.69	4.46	4.28	4.14	4.03	3.94	3.80	3.66	3.51	3.43	3.35	3.27	3.18	3.09	3.00

续表

$\alpha=0.01$

n_2 \ n_1	1	2	3	4	5	6	7	8	9	10	12	15	20	24	30	40	60	120	$+\infty$
15	8. 68	6. 36	5. 42	4. 89	4. 56	4. 32	4. 14	4. 00	3. 89	3. 80	3. 67	3. 52	3. 37	3. 29	3. 21	3. 13	3. 05	2. 96	2. 87
16	8. 53	6. 23	5. 29	4. 77	4. 44	4. 20	4. 03	3. 89	3. 78	3. 69	3. 55	3. 41	3. 26	3. 18	3. 10	3. 02	2. 93	2. 84	2. 75
17	8. 40	6. 11	5. 18	4. 67	4. 34	4. 10	3. 93	3. 79	3. 68	3. 59	3. 46	3. 31	3. 16	3. 08	3. 00	2. 92	2. 83	2. 75	2. 65
18	8. 29	6. 01	5. 09	4. 58	4. 25	4. 01	3. 94	3. 71	3. 60	3. 51	3. 37	3. 23	3. 08	3. 00	2. 92	2. 84	2. 75	2. 66	2. 57
19	8. 18	5. 93	5. 01	4. 50	4. 17	3. 94	3. 77	3. 63	3. 52	3. 43	3. 30	3. 15	3. 00	2. 92	2. 84	2. 76	2. 67	2. 58	2. 49
20	8. 10	5. 85	4. 94	4. 43	4. 10	3. 87	3. 70	3. 56	3. 46	3. 37	3. 23	3. 09	2. 94	2. 86	2. 78	2. 69	2. 61	2. 52	2. 42
21	8. 02	5. 78	4. 87	4. 37	4. 04	3. 81	3. 64	3. 51	3. 40	3. 31	3. 17	3. 03	2. 88	2. 80	2. 72	2. 64	2. 55	2. 46	2. 36
22	7. 95	5. 72	4. 82	4. 31	3. 99	3. 76	3. 59	3. 45	3. 35	3. 26	3. 12	2. 98	2. 83	2. 75	2. 67	2. 58	2. 50	2. 40	2. 31
23	7. 88	5. 66	4. 76	4. 26	3. 94	3. 71	3. 54	3. 41	3. 30	3. 21	3. 07	2. 93	2. 78	2. 70	2. 62	2. 54	2. 45	2. 35	2. 26
24	7. 82	5. 61	4. 72	4. 22	3. 90	3. 67	3. 50	3. 36	3. 26	3. 17	3. 03	2. 89	2. 74	2. 66	2. 58	2. 49	2. 40	2. 31	2. 21
25	7. 77	5. 57	4. 68	4. 18	3. 85	3. 63	3. 46	3. 32	3. 22	3. 13	2. 99	2. 85	2. 70	2. 62	2. 54	2. 45	2. 36	2. 27	2. 17
26	7. 72	5. 53	4. 64	4. 14	3. 82	3. 59	3. 42	3. 29	3. 18	3. 09	2. 96	2. 81	2. 66	2. 58	2. 50	2. 42	2. 33	2. 23	2. 13
27	7. 68	5. 49	4. 60	4. 11	3. 78	3. 56	3. 39	3. 26	3. 15	3. 06	2. 93	2. 78	2. 63	2. 55	2. 47	2. 38	2. 29	2. 20	2. 10
28	7. 64	5. 45	4. 57	4. 07	3. 75	3. 53	3. 36	3. 23	3. 12	3. 03	2. 90	2. 75	2. 60	2. 52	2. 44	2. 35	2. 26	2. 17	2. 06
29	7. 60	5. 42	4. 54	4. 04	3. 73	3. 50	3. 33	3. 20	3. 09	3. 00	2. 87	2. 73	2. 57	2. 49	2. 41	2. 33	2. 23	2. 14	2. 03
30	7. 56	5. 39	4. 51	4. 02	3. 70	3. 47	3. 30	3. 17	3. 07	2. 98	2. 84	2. 70	2. 55	2. 47	2. 39	2. 30	2. 21	2. 11	2. 01
40	7. 31	5. 18	4. 31	3. 83	3. 51	3. 29	3. 12	2. 99	2. 89	2. 80	2. 66	2. 52	2. 37	2. 29	2. 20	2. 11	2. 02	1. 92	1. 80
60	7. 08	4. 98	4. 13	3. 65	3. 34	3. 12	2. 95	2. 82	2. 72	2. 63	2. 50	2. 35	2. 20	2. 12	2. 03	1. 94	1. 84	1. 73	1. 60
120	6. 85	4. 79	3. 95	3. 48	3. 17	2. 96	2. 79	2. 66	2. 56	2. 47	2. 34	2. 19	2. 03	1. 95	1. 86	1. 76	1. 66	1. 53	1. 38
$+\infty$	6. 63	4. 61	3. 78	3. 32	3. 02	2. 80	2. 64	2. 51	2. 41	2. 32	2. 18	2. 04	1. 88	1. 79	1. 70	1. 59	1. 47	1. 32	1. 00

续表

$\alpha = 0.005$

n_2 \ n_1	1	2	3	4	5	6	7	8	9	10	12	15	20	24	30	40	60	120	$+\infty$
1	16 211	20 000	21 615	22 500	23 056	23 437	23 715	23 925	24 091	24 224	24 426	24 630	24 836	24 940	25 044	25 148	35 253	25 359	25 465
2	198. 5	199. 0	199. 2	199. 2	199. 3	199. 3	199. 4	199. 4	199. 4	199. 4	199. 4	199. 4	199. 4	199. 5	199. 5	199. 5	199. 5	199. 5	199. 5
3	55. 55	49. 80	47. 47	46. 19	45. 39	44. 84	44. 43	44. 13	43. 88	43. 69	43. 39	43. 08	42. 78	42. 62	42. 47	42. 31	42. 15	41. 99	41. 83
4	31. 33	26. 28	24. 26	23. 15	22. 46	21. 97	21. 62	21. 35	21. 14	20. 97	20. 70	20. 44	20. 17	20. 03	19. 89	19. 75	19. 61	19. 47	19. 32
5	22. 78	18. 31	16. 53	15. 56	14. 94	14. 51	14. 20	13. 96	13. 77	13. 62	13. 38	13. 15	12. 90	12. 78	12. 66	12. 53	12. 40	12. 27	12. 14
6	18. 63	14. 54	12. 92	12. 03	11. 46	11. 07	10. 79	10. 57	10. 39	10. 25	10. 03	9. 81	9. 59	9. 47	9. 36	9. 24	9. 12	9. 00	8. 88
7	16. 24	12. 40	10. 88	10. 05	9. 52	9. 16	8. 89	8. 68	8. 51	8. 38	8. 18	7. 97	7. 75	7. 65	7. 53	7. 42	7. 31	7. 19	7. 08
8	14. 69	11. 04	9. 60	8. 81	8. 30	7. 95	7. 69	7. 50	7. 34	7. 21	7. 01	6. 81	6. 61	6. 50	6. 40	6. 29	6. 18	6. 06	5. 95
9	13. 61	10. 11	8. 72	7. 96	7. 47	7. 13	6. 88	6. 69	6. 54	6. 42	6. 23	6. 03	5. 83	5. 73	5. 62	5. 52	5. 41	5. 30	5. 19
10	12. 83	9. 43	8. 08	7. 34	6. 87	6. 54	6. 30	6. 12	5. 97	5. 85	5. 66	5. 47	5. 27	5. 17	5. 07	4. 97	4. 86	4. 75	4. 64
11	12. 23	8. 91	7. 60	6. 88	6. 42	6. 10	5. 86	5. 68	5. 54	5. 42	5. 24	5. 05	4. 86	4. 76	4. 65	4. 55	4. 44	4. 34	4. 23
12	11. 75	8. 51	7. 23	6. 52	6. 07	5. 76	5. 52	5. 35	5. 20	5. 09	4. 91	4. 72	4. 53	4. 43	4. 33	4. 23	4. 12	4. 01	3. 90
13	11. 37	8. 19	6. 93	6. 23	5. 79	5. 48	5. 25	5. 08	4. 94	4. 82	4. 64	4. 46	4. 27	4. 17	4. 07	3. 97	3. 87	3. 76	3. 65
14	11. 06	7. 92	6. 68	6. 00	5. 56	5. 26	5. 03	4. 86	4. 72	4. 60	4. 43	4. 25	4. 06	3. 96	3. 86	3. 76	3. 66	3. 55	3. 44
15	10. 80	7. 70	6. 48	5. 80	5. 37	5. 07	4. 85	4. 67	4. 54	4. 42	4. 25	4. 07	3. 88	3. 79	3. 69	3. 58	3. 48	3. 37	3. 26
16	10. 58	7. 51	6. 30	5. 64	5. 21	4. 91	4. 69	4. 52	4. 38	4. 27	4. 10	3. 92	3. 73	3. 64	3. 54	3. 44	3. 33	3. 22	3. 11
17	10. 38	7. 35	6. 16	5. 50	5. 07	4. 78	4. 56	4. 39	4. 25	4. 14	3. 97	3. 79	3. 61	3. 51	3. 41	3. 31	3. 21	3. 10	2. 98
18	10. 22	7. 21	6. 03	5. 37	4. 96	4. 66	4. 44	4. 28	4. 14	4. 03	3. 86	3. 68	3. 50	3. 40	3. 30	3. 20	3. 10	2. 99	2. 87
19	10. 07	7. 09	5. 92	5. 27	7. 85	4. 56	4. 34	4. 18	4. 04	3. 93	3. 76	3. 59	3. 40	3. 31	3. 21	3. 11	3. 00	2. 89	2. 78
20	9. 94	6. 99	5. 82	5. 17	4. 76	4. 47	4. 26	4. 09	3. 96	3. 85	3. 68	3. 50	3. 32	3. 22	3. 12	3. 02	2. 92	2. 81	2. 69
21	9. 83	6. 89	5. 73	5. 09	4. 68	4. 39	4. 18	4. 01	3. 88	3. 77	3. 60	3. 43	3. 24	3. 15	3. 05	2. 95	2. 84	2. 73	2. 61
22	9. 73	6. 81	5. 65	5. 02	4. 61	4. 32	4. 11	3. 94	3. 81	3. 70	3. 54	3. 36	3. 18	3. 08	2. 98	2. 88	2. 77	2. 66	2. 55
23	9. 63	6. 73	5. 58	4. 95	4. 54	4. 26	4. 05	3. 88	3. 75	3. 64	3. 47	3. 30	3. 12	3. 02	2. 92	2. 82	2. 71	2. 60	2. 48
24	9. 55	6. 66	5. 52	4. 89	4. 49	4. 20	3. 99	3. 83	3. 69	3. 59	3. 42	3. 25	3. 06	2. 97	2. 87	2. 77	2. 66	2. 55	2. 43

续表

$\alpha = 0.005$

n_2 \ n_1	1	2	3	4	5	6	7	8	9	10	12	15	20	24	30	40	60	120	+∞
25	9.48	6.60	5.46	4.84	4.43	4.15	3.94	3.78	3.64	3.54	3.37	3.20	3.01	2.92	2.82	2.72	2.61	2.50	2.38
26	9.41	6.54	5.41	4.79	4.38	4.10	3.89	3.73	3.60	3.49	3.33	3.15	2.97	2.87	2.77	2.67	2.56	2.45	2.33
27	9.34	6.49	5.36	4.74	4.34	4.06	3.85	3.69	3.56	3.45	3.28	3.11	2.93	2.83	2.73	2.63	2.52	2.41	2.29
28	9.28	6.44	5.32	4.70	4.30	4.02	3.81	3.65	3.52	3.41	3.25	3.07	2.89	2.79	2.69	2.59	2.48	2.37	2.25
29	9.23	6.40	5.28	4.66	4.26	3.98	3.77	3.61	3.48	3.38	3.21	3.04	2.86	2.76	2.66	2.56	2.45	2.33	2.21
30	9.18	6.35	5.24	4.62	4.23	3.95	3.74	3.58	3.45	3.34	3.18	3.01	2.82	2.73	2.63	2.52	2.42	2.30	2.18
40	8.83	6.07	4.98	4.37	3.99	3.71	3.51	3.35	3.22	3.12	2.95	2.78	2.60	2.50	2.40	2.30	2.18	2.06	1.93
60	8.49	5.79	4.73	4.14	3.76	3.49	3.29	3.13	3.01	2.90	2.74	2.57	2.39	2.29	2.19	2.08	1.96	1.83	1.69
120	8.18	5.54	4.50	3.92	3.55	3.28	3.09	2.93	2.81	2.71	2.54	2.37	2.19	2.09	1.98	1.87	1.75	1.61	1.43
+∞	7.88	5.30	4.28	3.72	3.35	3.09	2.90	2.74	2.62	2.52	2.36	2.19	2.00	1.90	1.79	1.67	1.53	1.36	1.00
$\alpha = 0.001$																			
1	4 053 +	5 000 +	5 404 +	5 625 +	5 764 +	5 859 +	5 929 +	5 981 +	6 023 +	6 056 +	6 107 +	6 158 +	6 209 +	6 235 +	6 261 +	6 287 +	6 313 +	6 340 +	6 366 +
2	998.5	999.0	999.2	999.2	999.3	999.3	999.4	999.4	999.4	999.4	999.4	999.4	999.4	999.5	999.5	999.5	999.5	999.5	999.5
3	167.0	148.5	141.1	137.1	134.6	132.8	131.6	130.6	129.9	129.2	128.3	127.4	126.4	125.9	125.4	125.0	124.5	124.0	123.5
4	74.14	61.25	56.18	53.44	51.71	50.53	49.66	49.00	48.47	48.05	47.41	46.76	46.10	45.77	45.43	45.09	44.75	44.40	44.05
5	47.18	37.12	33.20	31.09	27.75	28.84	28.16	27.64	27.24	26.92	26.42	25.91	25.39	25.14	24.87	24.60	24.33	24.06	23.79
6	35.51	27.00	23.70	21.92	20.81	20.03	19.46	19.03	18.69	18.41	17.99	17.56	17.12	16.89	16.67	16.44	16.21	15.99	15.75
7	29.25	21.69	18.77	17.19	16.21	15.52	15.02	14.63	14.33	14.08	13.71	13.32	12.93	12.73	12.53	12.33	12.12	11.91	11.70
8	25.42	18.49	15.83	14.39	13.49	12.86	12.40	12.04	11.77	11.54	11.19	10.84	10.48	10.30	10.11	9.92	9.73	9.53	9.33
9	22.86	16.39	13.90	12.56	11.71	11.13	10.70	10.37	10.11	9.89	9.57	9.24	8.90	8.72	8.55	8.37	8.19	8.00	7.80

+：表示要将所列数乘以100.

续表

$\alpha = 0.001$

n_2 \ n_1	1	2	3	4	5	6	7	8	9	10	12	15	20	24	30	40	60	120	$+\infty$
10	21.04	14.91	12.55	11.28	10.48	9.92	9.52	9.20	8.96	8.75	8.45	8.13	7.80	7.64	7.47	7.30	7.12	6.94	6.76
11	19.69	13.81	11.56	10.35	9.58	9.05	8.66	8.35	8.12	7.92	7.63	7.32	7.01	6.85	6.68	6.52	6.35	6.17	6.00
12	18.64	12.97	10.80	9.63	8.89	8.38	8.00	7.71	7.48	7.29	7.00	6.71	6.40	6.25	6.09	5.93	5.76	5.59	5.42
13	17.81	12.31	10.21	9.07	8.35	7.86	7.49	7.21	6.98	6.80	6.52	6.23	5.93	6.78	5.63	5.47	5.30	5.14	4.97
14	17.14	11.78	9.73	8.62	7.92	7.43	7.08	6.80	6.58	6.40	6.13	5.85	5.56	5.41	5.25	5.10	4.94	4.77	4.60
15	16.59	11.34	9.34	8.25	7.57	7.09	6.74	6.47	6.26	6.08	5.81	5.54	5.25	5.10	4.95	4.80	4.64	4.47	4.31
16	16.12	10.97	9.00	7.94	7.27	6.81	6.46	6.19	5.98	5.81	5.55	5.27	4.99	4.85	4.70	4.54	4.39	4.23	4.06
17	15.72	10.36	8.73	7.68	7.02	6.56	6.22	5.96	5.75	5.58	5.32	5.05	4.78	4.63	4.48	4.33	4.18	4.02	3.85
18	15.38	10.39	8.49	7.46	6.81	6.35	6.02	5.76	5.56	5.39	5.13	4.87	4.59	4.45	4.30	4.15	4.00	3.84	3.67
19	15.08	10.16	8.28	7.26	6.62	6.18	5.85	5.59	5.39	5.22	4.97	4.70	4.43	4.29	4.14	3.99	3.84	3.68	3.51
20	14.82	9.95	8.10	7.10	6.46	6.02	5.69	5.44	5.24	5.08	4.82	4.56	4.29	4.15	4.00	3.86	3.70	3.54	3.38
21	14.59	9.77	7.94	6.95	6.32	5.88	5.56	5.31	5.11	4.95	4.70	4.44	4.17	4.03	3.88	3.74	3.58	3.42	3.26
22	14.38	9.61	7.80	6.81	6.19	5.76	5.44	5.19	4.98	4.83	4.58	4.33	4.06	3.92	3.78	3.63	3.48	3.32	3.15
23	14.19	9.47	7.67	6.69	6.08	5.65	5.33	5.09	4.89	4.73	4.48	4.23	3.96	3.82	3.68	3.53	3.38	3.22	3.05
24	14.03	9.34	7.55	6.59	5.98	5.55	5.23	4.99	4.80	4.64	4.39	4.14	3.87	3.74	3.59	3.45	3.29	3.14	2.97
25	13.88	9.22	7.45	6.49	5.88	5.46	5.15	4.91	4.71	4.56	4.31	4.06	3.79	3.66	3.52	3.37	3.22	3.06	2.89
26	13.74	9.12	7.36	6.41	5.80	5.38	5.07	4.83	4.64	4.48	4.24	3.99	3.72	3.59	3.44	3.30	3.15	2.99	2.82
27	13.61	9.02	7.27	6.33	5.73	5.31	5.00	4.76	4.57	4.41	4.17	3.92	3.66	3.52	3.38	3.23	3.08	2.92	2.75
28	13.50	8.93	7.19	6.25	5.66	5.24	4.93	4.69	4.50	4.35	4.11	3.86	3.60	3.46	3.32	3.18	3.02	2.86	2.69
29	13.39	8.85	7.12	6.19	5.59	5.18	4.87	4.64	4.45	4.29	4.05	3.80	3.54	3.41	3.27	3.12	2.97	2.81	2.64
30	13.29	8.77	7.05	6.12	5.53	5.12	4.82	4.58	4.39	14.24	4.00	3.75	3.49	3.36	3.22	3.07	2.92	2.76	2.59
40	12.61	8.25	6.60	5.70	5.13	4.73	4.44	4.21	4.02	3.87	3.64	3.40	3.15	3.01	2.87	2.73	2.57	2.41	2.23
60	11.97	7.76	6.17	5.31	4.76	4.37	4.09	3.87	3.69	3.54	3.31	3.08	2.83	2.69	2.55	2.41	2.25	2.08	1.89
120	11.38	7.32	5.79	4.95	4.42	4.04	3.77	3.55	3.38	3.24	3.02	2.78	2.53	2.40	2.26	2.11	1.95	1.76	1.54
$+\infty$	10.83	6.91	5.42	4.62	4.10	3.74	3.47	3.27	3.10	2.96	2.74	2.51	2.27	2.13	1.99	1.84	1.66	1.45	1.00

习题参考答案

习题一

1. （1）$A\cup B\cup C$；（2）$A\bar{B}\bar{C}$；（3）$AB\bar{C}\cup A\bar{B}C\cup \bar{A}BC$；
（4）$AB\cup BC\cup CA$；（5）$\bar{A}\cup\bar{B}\cup\bar{C}$；（6）$\bar{A}\bar{B}\cup\bar{B}\bar{C}\cup\bar{C}\bar{A}$.

2. （1）$\{x|1/4\leqslant x\leqslant 1/2$ 或 $1<x\leqslant 3/2\}$；（2）$\varnothing$；（3）$\{x|0\leqslant x<1/4$ 或 $1/2<x\leqslant 1$ 或 $\frac{3}{2}<x\leqslant 2\}$.

3. 0.6.

4. 0.1，0.5.

5. $\frac{48}{13!}$.

6. $\frac{99}{392}$.

7. （1）$\frac{1}{7^5}$；（2）$\left(\frac{6}{7}\right)^5$；（3）$1-\left(\frac{1}{7}\right)^5$.

8. 0.046.

9. $\frac{1}{4}$.

10. $\frac{7}{16}$.

11. $\frac{1}{3}+\frac{2}{9}\ln 2$.

12. （1）$p_1=0.68$；（2）$p_2=\frac{1}{4}+\frac{1}{2}\ln 2$.

13. （1）$p_1=0.2$；（2）$p_2=0.7$.

14. $\frac{6}{7}$.

15. 0.145.

16. $\frac{20}{21}$.

17. （1）$p_1=0.52$；（2）$p_2=\frac{12}{13}$.

18. （1）$p_1=0.027\,02$；（2）$p_2=0.307\,7$.

19. 0.994 92.

20. 0.998.

21. 0.057.

22. $\frac{1}{3}$.

23. $\frac{1}{4}$.

24. （1）$p_1=0.458$；（2）$p_2=0.54$.

25. 0.707 5.

26. $\frac{1}{3}$.

27. 0.104.

28. （1）$p_1=0.4$；（2）$p_2=0.485\,6$.

29. （1）$\mathrm{C}_6^2\frac{9^4}{10^6}$；（2）$\frac{\mathrm{P}_{10}^6}{10^6}$；（3）$1-\frac{\mathrm{P}_{10}^6}{10^6}$.

30. $\frac{1}{4}$.

31. 0.52.

习题二

1. $\frac{37}{16}$，$\frac{20}{37}$.

2.

X	3	4	5
P	0.1	0.3	0.6

3. $\frac{2}{3e^2}$.　　4. 9.

5. （1）$P\{X \geqslant 3\} = \sum_{k=3}^{5} C_5^k (0.3)^k (0.7)^{5-k} = 0.163\ 08$；

（2）$P(Y \geqslant 3) = \sum_{k=3}^{7} C_7^k (0.3)^k (0.7)^{7-k} = 0.352\ 93$.

6. （1）0.000 069；（2）0.986 305，0.615 961.

7. 机场至少应配备 9 条跑道.

8. （1）

X	0	1	2
P	$\frac{22}{35}$	$\frac{12}{35}$	$\frac{1}{35}$

（2）$F(x) = \begin{cases} 0, & x<0, \\ \frac{22}{35}, & 0 \leqslant x < 1, \\ \frac{34}{35}, & 1 \leqslant x < 2, \\ 1, & x \geqslant 2; \end{cases}$　　图略.

（3）0，$\frac{12}{35}$，0.

9.

X	1	2	3
P	$\frac{4}{7}$	$\frac{2}{7}$	$\frac{1}{7}$

；$F(x) = \begin{cases} 0, & x<1, \\ \frac{4}{7}, & 1 \leqslant x < 2, \\ \frac{6}{7}, & 2 \leqslant x < 3, \\ 1, & x \geqslant 3. \end{cases}$

10.

X	0	1	2	3
P	0.008	0.096	0.384	0.512

$F(x) = \begin{cases} 0, & x<0, \\ 0.008, & 0 \leqslant x < 1, \\ 0.104, & 1 \leqslant x < 2, \\ 0.488, & 2 \leqslant x < 3, \\ 1, & x \geqslant 3. \end{cases}$　$P\{X \geqslant 2\} = P\{X=2\} + P\{X=3\} = 0.896$.

11. (1) $A=\frac{1}{\pi}$; (2) $\frac{1}{3}$; (3) $F(x)=\begin{cases}0, & x<-1,\\ \frac{1}{2}+\frac{1}{\pi}\arcsin x, & -1\leqslant x<1,\\ 1, & x\geqslant 1.\end{cases}$

12. (1) $A=\frac{1}{8}$; (2) $\frac{1}{8}$, $\frac{37}{64}$, 0.

13. (1) 1; (2) $F(x)=\begin{cases}0, & x<0,\\ \frac{x^2}{2}, & 0\leqslant x<1,\\ -\frac{x^2}{2}+2x-1, & 1\leqslant x<2,\\ 1, & x\geqslant 2;\end{cases}$ (3) $\frac{1}{2}$.

14. (1) $\begin{cases}A=1\\ B=-1\end{cases}$; (2) $1-e^{-2\lambda}$, $e^{-3\lambda}$; (3) $f(x)=F'(x)=\begin{cases}\lambda e^{-\lambda x}, & x\geqslant 0,\\ 0, & x<0.\end{cases}$

15. $\frac{4}{5}$.

16. $\frac{20}{27}$.

17. $1-(1-e^{-2})^5=0.516\,7$.

18. (1) 0.065 5; (2) 0.158 7.

19. (1) 走第二条路乘上火车的把握大些; (2) 走第一条路乘上火车的把握大些.

20. (1) 0.532 8, 0.999 6, 0.697 7, 0.5; (2) $c=3$.

21. 0.045 6.

22. (1) $z_\alpha=2.33$; (2) $z_\alpha=2.75$, $z_{\alpha/2}=2.96$.

23. (1)

$2X$	-2	0	2	4	5
P	$\frac{2}{5}$	$\frac{1}{10}$	$\frac{1}{10}$	$\frac{1}{10}$	$\frac{3}{10}$

(2)

X^2	0	1	4	$\frac{25}{4}$
P	1/10	1/2	1/10	3/10

24. $f_Y(y)=\begin{cases}\frac{2}{\pi}\frac{1}{\sqrt{1-y^2}}, & y\in(0,1),\\ 0, & y\notin(0,1).\end{cases}$

25. $f_Y(y)=\frac{2e^y}{\pi(1+e^{2y})}$.

26. $f_Y(y)=\begin{cases}\frac{1}{y}, & y\in(1,e),\\ 0, & y\notin(1,e).\end{cases}$

27. (1) $f_Y(y)=\begin{cases}\frac{1}{y}\cdot\frac{1}{\sqrt{2\pi}}e^{-\frac{(\ln y)^2}{2}}, & y>0,\\ 0, & y\leqslant 0;\end{cases}$

(2) $f_Y(y)=\begin{cases}\dfrac{1}{2\sqrt{\pi(y-1)}}e^{-\frac{y-1}{4}}, & y>1,\\ 0, & y\leqslant 1.\end{cases}$

28. $f_Y(y)=\begin{cases}\dfrac{1}{y^2}, & y>1,\\ 0, & y\leqslant 1.\end{cases}$

29. (1) $F_T(t)=\begin{cases}1-e^{-\lambda t}, & t\geqslant 0,\\ 0, & t<0;\end{cases}$ (2) $e^{-8\lambda}$.

30. $F(x)=\begin{cases}0, & x<-1,\\ \dfrac{5}{16}(x+1)+\dfrac{1}{8}, & -1\leqslant x<1,\\ 1, & x\geqslant 1.\end{cases}$

31. $\sigma_1<\sigma_2$.

习题三

1. $a=\dfrac{2}{9}$.

2.

X \ Y	0	1	2
0	0	0	$\frac{1}{35}$
1	0	$\frac{6}{35}$	$\frac{6}{35}$
2	$\frac{3}{35}$	$\frac{12}{35}$	$\frac{3}{35}$
3	$\frac{2}{35}$	$\frac{2}{35}$	0

3. (1) $\dfrac{5}{16}$; (2) $\dfrac{1}{16}$; (3) $\dfrac{5}{8}$.

4. $\dfrac{\sqrt{2}}{4}(\sqrt{3}-1)$.

5. (1) $A=12$; (2) $F(x,y)=\begin{cases}(1-e^{-3x})(1-e^{-4y}), & x>0,y>0,\\ 0, & \text{其他};\end{cases}$ (3) 0.949 9.

6. (1) $f(x,y)=\begin{cases}25e^{-5y}, & 0<x<0.2 \text{ 且 } y>0,\\ 0, & \text{其他};\end{cases}$ (2) e^{-1}.

7. $f(x,y)=\begin{cases}8e^{-(4x+2y)}, & x>0,y>0,\\ 0, & \text{其他}.\end{cases}$

8. $f_X(x)=\begin{cases}2.4x^2(2-x), & 0\leqslant x\leqslant 1,\\ 0, & \text{其他};\end{cases}$ $f_Y(y)=\begin{cases}2.4y(3-4y+y^2), & 0\leqslant y\leqslant 1,\\ 0, & \text{其他}.\end{cases}$

9. $f_X(x)=\begin{cases}e^{-x}, & x>0,\\ 0, & \text{其他};\end{cases}$ $f_Y(y)=\begin{cases}ye^{-y}, & y>0,\\ 0, & \text{其他}.\end{cases}$

10. (1) $c=\frac{21}{4}$；(2) $f_X(x)=\begin{cases}\frac{21}{8}x^2(1-x^4), & -1\leqslant x\leqslant 1,\\ 0, & 其他;\end{cases}$ $f_Y(y)=\begin{cases}\frac{7}{2}y^{\frac{5}{2}}, & 0\leqslant y\leqslant 1,\\ 0, & 其他.\end{cases}$

11. (1) $f_X(x)=\begin{cases}3x^2, & 0<x<1,\\ 0, & 其他;\end{cases}$ $f_Y(y)=\begin{cases}\frac{3}{2}(1-y^2), & 0<y<1.\\ 0, & 其他;\end{cases}$

(2) $f_{Y|X}(y|x)=\begin{cases}\frac{1}{x}, & 0<y<x,\\ 0, & 其他;\end{cases}$ $f_{X|Y}(x|y)=\begin{cases}\frac{2x}{1-y^2}, & y<x<1,\\ 0, & 其他.\end{cases}$

(3) 略.

12. $f_{Y|X}(y|x)=\begin{cases}\frac{1}{2x}, & |y|<x<1,\\ 0, & 其他;\end{cases}$ $f_{X|Y}(x|y)=\begin{cases}\frac{1}{1-y}, & y<x<1,\\ \frac{1}{1+y}, & -y<x<1,\\ 0, & 其他.\end{cases}$

13. (1)

Y / X	3	4	5	$P\{X=x_i\}$
1	$\frac{1}{10}$	$\frac{2}{10}$	$\frac{3}{10}$	$\frac{6}{10}$
2	0	$\frac{1}{10}$	$\frac{2}{10}$	$\frac{3}{10}$
3	0	0	$\frac{1}{10}$	$\frac{1}{10}$
$P\{Y=y_i\}$	$\frac{1}{10}$	$\frac{3}{10}$	$\frac{6}{10}$	

(2) X 与 Y 不独立.

14. (1)

Y / X	0.4	0.8	$P\{X=x_i\}$
2	0.15	0.05	0.2
5	0.30	0.12	0.42
8	0.35	0.03	0.38
$P\{Y=y_i\}$	0.8	0.2	

(2) X 与 Y 不独立.

15. (1) $f(x,y)=\begin{cases}\frac{1}{2}e^{-y/2} & 0<x<1, y>0,\\ 0, & 其他;\end{cases}$ (2) $=0.144\ 5$.

16. 0.000 63.

17. 略.

18. (1) $P\{X=2|Y=2\}=\frac{1}{5}, P\{Y=3|X=0\}=\frac{1}{3}$;

（2）

$V=\max(X,Y)$	0	1	2	3	4	5
P	0	0.04	0.16	0.28	0.24	0.28

（3）

$U=\min(X,Y)$	0	1	2	3
P	0.28	0.30	0.25	0.17

（4）

$W=X+Y$	0	1	2	3	4	5	6	7	8
P	0	0.02	0.06	0.13	0.19	0.24	0.19	0.12	0.05

19. (1) $\frac{3}{4}$; (2) $\frac{3}{4}$.

20. $\frac{1}{4}$.

21.

X \ Y	y_1	y_2	y_3	$P\{X=x_i\}=P_i$
x_1	$\frac{1}{24}$	$\frac{1}{8}$	$\frac{1}{12}$	$\frac{1}{4}$
x_2	$\frac{1}{8}$	$\frac{3}{8}$	$\frac{1}{4}$	$\frac{3}{4}$
$P\{Y=y_j\}=p_j$	$\frac{1}{6}$	$\frac{1}{2}$	$\frac{1}{3}$	1

22. (1) $P\{Y=m|X=n\}=C_n^m p^m(1-p)^{n-m}, 0\leqslant m\leqslant n, n=0,1,2,\cdots$;

(2) $P\{X=n,Y=m\}=C_n^m p^m(1-p)^{n-m}\frac{e^{-\lambda}}{n!}\lambda^n, 0\leqslant m\leqslant n, n=0,1,2,\cdots$.

23. $P\{\max\{X,Y\}\leqslant 1\}=\frac{1}{9}$.

24. $[F(z)]^2$.

25. (1) $\frac{1}{2}$; (2) $f_Z(z)=\begin{cases}\frac{1}{3}, & -1\leqslant z<2,\\ 0, & \text{其他}.\end{cases}$

26. $f_Z(z)=\begin{cases}z, & 0<z<1,\\ 2-z, & 1\leqslant z<2,\\ 0, & \text{其他}.\end{cases}$

27. (1) $\frac{7}{24}$; (2) $f_Z(z)=\begin{cases}z(2-z), & 0<z<1,\\ (2-z)^2, & 1\leqslant z<2,\\ 0, & \text{其他}.\end{cases}$

习题四

1. （1）$\frac{1}{2}$；（2）$\frac{5}{4}$；（3）4.

2. 0.501；0.432.

3. $p_1=0.4$，$p_2=0.1$，$p_3=0.5$.

4. 1，$\frac{1}{6}$.

5. $a=3$.

6. （1）44；（2）68.

7. 3，192.

8. 2.

9. 2，0.25.

10. 4.

11. （1）$\frac{3}{4}$；（2）$\frac{5}{8}$.

12. $\frac{1}{2}$，1，$\frac{1}{2}$.

13. （1）$c=2k^2$；（2）$\frac{\sqrt{\pi}}{2k}$；（3）$\frac{4-\pi}{4k^2}$.

14. 33.64.

15. $\frac{7}{6}$，$\frac{7}{6}$，$-\frac{1}{36}$，$-\frac{1}{11}$，$\frac{5}{9}$.

16. 略.

17. -28.

18. 略.

19. $-\frac{1}{36}$，$-\frac{1}{2}$.

20. $-\left(\frac{\pi-4}{4}\right)^2$，$-\frac{\pi^2-8\pi+16}{\pi^2+8\pi-32}$.

21. $\frac{5}{26}\sqrt{13}$.

22. 略.

23. （1）$\frac{3}{2}$；（2）$\frac{1}{4}$.

24. 10.9.

25. 5.

26. $f_T(t)=\begin{cases}25te^{-5t}, & t\geqslant 0,\\ 0, & t<0,\end{cases}$ $\frac{2}{5}$，$\frac{2}{25}$.

27. $1-\frac{2}{\pi}$.

28. $\frac{1}{p}$，$\frac{1-p}{p^2}$.

29. $\frac{1}{18}$.

30.

（1）

X \ Y	−1	1
−1	$\frac{1}{4}$	0
1	$\frac{1}{2}$	$\frac{1}{4}$

；（2）2.

31. （1）0，2；（2）互不相关；（3）不相互独立.

32. （1）$\frac{1}{3}$，3；（2）0；（3）相互独立.

33. -1.

34. 0.

35. 略.

36. （1）$f_Y(y)=\begin{cases}\frac{3}{8\sqrt{y}}, & 0<y<1,\\ \frac{1}{8\sqrt{y}}, & 1\leqslant y<4,\\ 0, & 其他；\end{cases}$（2）$\frac{2}{3}$；（3）$\frac{1}{4}$.

习题五

1. $\frac{1}{4}$.

2. $\frac{3}{4}$.

3. 10.

4. 0.514.

5. 0.959 3.

6. 0.198 1.

7. 0.925 5.

8. 0.878 8.

9. 0.993 8.

10. 0.

习题六

1. 0.045 6.

2. n 至少应取 25.

3. 0.05.

4. $\sigma = 5.43$.

5. $a = 26.105$.

6. $Y = \frac{X_1^2/5}{X_2^2/n-5} \sim F(5, n-5)$.

7. $P\{|\overline{X}-\overline{Y}|>0.3\}=0.674\ 4$.

8. F,(10, 5).

9. σ^2.

10. $E(Y)=2(n-1)\sigma^2$.

11. $E(S^2)=2$.

习题七

1. $\overline{X}$.

2. $\overline{\mu}=280\ 9$, $\hat{\sigma}^2=1\ 206.8$.

3. $\frac{\overline{X}}{n}$, $\frac{\overline{X}}{n}$.

4. 无偏,$\overline{X}$.

5. $\left(\overline{X} \pm z_{\alpha/2}\frac{\sigma}{\sqrt{n}}\right)$, $\left(\overline{X} \pm t_{\alpha/2}(n-1)\frac{S}{\sqrt{n}}\right)$.

6. A.

7. B.

8. C.

9. $3\overline{X}$.

10. $\overline{X}$, $\overline{X}$.

11. $\overline{X}-\sqrt{\frac{3}{n}\sum_{i=1}^{n}(X_i-\overline{X})^2}, \overline{X}+\sqrt{\frac{3}{n}\sum_{i=1}^{n}(X_i-\overline{X})^2}$.

12. $\overline{X}$.

13. $\frac{\overline{X}}{1-\overline{X}}$, $-\frac{n}{\sum_{i=1}^{n}\ln X_i}$.

14. $\frac{2\overline{X}-1}{1-\overline{X}}$, $-1-\frac{n}{\sum_{i=1}^{n}\ln X_i}$.

15. 矩估计值 $\hat{\theta}=2\bar{x}=2\times0.6=1.2$,是一个无偏估计;极大似然估计值 $\hat{\theta}=\max\limits_{1\leqslant i\leqslant 8}\{x_i\}=0.9$,不是无偏估计.

16. 略.

17. (1) $\hat{\theta}=2\overline{X}$;(2) $D(\hat{\theta})=\frac{\theta^2}{5n}$.

18. (1) $\hat{\beta}=\frac{\overline{X}}{\overline{X}-1}$;(2) $\hat{\beta}=\frac{n}{\sum_{i=1}^{n}\ln x_i}$;(3) $\hat{\alpha}=\min\limits_{1\leqslant i\leqslant n}\{x_i\}$.

19. $c=\frac{1}{2(n-1)}$.

20. (14.754, 15.146).

21. （1）（496.95，506.38）；（2）（492.38，510.96）.

22. （1）（68.11，85.089）；（2）（190.33，702.01）.

23. $n \geqslant 35$.

24. （0.02，0.10）.

25. （-0.4，2.6）.

26. （0.222，3.601）.

习题八

1. 总体均值，总体方差，总体方差.

2. $\dfrac{\sqrt{n(n-1)}(\overline{X}-\mu_0)}{\sqrt{Q}}$, $|t| > t_{\alpha/2}(n-1)$.

3. $t = \dfrac{\overline{X}-\overline{Y}}{S_w\sqrt{\dfrac{1}{n_1}+\dfrac{1}{n_2}}}$, $t(n_1+n_2-2)$.

4. $\chi^2(n-1)$, $\chi^2 < \chi^2_{1-\alpha}(n-1)$.

5. A.

6. 有显著变化.

7. 工作正常.

8. 认为设备更新后产品的质量有显著变化.

这批砖抗断强度的平均值不等于 32.5.

9. 没有系统误差.

10. $H_0:\sigma^2=0.048$；$H_0:\sigma^2 \neq 0.048$. 接受 H_0. 即认为这天生产的维尼纶纤度的均方差无显著变化.

11. （1）拒绝 H_0，接受 H_1；（2）拒绝 H_0，接受 H_1.

12. 认为两种导线的电阻无显著差异.

13. 认为新仪器测量值比旧仪器测量值小.

14. 不认为这批新砖的抗断强度比以往的要高.

15. （1）认为两批电子元件的电阻的方差相等；（2）认为两批电子元件的平均电阻没有显著差异.

16. 认为两种电路板抗磁化率的方差有显著差别.

参 考 文 献

[1] 谢永钦. 概率论与数理统计 [M]. 北京：北京邮电大学出版社，2013.

[2] 盛骤，等. 概率论与数理统计（简明本）[M]. 北京：高等教育出版社，2009.

[3] 盛骤，等. 概率论与数理统计 [M]. 北京：高等教育出版社，2009.

[4] 魏宗舒. 概率论与数理统计 [M]. 北京：高等教育出版社，2008.

[5] 袁荫棠. 概率论与数理统计 [M]. 北京：高等教育出版社，1990.

[6] 同济大学应用数学系. 概率统计简明教程 [M]. 北京：高等教育出版社，2010.